KB232594

SCIENCE 101

BIOLOGY 생물학

SCIENCE 101

BIOLOGY 생물학

George Ochoa 지음

백승용 옮김

BooksHill
이치사이언스

모든 사람들은 태어날 때부터 일상생활로부터 알게 모르게 생물학과 접하고 있다. 생명체로 가득 찬 숲이나 공원을 산책하기도 하고, 동식물을 직접 키우기도 하면서 말이다. 또 환경에 적응하면서 살아가는 여러 생명체를 만날 때마다, 이들이 어디서 왔고 어디로 가는지 그리고 이름은 무엇이고 어떤 생명체의 부류와 유사한지 등에 대한 의문을 갖게 된다. 이런 의문이 생길 때마다 우리는 여러 종류의 생물학 관련 도서를 찾아보고, 친구와 동료 등에게 물어보면서 문제를 해결하곤 하지만 여전히 허전한 마음이 남을 때가 많다. 이럴 때 옮긴이는 독자들에게 이 책을 추천하고 싶다.

사이언스 101 : 생물학은 생물학에 대한 입문에서부터 생명의 탄생(1장), 생명체의 구성 요소(4-5장), 호흡과 섭취와 같은 미시 세계(6장)와 생명의 군집(7장), 동물과 식물의 분류(9-10장), 진화의 역사와 같은 거시 세계(8장)에 이르기까지 독자들이 생물학의 기초를 갖추기 위한 모든 분야가 생생한 사진들과 함께 체계적으로 정리되어 있다. 더불어 11장에서는 인체의 구조, 인체의 행동 양식, 인간생리학 등도 자세히 설명되어 있어, 지구라는 거대한 생태계에서 생명체의 일종으로 살아가는 인간의 역할과 의학적 지식을 습득하는데 큰 도움이 된다. 생명체를 관찰하는 데 필요한 기구(2장)나 그것을 통해 발전을 거듭해온 생물학의 역사(3장)와 앞으로도 새로운 사실을 꾸준히 밝혀내려는 노력(12장)에 대해서도 현대 생물학의 관심사와 함께 이야기하고 있다.

그 무엇보다 옮긴이는 앞으로 생물학이나 의학을 공부하고자 하는 독자들에게 이 책을 꼭 읽어보기를 권하고 싶다. 사이언스 101 : 생물학에는 단순히 생물학적 지식만이 나열되어 있는 것이 아니라, 다양한 읽을거리와 함께 과학적 사실을 발견하기 위해 끊임없이 노력해야 하는 과학자의 어려움과 이를 극복하기 위한 과학자의 자세와 마음가짐 그리고 이들이 활동하는 실험실이나 현장에 대한 사진들이 가감없이 수록되어 때문이다. 독자들도 잘 알겠지만 다가오는 미래는 생물학과 의학이 주도하는 사회가 될 것이다. 유전공학을 이용한 다양한 먹을거리의 대량 생산, 지구 온난화 현상과 물 부족을 막기 위한 산림의 확대, 불치병을 치료하기 위한 신약 개발, 선천적 또는 후천적 장애를 치료하기 위한 조직 이식 기술, 각종 유전병과 불치병의 진단 등을 비롯한 많은 분야는 현재에도 단순히 학문으로 머물러 있는 것이 아니라 하나의 큰 산업으로 발전하고 있다. 옮긴이는 이들 분야의 일원으로 일을 하고 싶은 독자들이 생물학적 기초 지식과 체계를 사이언스 101 : 생물학을 통해 갖추기를 진심으로 바란다.

옮긴이 백 승 용

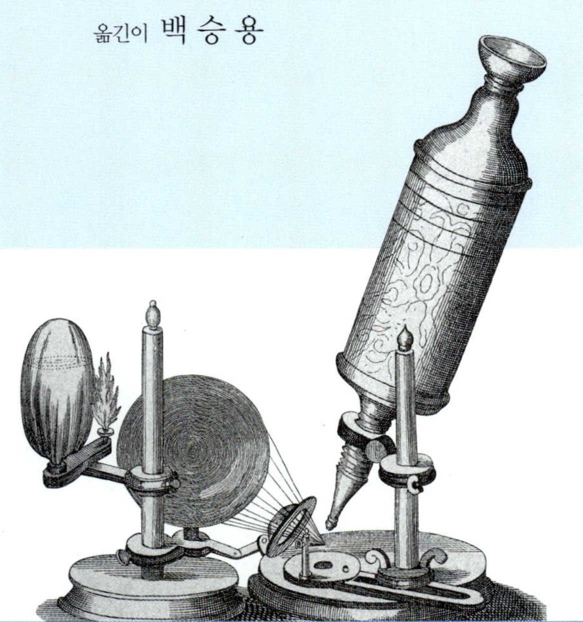

차 례

생물학의 세계에 오신 것을 환영합니다!

왼쪽 전자 현미경으로 관찰한 점균류 포자
위 꽃 위에 앉은 벌
아래 파리지옥
생명은 다양하기 때문에 흥미로운 점이 많다. 포자를 바람에 날리며 생식하는 버섯과 같은 원생동물들인 점균류나 영양분을 모으면서 꽃을 수분시키는 벌 등의 곤충, 그리고 파리지옥과 같이 질소를 섭취하기 위해 곤충을 잡아먹는 식물 등에서 자연의 신비를 느낄 수 있다. 생물학은 모든 생명체를 연구하는 학문으로, 크기와 형태를 가리지 않는다.

생물은 모든 연령대의 사람들에게 흥미의 대상이다. 젖먹이 아기는 집에서 키우는 애완견에게 정신을 빼앗기고, 아장아장 걷는 나이의 아이들은 곤충이 부산하게 움직이는 것을 보고 신기해 한다. 학교에 다니는 아이들은 고치를 깨고 나오는 제주왕나비 monarch butterfly에 놀라워하고, 사춘기 아이들은 자기 몸에 생기는 변화 때문에 거울 앞을 떠나지 못한다. 어른들은 정원을 가꾸고, 새를 키우며, 숲 속을 산책한다. 하지만 생명의 신비는 이 정도에만 머무르지 않는다. 어느 한 사람이 평생 연구하고 관찰할 수 있을 만큼 생명의 신비는 무궁무진하다. 일부 사람들이 이 작업에 일생을 바치는데, 그들이 바로 생물학자들이다.

생물학 biology은 끝이 없는 학문이며, 생명에는 새롭게 밝혀낼 사실들로 가득하다. 누구도 세상에 존재하는 종種의 수를 정확하게 알지 못한다. 현재 1,000만여 종이 있을 것으로 추정하지만, 아직 밝혀지지 않은 종이 많은 것으로 보인다. 생물은 굉장히 다양한 형태로 존재한다. 세균처럼 1개의 세포로만 구성된 생물이 있는가 하면, 점균류와 같이 여러 개의 세포로 구성되었지만 크기가 매우 작은 것들도 있다. 흰긴수염고래와 같은 다세포 생물의 몸집은 어마어마하게 크다. 생명체는 또한 굉장히 복잡해서, 독수리 날개와 같이 큰 힘을 내는 탄탄한 구조도 있고, 폐 속에 있는 아주 작은 공기 주머니인 폐포처럼 섬세한 부분도 있다. 벌이 꿀을 모으는 과정에서 꽃을 수분시키는 것과 같은 생명체의 상호 작용도 굉장히 흥미롭다.

생물학의 현장 과학자는 생물을 이해하기 위해 아주 다양한 도구와 기술을 사용한다. 현미경, 페트리 접시, 해부 도구, 유전자 분석 장치, 위치 추적 목걸이, 잠수정 등과 같이 특수한 장비를 이용하여 보다 심층적인 관찰을 한다. 그리고 가설이나 잠정적인 결론들을 검증할 때는 정교한 실험을 한다. 예를 들어 이탈리아 과학자 프란체스코 레디 Francesco Redi는 구더기가 부패하는 고기에서 자연적으로 발생하는 것이 아니라 파리 알에서 부화하는 것이라는 사실을 입증하기 위해, 고기를 넣은 상자를 일부는 덮개로 덮고 일부는 덮지 않은 채로 두는 실험을 했다.

레디 이후의 생물학자들은 생물이 어떻게 살아가는가에 대해 많은 사실을 밝혀냈다. 다윈은 생명이 진화하는 방식을 설명했고, 멘델은 유전법칙을, 파스퇴르는 세균이 질병을 일으킨다는 사실을, 왓슨과 크릭은 DNA의 구조를 밝혀냈다. 오늘날 생물학자들은 과거의 성과들을 바탕으로 하여, 남아 있는 자연의 신비를 밝혀내기 위해 다양한 생물학의 세부 분야를 연구하고 있다. 여기에는 미생물학, 생화학, 식물학, 동물학, 해부학, 생리학, 생태학, 해양생물학, 신경과학 등이 포함된다. 여전히 밝혀지지 않은 사실도 많지만, 오늘날까지 엄청난 양의 지식이 축적되었다. 그렇기 때문에

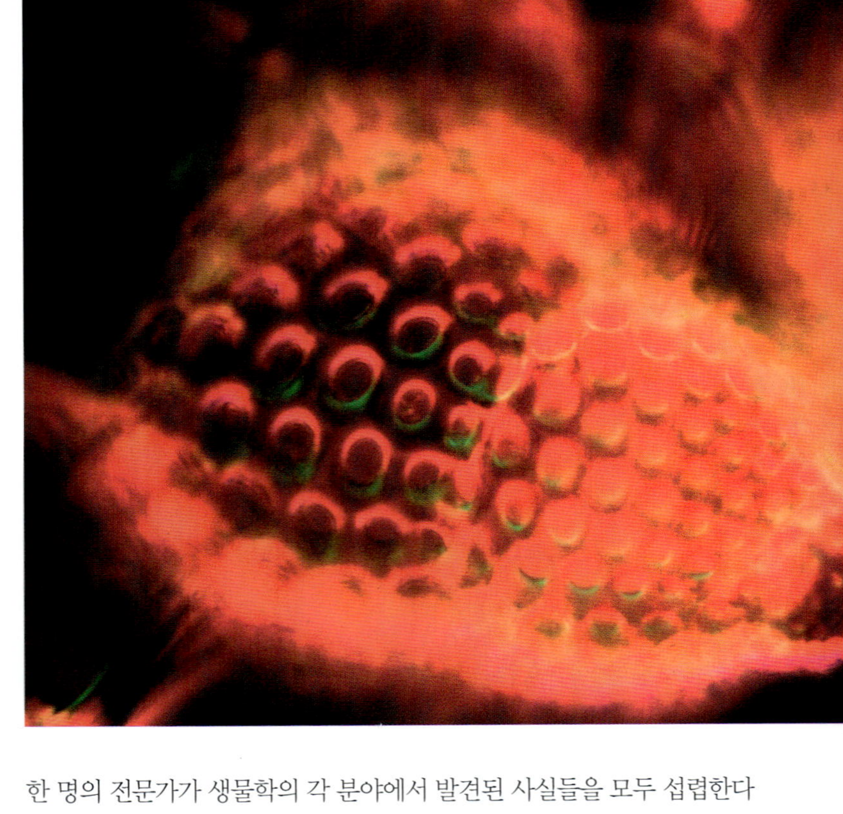

한 명의 전문가가 생물학의 각 분야에서 발견된 사실들을 모두 섭렵한다는 것은 매우 어려운 일이다.

생물의 복잡성 생물이 무생물과 구분되는 기본 특징들은 비교적 명확하다. 기본 특징들에는 생식과 성장 그리고 물질 대사 등이 있다. 이 외에도 생물들은 구성 체제 organization가 여러 단계로 나누어지는 복잡성을 보인다. 아원자 입자들은 원자를 구성하고, 원자는 분자를, 분자는 생물의 기본 단위인 세포 cell를 구성한다. 이러한 구조가 복잡해질수록 각 생명체의 세부적인 기능을 파악하는 것이 어려워진다. 일반적인 동물을 놓고 볼 때, 조직, 기관, 그리고 기관이 작동하는 체계를 이루는 가장 기본 단위가 바로 세포이다. 동물 몸속에서 개별적인 생리학적 구조 폐, 혈관, 내장들은 특정한 기능 호흡, 순환, 소화을 수행한다. 이런 기능들이 원활하게 이루어져야 생명체의 생존과 생식이 가능한 것이다.

모든 생명들은 개체군이나 생태계와 같은 보다 높은 체제의 일부분을 구성하고 있다. 오늘날 존재하는 생명체들은 보다 단

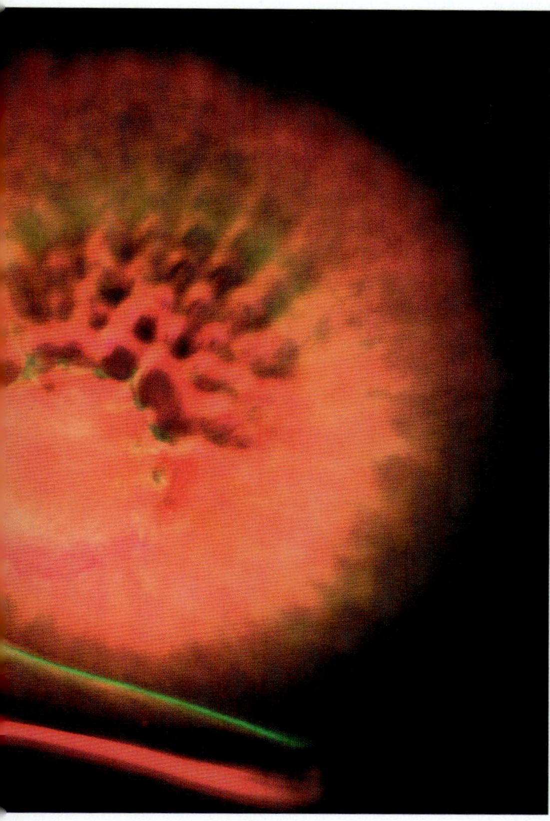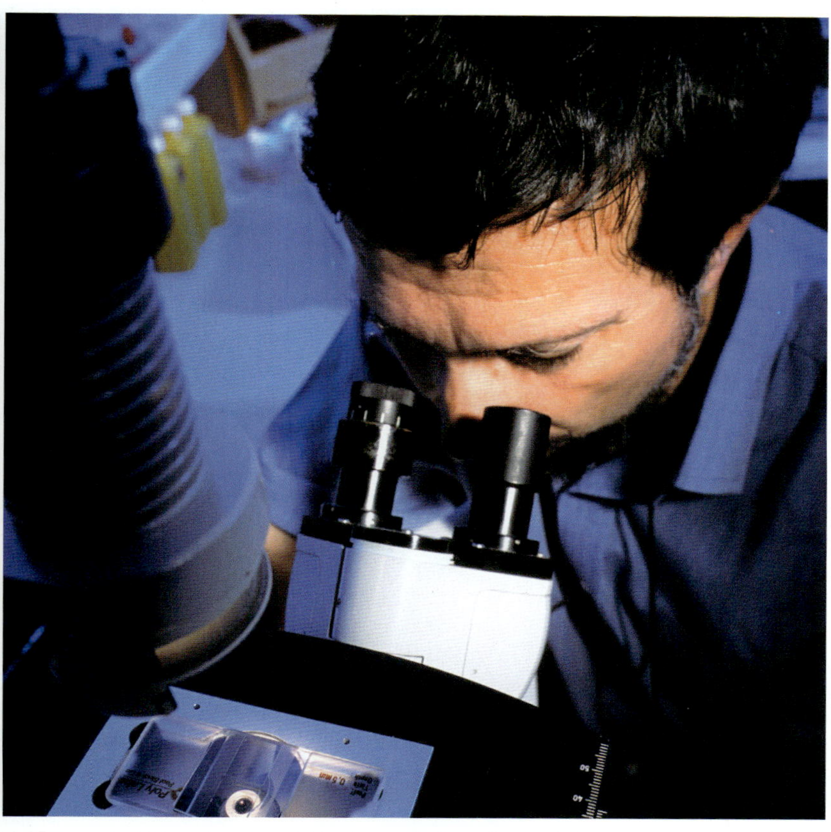

왼쪽 현미경으로 관찰한 방산충류. 대칭 골격을 가진 투명한 방산충류는 모든 원생동물을 통틀어 가장 아름답다. 이들은 그 뿌리가 캄브리아기까지 거슬러 올라가는 매우 오래된 군에 속한다.

오른쪽 생물학자들은 광학 현미경을 이용해 가리비의 독소에 대해 연구한다. 현미경은 생물학자들이 사용하는 중요한 도구 중 하나이다.
현미경은 단세포 방산충과 같이 육안으로 볼 수 없을 만큼 작은 생명체들을 관찰하는 데 사용할 뿐만 아니라 가리비에 독소가 존재하는 증거를 찾는 등의 크기가 큰 유기체의 미세한 특징을 관찰하는 데 유용하다.

순한 형태에서 진화해왔으며, 생물의 진화 계통수에서 뿌리祖上를 공유하고 있다. 유인원보다 크기가 점점 커지고 복잡한 뇌를 가졌다는 점에서 인류도 진화 계통수의 일부분에 해당된다.

생물학 바로 알기 생물들이 매우 복잡하다는 사실과 그에 대해 축적되어온 지식의 양을 고려할 때, 적어도 생물학의 기초를 명확하게 이해할 필요가 있다. **사이언스 101 : 생물학**은 생물학의 매우 복잡한 미스터리들을 소개하여 독자에게 기초적인 이해를 제공하고자 마련되었다. 책은 12장에 걸쳐 생물학자들이 생물을 정의하는 방식을 파헤친다. 또 생물학자들의 연구와 성과를 조명하고, 일반인이 세포의 세계, 해부학, 생리학, 생태학, 진화학, 분류학, 동식물학, 인류학 및 현대 생물학의 첨단과 쟁점 등을 이해하는 데 도움을 줄 것이다.

> 생물학은 끝이 없는 학문이며,
> 생명에는 새롭게 밝혀낼
> 사실들로 가득하다.

오늘날 생물학자가 사회에서 수행하는 역할은 그 어느 때보다 커지고 있다. 게놈 분야의 성과를 통해 새로운 의학 치료법들이 발전할 수 있는 토대가 만들어졌고, 생태학적 연구를 통해 농업이 발전하고, 여러 종種을 보존할 수 있는 방법들이 개발되고 있다. 무엇보다도 생물학은 생물 세계에 대한 궁금증을 충족시켜준다는 점에서 의미가 있다. **사이언스 101 : 생물학**은 이런 궁금증을 해결하기 위한 튼튼한 기초를 세우는 데 큰 도움이 될 것이다.

생명의 신비

왼쪽 캘리포니아 레드우드 숲. 세계에서 가장 큰 나무들이 이곳에서 자라고 있다.
위 비행하는 캐나다기러기
아래 바위를 덮은 이끼
생명의 신비에는 새의 비행에서부터 캘리포니아 레드우드의 어마어마한 키까지 다양한 현상들이 포함되며, 이러한 것들이 생물학적 호기심을 자극한다. 생물학자가 흔히 품을 수 있는 의문은 "바위를 덮고 있는 이끼와 바위 자체에는 어떤 차이가 있을까?"와 같이 단순한 것일 수 있다.

생명의 속성은 거의 모두 신비에 싸여 있다. 새들은 어떻게 날 수 있으며, 심장은 왜 뛰는 것일까? 레드우드 미국에 있는 세쿼이아종의 거목의 키는 왜 그리 크며, 아이는 어째서 부모와 닮았을까? 질병은 어떻게 퍼지는 것일까? 인간은 다른 동물들과 어떻게 다를까? 바위에 끼는 이끼는 그 바위와 어떤 차이가 있을까? 생명은 어디에서 시작되었을까? 생명이란 무엇일까?

생물학의 기본 개념들을 이해하는 것은 이와 같은 의문들에 대한 답을 찾고자 할 때 좋은 출발점이 될 수 있다. 생물학자들은 "생명이란 무엇인가?"라는 의문을 푸는 과정에서 생명체들이 공통적으로 보이는 주요 특성들을 발견하게 되었다. 여기에는 생식, 성장, 물질 대사, 적응 등이 포함된다. 또 생명체는 아주 작은 입자에서부터 생명체가 살아가는 생물권에서 공통적으로 나타나는 현상을 통해서도 이해할 수 있다. 생명의 역사에 연속적으로 나타나는 주제를 이해하는 것도 중요하다. 진화의 과정에서 나타나는 연속성과 생물의 변화, 그리고 생명체의 어떤 구조와 그 기능 사이의 밀접한 상관 관계 등이 여기에 포함된다. 생명의 신비를 탐구하는 데에는 이런 개념들이 매우 유용하게 사용된다.

생물이란 무엇인가?

생물을 정의하는 일은 이를 전문적으로 연구하는 생물학자에게도 쉬운 일이 아니다. 일반인도 생물과 무생물을 쉽게 구분할 수 있지만, 그 둘 사이의 차이를 정확하게 파악하는 것은 간단한 일이 아니다. 개미는 움직일 수 있지만, 돌멩이는 움직일 수 없다는 것이 차이일까? 그렇다고 할 수는 없다. 경사진 언덕길을 구르는 것 같이 돌도 상황에 따라 움직일 수 있기 때문이다. 그렇다면 꽃은 자라지만 수정은 그렇지 않다는 것이 차이일까? 이 경우에도, 수정은 상황에 따라 자라기도 한다. 생물을 한마디로 간단하게 정의할 수는 없지만, 생물에서 나타나는 여러 성질을 통해 파악할 수는 있다. 이러한 성질에는 생식, 성장, 물질 대사, 반응성, 적응 등이 포함된다.

생식과 성장 생명체는 두 가지 의미에서 번성한다. 첫 번째로 생식 reproduction을 통해 종의 개체수를 늘린다. 두 번째로 성장 growth을 통해 각 부분의 크기를 증가시키면서 자신의 몸을 더 크게 만든다. 두 가지 경우 모두, 생물학적으로 가장 기본적인 단위인 세포가 분열하면서 진행된다. 세포는 분열하면서 새로운 세포를 만드는데, 세균과 같은 단세포 동물의 경우 이런 과정을 통해서 생식을 진행한다. 세포가 분열하면 새로운 생명체가 생겨나기 때문이다. 반면 여러 개의 세포로 이루어진 생명체들은 유성 생식을 하는데, 단세포 동물의 경우 보다 굉장히 복잡한 과정을 거친다. 세포의 단순 분열은 조직을 성장시킨다. 예를 들어 근육 운동을 할 때 팔의 근육 세포가 분열하면서 팔이 굵어지는 현상이 있다. 하지만 생식은 남자와 여자의 생식 세포가 만날 때 일어난다. 두 생식 세포가 만나면 배아를 거쳐 새로운 개체로 성장한다.

위 7주 된 인간 배아
아래 왼쪽 인간의 세포가 분열하는 모습
아래 오른쪽 꽃가루를 모으는 벌

곤충의 겹눈

코끼리귀해면(elephant ear sponge)은 해면동물의 일종으로, 생물의 가장 기초적 성질을 가지고 있다.

영양분의 획득 및 사용 생존하기 위해 생명체는 음식물을 섭취하고, 에너지를 사용하고, 노폐물을 배출해야 한다. 생명체는 에너지를 여러 가지 방식으로 얻는데, 초원은 햇빛을 흡수하고, 벌은 꽃에서 꽃가루와 꿀을 수집하고, 호랑이는 먹이를 사냥한다. 이들 모두는 몸이 생장하고 활동하는 데에 필요한 연료를 얻기 위한 과정이다. 이런 활동을 할 때 생명체 내에서 일어나는 화학 과정들을 통틀어 물질 대사metabolism라고 한다.

영양분을 성공적으로 획득하고, 동시에 자신이 다른 동물의 영양분이 되는 일을 피하기

해면을 생물이라고 하는 이유

가정에서 흔히 그릇이나 자동차 등을 닦을 때 주로 사용하는 스펀지가 생물이 아니라는 것은 쉽게 알 수 있다. 하지만 바다에 사는 스펀지, 즉 해면(sponge)은 어떨까? 스펀지처럼 구멍이 숭숭 뚫려 있는 해면은 바위에 붙은 채로 움직이지 않으며, 내부 장기도 없다. 어떻게 이런 존재를 생물이라고 할 수 있을까? 해답은 생명의 기본 성질을 통해 알 수 있다.

먼저 해면동물은 무성 생식이나 유성 생식을 통해 생식 활동을 한다. 해면은 또 성장할 뿐만 아니라, 잃어버린 신체 부분을 재생시킬 수도 있다. 그리고 물질 대사도 일어나는데, 해면의 세포는 영양분을 흡수하고 사용할 수 있다. 정착한 자리에서 움직일 수는 없지만, 해면은 실과 같은 구조를 가진 편모를 이용하여 물결을 일으키면서 온몸에 난 구멍으로 영양분을 끌어들인다. 이 물결은 자극에 대한 반응으로 중단되기도 하는데, 이를 통해 해면이 반응성을 가지고 있음도 알 수 있다. 세상에서 가장 오래된 동물 중의 하나인 해면은 바닷속 환경에 훌륭하게 적응했으며, 확실히 살아 있다고 말할 수 있다.

위해, 생명체는 환경에 적절히 반응해야 한다. 즉, 자극을 감지하거나 이에 반응할 수 있는 반응성과 감성 그리고 굴성을 가져야 한다. 환경에 따라 감각 기관은 빛을 감지하는 데 있어 단세포 조류algae의 안점처럼 단순할 수도 있고, 곤충의 겹눈처럼 복잡할 수도 있다. 감성은 사람이 다가오면 새들이 갑자기 날아가는 것처럼 대체로 어떤 형태로든 움직임을 유발한다. 식물이 햇빛을 향해 휘는 현상은 굴성에 해당된다.

생존하기 위해 생물체는 환경에 맞게 변화하는 적응을 해야 한다. 장기간에 걸친 적응은, 어떤 개체군에서 성공적으로 적응한 개체들, 예를 들어 가장 빠른 상어나 키가 가장 큰 떡갈나무 등이, 적응에 성공하도록 도와준 특징을 자신들의 자손에게 물려줌으로써 일어나게 된다. 이러한 장기적 적응은 종에 변화를 일으키고 새로운 종이 탄생하는 진화 과정에 크게 공헌한다. 또 사람이 어두운 곳에서 밝은 곳으로 이동할 때 동공이 축소되는 등과 같은 단기간에 걸친 적응이 일어나 일시적인 변화에 맞춰가기도 한다. 이런 경우들을 비롯한 모든 적응은 물질 대사, 생장, 생식과 같은 생명의 기본 성질을 수행하기 위해 일어나는 현상들이다.

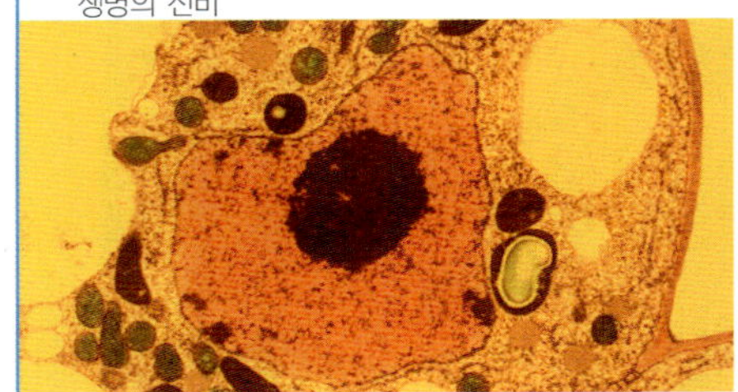

단계적 서열화

생물이 무생물과 큰 차이를 보이기는 하지만, 전혀 다른 존재라고 할 수는 없다. 생물은 무생물적 환경인 우주 내에 존재하고, 식물은 햇빛으로부터 에너지를 흡수하고 박쥐가 동굴에 둥지를 트는 것과 같이 여러 가지 형태로 환경에 의존한다. 그리고 생물도 무생물과 마찬가지로 매우 작은 아원자 입자들로 형성된다. 생명체는 단순한 물질에서부터 복잡한 생명체에 이르기까지 단계적으로 구성된다.

생물은 한 층의 생물학적 체제에 속하는 것이 아니라 여러 층에 걸쳐 속한다. 이런 서열화의 경향을 모식도로 나타낸 것을 생명 피라미드라고 한다.

생명 피라미드 생명 피라미드 pyramid of life에서는 위에 있는 층일수록 크기가 크고 복잡하다. 각 층에 속하는 구조들은 하위 층에 있는 구조들은 포함하지만, 상위 층에 있는 구조를 포함하지는 않는다. 예를 들어 기관 안에는 조직이, 조직 안에는 세포가 포함되지만, 기관에 생물체 개체가 포함되는 것이 아니며 오히려 기관이 생명체를 구성한다. 그러므로 생명 피라미드는 위로 올라갈수록 복잡성이 증가하는 모식도로 맨 꼭대기에는 생명이 존재하는 지구의 모든 지역, 즉 생물권 biosphere이 있다.

피라미드의 각 층은 다음과 같다.

1. **아원자 입자** subatomic particle : 양성자, 전자, 중성자 등과 같은 물질의 단위로 원자를 구성한다.

2. **원자** atom : 분자를 구성하는 가장 큰 단위의 물질이다.

3. **분자** molecule : 화학적 성질을 갖는 물질의 가장 작은 단위를 말한다. 예를 들어 물 분자는 물의 성질을 가지고 있지만, 산소 원자와 수소 원자로 쪼개지면 그 성질을 잃게 된다.

4. **세포 소기관** organelle : 세포 내에 있는 구조체로서 분자로 구성되며 특수한 기능을 가진다. 예를 들어 리소좀은 영양분이나 외부 입자를 분해한다.

5. **세포** cell : 생명 피라미드에서 생명의 성질을 가진 가장 작은 단위이다. 세포 소기관을 포함하며 이를 이용해 생식, 생장, 물질 대사와 같은 생물학적 활동을 수행한다.

6. **조직** tissue : 다세포 생명체에서 구조가 비슷하고 특정한 기능을 수행하기 위해 협력하는 세포들의 집합체를 말한다. 예를 들어 식물의 물관부는 뿌리가 토양에서 흡수한 무기질과 물을 운반하는 조직이다.

7. **기관** organ : 2개 이상의 조직이 합쳐져 특정한 기능을 수행하는 유기체의 일부분을 기관이라고 한다. 인간의 심장은 온몸으로 피를 보내는 기관으로, 근육을 비롯한 여러 조직으로 이루어져 있다.

8. **기관계** organ system : 주요한 기능을 수행하는 여러 기관들의 집합체를 기관계라고 한다. 예를 들어 인간의 순환계는 심장이나 혈관과 같이 물질을 몸 전체에 공급하는 기관들로 이루어져 있다.

9. **개체** organism : 세균이나 고래와 같은 개별적인 생명체로, 생식과 생장, 물질 대사와 같은 기본적인 생물학적 활동을 수행할 수 있다.

10. **개체군** population : 동일한 시간에 동일한 지역에 살고 있는 생명체들

왼쪽 페이지 위 전자 현미경으로 관찰한 식물 세포
위 지구에 있는 생명 체제는 아랫부분이 넓고 꼭대기가 좁다는 점에서, 피라미드와 구조가 유사하다. 이 계층 구조의 맨 아랫부분에는 생명의 가장 단순한 구조들로 전자와 양성자 등이 있다. 그 위로 이어지는 층들은 위로 올라갈수록 구조가 복잡하다.

의 집단을 말한다. 예를 들어 현재 런던에 사는 모든 고양이들은 런던의 고양이 개체군을 이룬다.

11. **군집**community : 동일한 지역에서 상호 작용하며 살고 있는 사자, 영양, 풀, 나무 등과 같은 동식물 개체군들의 집단을 말한다.

12. **생태계**ecosystem : 생물 군집과 함께 그 주변에 있는 무기 환경을 통틀어 생태계라 한다. 토양, 물, 공기, 기후, 에너지 등도 포함된다.

13. **생물권**biosphere : 지표면에서 생명이 발견되는 지역을 통틀어 생물권이라 한다. 바다, 동굴, 하늘, 육지 등으로 구성되는, 지구의 모든 생태계의 총 합이다.

지속적인 변화

지구는 지속적인 변화를 겪지만 생물들은 무생물과는 다른 방식으로 변화를 한다. 현재 사막인 아프리카의 사하라 지역은 과거에 4억 년이 넘는 기간 동안 빙하로 덮여 있었다. 이런 대륙 빙하는 엄청난 세월에 따라 위치가 바뀌었지만, 당시의 얼음 결정은 오늘날의 것과 조금도 다르지 않다. 하지만 생명체의 경우는 그렇지 않다. 당시의 물고기들은 턱이 없고 피부는 두꺼운 갑옷과 같았으며, 지상에 존재하는 유일한 식물은 우산이끼였다. 당시에는 육상 동물도 존재하지 않았다.

단순한 물리적 존재와는 다르게 생명체는 세월에 따라 기본 구조가 급격하게 변화하여 여러 가지의 새로운 형태로 변한다. 하지만 이런 과정에는 비교적 명확한 연속성이 보이기 때문에 생물학자들은 그 흔적을 추적하여 오늘날 보이는 여러 형태의 생물들이 걸어온 길을 엿볼 수 있다. 오늘날 육상 동물이 존재할 수 있는 것은, 아주 오랜 옛날에 일부 바다 동물들이 육지에 적응했기 때문이다. 그리고 이 동물들 중 일부는 개구리, 도마뱀, 새, 곰, 인간과 같은 육상 척추동물의 시조가 되었다. 생명체는 굉장히 다양하지만, 모든 척추동물에는 척추에서 항체까지 조상이 어류였다는 사실로 추정되는 특징들이 남아 있다. 이런 연속성과 변화가 혼재할 수 있는 것

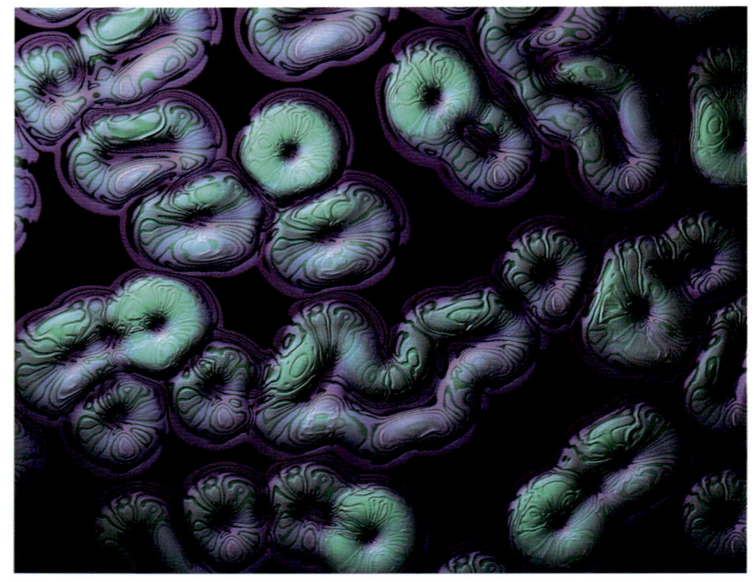

위 우산이끼
아래 염색사가 압축되어 감긴 형태의 염색체들이 세포 분열을 통해 스스로를 복제하는 과정을 컴퓨터 영상으로 구현한 것이다.
약 4억 년 전에 유일하게 육상에 살고 있던 식물은 오늘날의 우산이끼와 유사한 식물이었다. 식물은 염색체에 있는 유전적 단위인 유전자의 진화적 변화를 통해 다양한 방식으로 분화되었다.

은 유전자와 진화 두 가지 요소 때문이다.

유전자 유전자genes는 생명체의 세포 내에 있는 유전의 기본 단위인 DNA 디옥시리보핵산로 구성된다. 유전자가 자손에게 전해지면, 이로 인해 4개의 다리, 아가미, 노란 깃털, 푸른 눈 등, 자손이 부모에게 이어받을 성질이 결정된다.

아메바와 같이 무성 생식을 하는 종의 경우, 자손은 부모와 모든 유전자를 공유하기 때문에 둘은 한 치의 차이 없이 똑같은 모습을 하게 된다. 반면 유성 생식의 경우, 자손에게 이어지는 성질을 예측하기가 쉽지 않

다. 부모에게서 각각 받은 유전자가 새로운 조합으로 섞이기 때문이다.

진화 생물학적 변화의 주 동력은 진화 evolution이다. 이 과정을 통해 티라노사우루스 렉스와 같은 새로운 종에서 동물이라는 새로운 계 kingdom까지 완전히 새로운 종류가 나타날 수 있다. 진화의 기본 원리는 무작위적인 돌연 변이가 발생한 후, 환경에 적응하는 정도에 따라 이들의 생존을 결정하는 자연 선택 natural selection이다.

무작위적 돌연 변이는 자연 상태에서는 흔히 일어나지 않지만 방사능이나 일부 화학 물질에 의해서, 유전 물질에 갑자기 변형을 일으키면 빠르게 일어날 수 있다. 대부분의 돌연 변이는 개체에게 해롭지만, 가끔씩 환경에 대한 개체의 적합성, 즉 돌연 변이 개체가 생존하고 번성할 잠

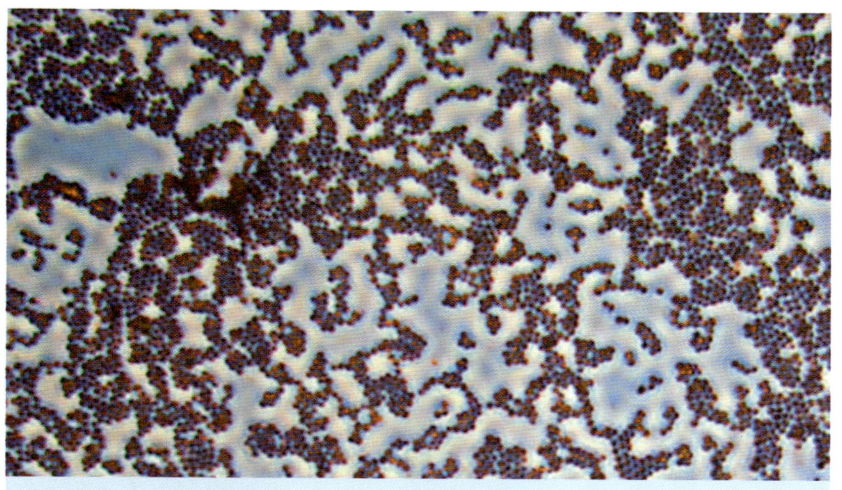
포도상 구균은 내성균의 일종이다.

항생제와 세균의 진화

1940년대부터 미국에서 널리 쓰이기 시작한 항생제의 발견은 의학적으로 큰 의미가 있었다. 그 이전 시대에는 폐렴, 결핵, 수막염, 성홍열과 같은 질병에 걸린 환자들이 많이 죽었다. 그러나 항생제가 환자의 질병을 일으키는 세균을 죽이면서 이들을 구할 수 있게 된 것이다. 하지만 1990년대에 이르자 이 환상적인 약품은 힘을 잃기 시작했다.
여러 종류의 항생제에 내성을 가진 세균들이 나타나기 시작한 것이다. 불과 50년에 걸친 자연 선택에 의해 세균은 내성을 갖게 되었다. 항생제에 특히 강했던 몇몇 세균들이 생존하여 자손에게 이 성질을 물려주면서 항생제를 극복하는 새로운 종들이 탄생하였다.
오늘날 의사들은 포도상 구균과 폐렴 간균 등과 같은 세균이 내성 강도가 높아지는 것을 확인하고 있다. 공공 의료 교육, 신약, 항생제 사용의 자제 등이 도움이 될 수 있지만, 인간이 개발하는 그 어떤 무기에도 세균은 지속적으로 대항하며 진화할 것이다.

사라 밴 플리트(Sarah van Fleet rose) 장미. 대부분의 원예종처럼 인간의 선택적 교배에 의해 만들어졌다.

재력을 증가시킨다. 예를 들어 식물의 뿌리가 땅 속 더 깊은 곳까지 자라거나, 멀리 떨어진 먹이를 감지할 수 있는 후각 등이 발달한다. 돌연 변이가 생존에 더 유리한 방향으로 나타나면, 정상적인 개체들보다 번식 능력이 크기 때문에 개체군에 더 널리 퍼지게 된다. 이렇게 자연에게 선택된 변화들이 세월에 따라 축적되면서, 생명체는 환경에 더 적합한 방식으로 진화하게 된다. 또 다양한 생태적 지위에 따라 다양한 방식으로 분화되기도 한다.

연속성과 변화는 개별적 개체 수준에서 나타나기도 한다. 개구리는 알에서 부화하여 올챙이가 되고, 올챙이가 성장하여 개구리가 된다. 또 낙엽수들은 매년 잎들을 버리고 새로운 잎들을 만들어낸다. 인간은 이렇게 여러 세대에 걸쳐 나타나는 생물학적 연속성과 변화를 오랜 세월 동안 이용해왔다. 동식물 육종가들은 오랫동안 장미나 개를 육종할 때 종을 선택적으로 육성하여 새로운 품종을 개발하거나 혈통을 지켜왔다.

에너지의 사용

생명체는 에너지 없이 존재할 수 없다. 물리학 자들이 정의하기로 에너지energy란 일을 수행할 수 있는 능력이다. 에너지는 태양으로부터 공급되어 눈을 녹이고, 바람을 일으키고, 산과 들판에 열을 공급한다. 태양 에너지는 대부분의 생물이 살아가는 데에 필요한 에너지를 공급하는 셈이다.

어떤 생명체들은 해저의 열수 분출공 주변에 살면서 태양 대신 뜨거운 물속에 있는 화학 물질을 이용해 살아간다. 이 경우에서도 생물은 에너지를 필요로 한다. 미생물에서 동식물에 이르기까지 생명체는 에너지를 지속적으로 섭취하고 사용한다.

식물과 함께 몇몇 생명체들은 영양분을 만들기 위해 햇빛을 직접 사용할 수 있다. 식물이 물이나 이산화 탄소와 같은 무기물과 함께 빛 에너지를 이용하는 현상을 광합성photosynthesis이라고 한다. 이 외의 생명체들은 대부분 식물을 직접 먹거나 식물을 먹은 동물을 먹음으로써 에너지를 얻는다.

조절 에너지의 전달은 각 생명체 수준에서 뿐만 아니라 그 개체를 구성하는 세포를 비롯하여, 개체들이 구성하는 생태계에서도 일어난다. 이렇게 생명체의 각 세포에서 생태계에 이르기까지 모든 단계에서 조절과 상호 의존이 나타난다. 생명체들은 에너지를 유용하게 사용하기 위해 조절 regulation이 필요하고, 그 에너지를 얻기 위해 생명체들이 받아들여야 할 조건이 상호 의존 interdependence이다.

세포들은 생화학적 작용을 통제함으로써 스스로를 조절한다. 파충류나 포유류와 같은 생명체들의 몸에서 일어나는 통제와 협력은 뇌를 포함한 신경계와 호르몬을 만들어내는 내분비계에 의해 유지된다. 즉, 생명체의 내부 환경은, 예를 들어 인간의 체온과 혈압이 일정한 것과 같이 생존에 최적인, 한정된 조건들 내에서 유지되는 경향이 있다. 이러한 안정성

위 그림에 나타난 홍합과 거미게, 지렁이 등은 바닷속에 있는 탄화수소를 통해 에너지를 얻는다.
아래 목도리도마뱀이 체온을 일정하게 유지하기 위해 햇볕을 쬐고 있다.

은 모두 신경계와 내분비계의 작용에 의한 것이다. 체온과 혈압을 일정하게 유지하기 위해 생명체의 뇌는 피부의 열수용기에서 감지한 신호에 따라 체온이 너무 높으면 땀샘에서 땀을 분비하여 체온을 낮춘다.

이렇게 신체 내부의 환경을 일정하게 유지시키는 능력을 항상성 homeostasis 이라고 한다. 이 현상 역시 보다 넓은 수준에서도 일어나는 조절 기능이다. 동식물을 비롯한 여러 생명체들이 한 지역에서 행하는 다양한 활동은 생태계의 안정성을 유지하면서 역동적인 균형이 이루어지게 한다.

상호 의존 생명체가 고립되어서 살아가는 일은 드물다. 생명체는 살아가는 데 필요한 여러 물질들을 다른 생명체에 의존한다. 동물의 배설물과 부패하는 사체를 비롯한 여러 무기물들은 식물에게 광합성에 필요한 영양분을 제공한다. 현화식물은 자신의 생식을 벌과 새 또는 포유류가 꽃가루를 나르거나 씨앗을 퍼트려주는 행동에 의존한다. 초식 동물은 식물을 먹고, 육식 동물은 초식 동물을 먹는다. 유성 생식을 하는 암수 개체가 서로 의존하는 것을 포함하여, 동물의 각 개체는 짝짓기, 보육, 공동 사냥, 벌집 유지 등을 위하여 서로서로 의존한다. 따라서 생태계는 한 지역에서 살아가는 생명체들이 모르는 사이 서로 의존하는 거대한 상호 의존 네트워크라고 할 수 있다.

상호 의존은 때때로 미시적으로 나타나기도 한다. 예를 들어 인간의 위 속에 있는 미생물은 인간이 음식물을 소화할 때 도움을 주고, 동시에 우리는 미생물에게 살아갈 터전을 마련해준다. 원시 식물의 한 종류로 보이는 지의류는 사실 조류와 균류가 공생이라는 밀접한 관계로 살아가는 개체이다.

위 미국 오리건 연안의 오리나무에서 자라고 있는 지의류는 공생을 나타내는 좋은 예이다. 공생이란 두 개의 다른 종이 밀접한 관련을 통해 협력하는 것을 말한다. 지의류는 양분을 만드는 조류와 물을 공급하는 균류로 구성되어 있다.
아래 벌은 꽃에서 꽃가루와 꿀의 형태로 양분을 얻는다. 대신 벌은 꽃의 번식을 돕는데, 여러 꽃을 옮겨 다니면서 꽃가루를 퍼트리고 수분시킨다. 또 벌은 서로 상호 의존하는데, 벌집 안에서 고도로 조직화된 무리를 지으며 생활한다.

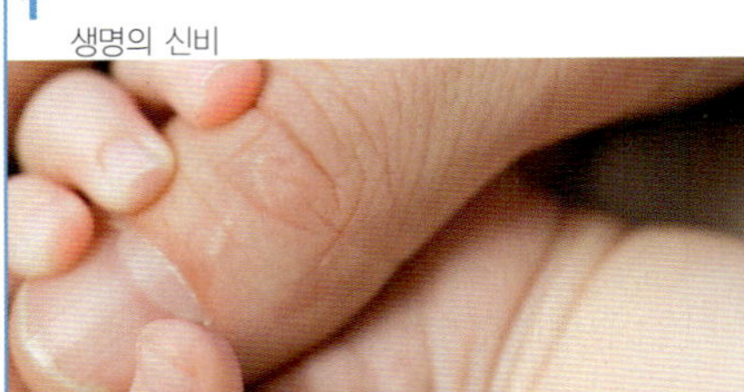

생물의 구조와 기능

길가 돌멩이나 목성의 수소 구름과 같은 무생물들은 아무런 기능도 하지 않는다. 즉, 존재하는 이유가 없다. 무생물의 구조는 물체가 생성된 물리적 과정을 통해 단순하게 설명할 수 있다. 반면 생명체의 경우, 각각의 구성 요소는 특정한 목적을 수행하는 기능이 있다. 인간의 손은 물건을 잡고, 외골격은 생명체를 보호한다. 이는 무생물과 다르게 유전적으로 유리한 구조를 가진 것들이 번성할 수 있도록 자연 선택에 따라 진화했기 때문이다. 생명체의 구조는 거의 대부분 유전자가 생존하기 유리하게 만드는 기능과 밀접한 관련이 있다.

따라서 생물학적 구조는 단순하게 배아 상태에서 발생하는 과정을 나타내는 것으로 설명할 수 없다. 대신 생물학자는 생명체를 이루는 구조의 기능과 이 기능이 유전자의 증식에 기여하는 방식과 생명체가 가진 구조가 그 기능에 적응한 방식을 통해 생물학적 구조를 설명한다.

유리한 구조 구조와 기능 사이의 관계는 세포 소기관에서 기관에 이르기까지 생물학적 체제의 다양한 단계에서 나타난다. 예를 들어 식물 세포에 있는 세포 소기관의 하나인 엽록체는 광합성을 수행하는데, 이는 그라나grana라는 주머니 안에 태양 에너지를 흡수하는 화학 분자인 엽록소가 들어 있기 때문이다. 또 뉴런은 다른 뉴런에서 전기 자극을 받고 이를 다음 뉴런으로 전달해줄 수 있도록 긴 축색을 가지고 있다. 문어는 다리에 빨판이 있어 먹이를 사냥하고 해저에서 이동할 수 있다. 그리고 근수축을 통해 움직이는 지렁이는 눈은 없지만 몸 전체가 땅속 생활을 하기에 적합하다.

하지만 생명체의 구조가 언제나 기능과 연관되어 있는 것은 아니다. 대장 윗부분에 연결되어 있는 소화관인 맹장은 인체 내에서 아무런 기능도 수행하지 않는다. 과학자들은 맹장이 한때는 음식물을 소화할 때 쓰였지만 진화 과정에서 기능을 상실한 것으로 추정한다. 일반적으로 진화는 구조와 기능을 연결시키는 데에 성공하지만, 언제나 완벽한 결과를 만드는 것은 아니다.

위 어른의 엄지손가락을 잡고 있는 아기의 손
아래 문어의 다리
인간의 손과 문어의 다리는 유전적 생존에 유리한 방향으로 환경에 적응했다.

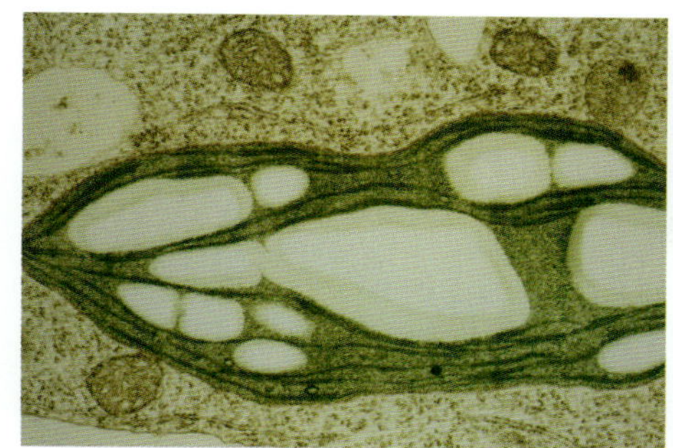

엽록체. 식물 세포 내에서 엽록체는 광합성을 통해 영양분을 생산한다.

개체를 초월하여 물론 생명체의 모든 구조가 그 구조를 형성하는 유전자의 생존과 직접적으로 연결되는 것은 아니다. 흰개미 군락에서 병정개미는 단단한 머리와 강한 턱을 이용해 개미집을 지키지만 생식은 하지 않는다. 이 경우 병정과 같은 구조적 형태가 병정개미에게 어떤 점에서 이로울까? 병정개미에게는 직접적으로 이롭지는 않지만, 동족인 생식 집단과 공유하는 유전자가 생존할 수 있도록 돕는다. 따라서 이 유전자들은 다음 세대로 이어져 새로운 세대의 병정개미가 태어나게 된다. 즉, 구조와 기능 사이의 관계는 개체가 생식에 성공하는 데에 있는 것이 아니라 유전자의 전달에 있다.

생명체의 구조는 개체나 개체의 집단보다도 높은 단계에서 기능을 하기도 한다. 넓은 의미에서 생태계에 존재하는 각 개체도 각자의 기능이 있다. 늑대는 붉은사슴의 개체수를 조절하여, 너무 많아지는 것을 방지한다. 붉은사슴의 수가 너무 많아지면 먹이가 부족하게 되어 붉은사슴이 굶어죽게 된다. 또 나무는 새나 다람쥐에게 서식지를 제공한다. 늑대가 멸종하거나 나무를 지나치게 벌목하여 생태계에서 이런 생명체들을 없애면 생태계에 큰 변화가 생기게 된다. 생물학적 구조가 생태학적 기능을 위해 존재하는 것은 아니지만, 생

박쥐의 날개는 깃털이 아닌 이중 피부막으로 이루어져 있다.

박쥐와 새의 날개

유연 관계가 깊은 종들은 유사한 신체적 구조를 가진다. 하지만 유연 관계가 그리 가깝지 않은 종들이 특정한 기능에 적당한 신체를 가지는 과정에서 서로 닮는 경우도 있다. 포유류인 박쥐의 날개와 포유류가 아닌 새의 날개를 예로 들 수 있다.

박쥐와 새의 조상이 각각 비행의 필요성이 생기자, 두 종 모두 날개를 이용하여 위로 향하는 공기 역학적 힘인 양력을 만들어야 했다. 날개를 움직이게 되면 윗면보다 아랫면에 압력이 커지기 때문에 양력이 생긴다. 비행에 효과적이기 위해서는 직진을 방해하는 힘인 항력을 줄이기 위해 날개가 유선형이 되어야 한다. 새는 깃털을 통해 이 문제를 해결하였고, 박쥐는 이중 피부막을 통해 해결하였다. 박쥐와 새의 날개는 유사한 모양을 가지면서 공기 역학적인 기능을 수행하게 되었다.

흰개미 군락은 생식 집단만이 번식을 통해 유전자를 물려준다. 동족인 일개미와 병정개미는 이들의 번식이 원활하게 이루어질 수 있도록 돕는다.

태계를 유지하는 데에 중요한 역할을 하고 있는 것이다.

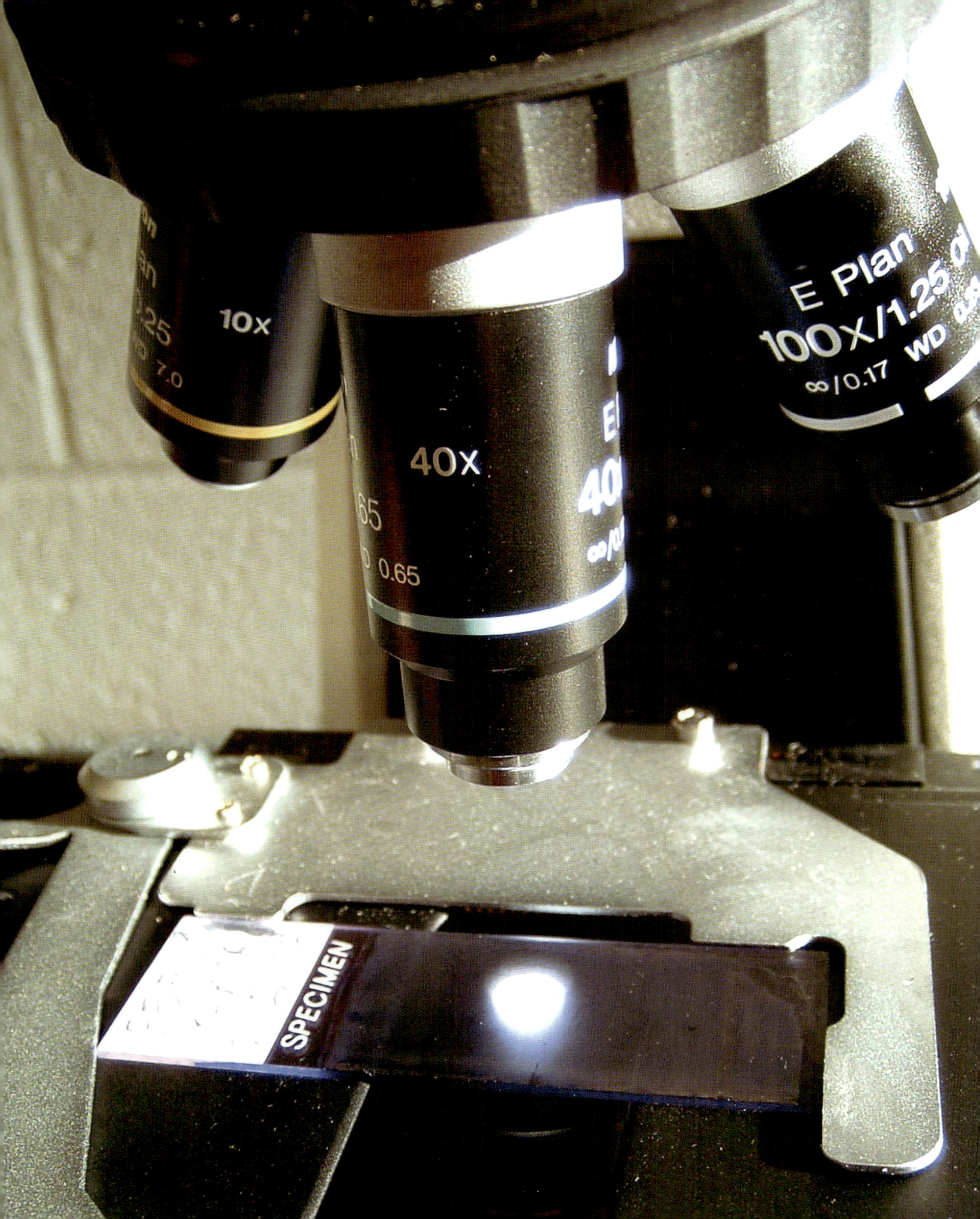

10x
0.25
7.0
40x
65
D 0.65
E Plan
100X/1.25 oil
∞/0.17 WD
SPECIMEN

현미경에서 CAT까지

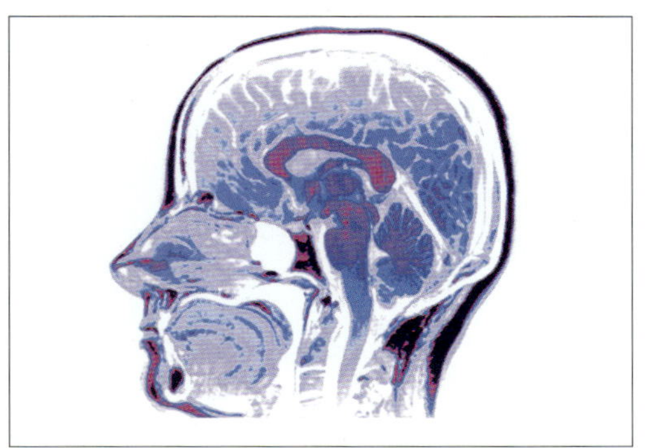

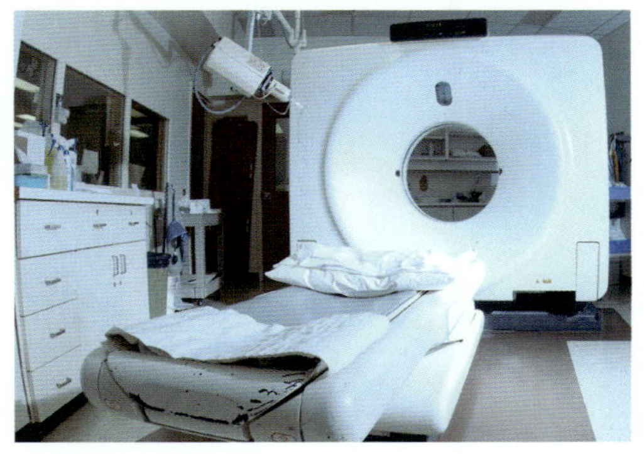

왼쪽 현미경
위 CAT 영상
아래 CAT 장치
생물학자들은 생물체를 연구할 때, 물체를 확대시켜 관찰하는 현미경에서부터 인체에 대해 정확한 정보를 얻기 위해 X선을 이용하여 촬영하는 컴퓨터 단층 촬영(CAT)까지, 여러 가지 도구를 사용한다. 현미경의 발명은 17세기까지 거슬러 올라가는 반면, CAT는 20세기 말부터 사용되기 시작했다.

생명은 한 가지 방법으로 연구하기에 그 모습이 너무나 다양하다. 그렇기 때문에 생물학자들은 17세기에 발명된 현미경에서부터 20세기 말에 개발된 CAT까지, 광범위한 도구들을 이용해 여러 가지 방법과 기술로 생명체에 접근한다. 생물학자들은 연구실, 병원, 자연 보호 구역, 바닷속 등에서 연구하면서 각각 해부학, 동물학, 해양생물학, 미생물학, 식물학, 생리학, 유전학, 분자생물학, 생태학 등과 같은 세부 분야들을 발전시키고 있다. 하지만 다양한 세부 분야를 연구하는 모든 생물학자들은 공통적으로 기본적인 활동을 한다. 즉, 관찰과 실험에 기초한 과학적인 방법으로 생명체를 연구하는 것이다.

생물학자들은 또 화학이나 물리학, 컴퓨터 공학과 같은 분야에 대한 이해를 바탕으로 공익을 창출하기도 한다. 의학은 질병이 발병하는 원인을 밝힐 때 생물학에 오랫동안 의존해 왔다. 또 농작물과 가축의 교배 및 관리에 대한 생물학적 연구는 농업 발전에 매우 중요하다. 생물학이 가진 힘은 여기에 그치지 않고 무궁무진하게 펼쳐진다.

과학자가 하는 일

생물학자는 생명체를 연구하는 학자이지만 생물학자이기 전에 과학자이다. 그들은 천문학자, 물리학자, 지질학자 및 화학자들과 더불어, 과학자로서의 기본적인 특징이 있다. 모든 과학자들은 천체, 원자, 암석, 화학 물질, 유기체 등 연구 대상에 상관없이 관찰과 실험을 기본으로 삼는다.

과학자들은 자연을 심층적으로 관찰하면서 과학적 활동을 수행한다. 천문학자는 허블 천체망원경, 생물학자는 유전자 분석 장치 등 복잡한 도구를 사용하기도 하지만, 과학자들의 궁극적인 목표는 자연을 들여다보고, 눈에 보인 것을 설명하고 해석하는 것이다. 생물학은 르네상스 시대의 해부학자 안드레아스 베살리우스Andreas Vesalius가 인간 시신에서 직접 관찰한 사실로, 수 세기 동안 전해져온 그리스 의사 클라우디우스 갈레노스Claudius galen의 이론이 틀렸음을 증명하면서 크게 발전하기 시작했다.

생명체에 대한 실험 관찰과 묘사에 이어 많은 과학자들은 실험을 이용한다. 과학자들은 연구 문제에 대한 잠정적인 결론인 가설을 설정하고 통제된 실험을 통해 검증될 수 있는 예측 명제를 만드는데, 이를 과학적 탐구 과정이라고 한다. 이 과정에서, 과학자들은 가능한 한 많은 변인들을

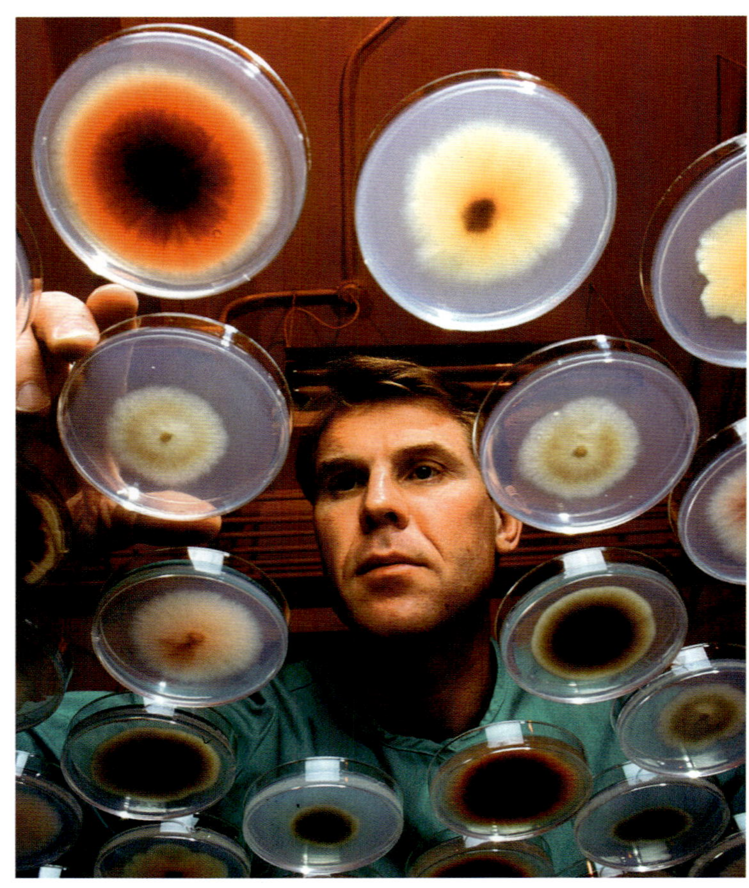

위 실험실에서 포몹시스(*Phomopsis*)라는 독성 곰팡이를 배양하고 있다.
아래 식물 고생물학자가 페트리 접시에 배양된 균을 관찰하면서, 연구에 사용할 수 있는지를 알아보고 있다.

통제하여 한 번에 한 가지 변인에 대한 실험을 수행할 수 있도록 노력한다. 실험 결과는 미리 설정한 가설을 지지하거나 반하게 된다. 만약 예측했던 것과 부합하면 가설은 지지되고, 부합하지 않으면 반하게 된다.

하지만 모든 생물학자들이 가설을 세우고 실험으로 검증하는 것은 아

위 과학자가 현미경을 사용하고 있다.
아래 미생물학자(왼쪽)와 화학자가 DNA 염기 서열을 분석하고 있다.
생물학자들은 잎사귀를 먹고 있는 검은다리진드기 애벌레(blacklegged tick nymph)를 관찰하는 과학자에서부터 미확인 미생물의 유전자를 분석하기 위해 자동 DNA 염기 서열 분석 장치를 사용하는 연구원까지 다양한 분야에 종사한다.

니다. 예를 들어 인간 게놈 프로젝트에서 인간 게놈, 즉 인간 유전자의 지도화 작업에 수년 동안 참여했던 과학자들은 유전자에 대한 실험을 한 것이 아니라 유전자 정보를 모으는 작업을 해왔다. 또 일부 생물학의 세부 분야들은 실험이 불가능하다. 이미 멸종된 생물을 연구하는 고생물학자들은 가설을 검증하기 위해 공룡을 복원시킬 수 없다. 하지만 병원균이 질병을 일으킨다는 가설을 입증하기 위해 실험용 생쥐에 특정한 미생물을 투여하는 것과 같이, 많은 생물학자들은 실험을 매우 중요한 연구 방법으로 사용하고 있다.

협력 작업 모든 과학자들과 마찬가지로 생물학자들은

혼자서 연구하는 일이 드물다. 이들은 이전 시대의 선구자들로부터 지식 체계를 물려받아 출발점으로 삼지만, 새로운 사실이 발견되면 이 지식은 언제든지 수정될 수 있다. 지식 체계는 진화론이나 세포 이론과 같이 반복적인 실험을 통해 확립되어 인정받은 이론과 같은, 자연에 대한 거대한 이해 체계를 포함한다.

또 모든 과학자들과 마찬가지로 생물학자들은 동료들과 협력한다. 생물학자의 연구 결과가 신뢰를 얻기 위해서는 학술지에 발표되어야 하고, 다양한 학회 등에서 여러 반박들을 견뎌내야 한다. 또 다른 분야에 전문적인 지식을 가진 생물학자들과 공동 연구를 하는 경우도 있다. 예를 들어 미생물학자와 생태학자가 협력하여 열대우림에서 특정한 종의 세균이 번지는 방식을 연구할 수 있다. 대학이나 정부기관, 기업 등 어느 곳에서 연구를 하든 과학자들은 연구비를 확보해야 한다. 또한 다른 전문가들과 마찬가지로, 생물학자들은 입지 싸움이나 경력에 대한 걱정에 시달릴 수도 있다. 하지만 대부분의 과학자 및 생물학자들은 처음에 생명을 연구하는 삶을 선택했던 취지를 흩트리지 않고, 지식 탐구를 위해 부단히 노력한다.

생물학이 우리에게 미치는 영향

생물학자가 아닌 사람에게 생물학은 큰 의미가 없는 것처럼 보일 수 있다. 가령 스리랑카에서 새로운 종의 개구리를 발견한다거나 잡초의 게놈 지도를 완성하는 작업은 학술적인 의미만 있을 뿐이라고 생각할 수 있다. 하지만 그 기원부터 오늘날까지 생물학은 사회에 매우 중요한 의미를 갖는다.

먼저 가장 눈에 띄는 것은 의학 분야에 대한 기여이다. 혈액 순환을 발견한 윌리엄 하비William Harvey와 같은 생물학자는 현대 의학에서 인체를 이해할 수 있는 토대를 마련하였다. 의사가 환자를 진찰하거나 처방할 때, 의사는 생물학적 지식을 사용한다.

질병에 대한 세균 이론은 19세기에 정립된 것으로, 수술 전 수술의들의 손씻기나 소아마비에 대한 예방 접종, 폐렴에 대한 항생제와 같은 의학 혁신을 일으켰다. 다양한 질병에 단일 클론 항체를 사용하는 것과 같이 현대 의학은 여전히 생물학의 발전에 의존하고 있다.

농업과 생태학 농업 분야도 생물학에서 많은 도움을 받는다. 유전학의 발달로 동식물을 과학적으로 교배하여 새로운 농작물이나 가축 품종을 개발하게 되었다. 1960년대 농업생물학자들은 고수확 밀이나 쌀 품종을 개발하여 녹색 혁명을 일으키면서, 인도나 멕시코와 같은 가난한 나라의 식량 증산을 이끌었다. 최근에 들어서는, 그 어느 때보다도 복잡한 기술이 농사에 사용되고 있다. 유전공학을 통해 병충해와 제초제에 강한 농작물을 만들 수 있게 된 것이다. 이런 유전자 조작 식품을 만드는 움직임에 반대하는 의견도 있지만, 더 많은 사람에게 식량을 공급할 수 있는 방법으로 개발되고 있다.

자연 환경 속에 있는 동식물을 전문적으로 연구하는 생태학자를 포함하며 생물학자들은 사회가 천연 자원을 보다 현명하게 관리할 수 있는 과학적인 방법을 소개하고 있다. 수중 생태계를 연구하는 해양생물학자는 정부가 주관하는 어업, 수산 양식, 쓰레기의 해양 투기, 오염, 환경 복원 등과 관련된 사업에서 많은 조언을 하고 있다.

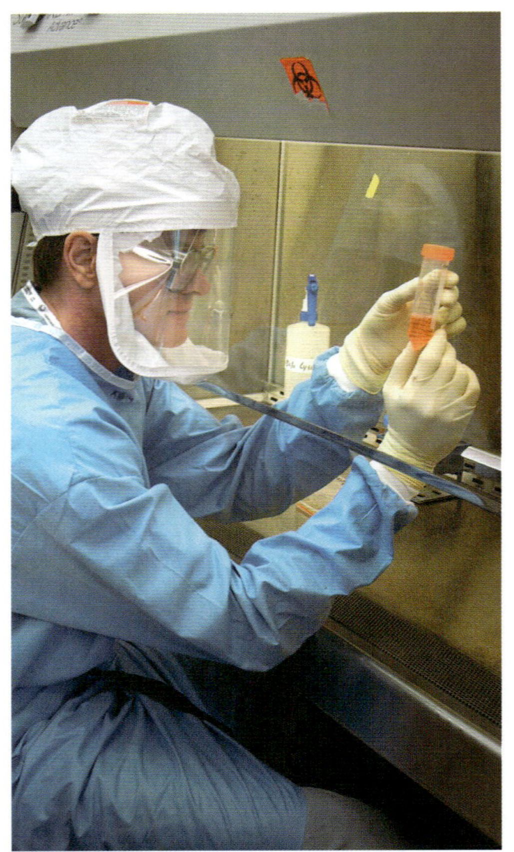

위 보리는 바이러스 감염에 대한 내성을 키우기 위해 유전자 조작을 가한 농작물 중 하나이다.
아래 미국 질병관리본부의 미생물학자가 1918년에 대유행한 스페인 독감 바이러스를 복원하여 관찰하고 있다.

윌리엄 하비. 영국의 의사인 하비는 17세기에 혈액 순환을 발견하여, 인체를 현대 의학적으로 이해할 수 있는 토대를 마련하였다.

기타 분야들 생물학의 세부 분야 중 일부는 실용적으로 쓰이기에는 너무나 학술적으로 보이기도 한다. 예를 들어 진화생물학은 삼엽충이나 네안데르탈인에 관심이 있는 사람에게만 유용해 보일 수 있다. 하지만 진화 이론을 통해 얻은 통찰력은 다양한 부분에서 그 의미가 커지고 있다. 살충제와 항체에 내성을 가진 형태로 진화한 해충이나 세균을 박멸하고, 멸종 위기종의 유전자풀gene pool을 확보하고, 유전자와 질병 사이의 관계를 파악하는 것 등이 그 예이다.

하지만 생물학의 실용적인 측면보다 더 큰 의미는 인간이 태어날 때부터 가지고 있던 지식에 대한 욕망을 충족하는 데 있다. 태초의 생물학자 중 한 명인 아리스토텔레스는 "자연 속에서 태어난 모든 인간은 알고자 하는 욕망이 있다."라고 했으며, 그 욕망은 아리스토텔레스가 살았던 시대로부터 2000년이 지난 오늘날까지 사라지지 않았다. 자연사 박물관에서 공룡 뼈를 관람하거나 자연 다큐멘터리에서 야생 동물을 볼 때 사람들은 생명에 대한 경외심을 가지며, 생물학은 이를 이해하는 데에 밑거름이 되고 있다.

위 분석전문가가 DNA 염기 서열을 분석하고 있다.
아래 DNA 샘플과 그래프가 DNA 분석 결과를 나타내고 있다. DNA 지문은 범죄 수사에 매우 중요하게 쓰이고 있다.

새로운 종류의 지문

생물학의 발전으로 수많은 인명을 구할 수 있게 되었지만, 사람을 식별하는 데에 큰 도움을 주는 과학 수사적 절차들이 개발되기도 하였다. 1977년에 영국의 유전학자 앨릭 존 제프리스 경(Sir Alec John Jeffreys 1950-)은 유전학적 지문, 즉 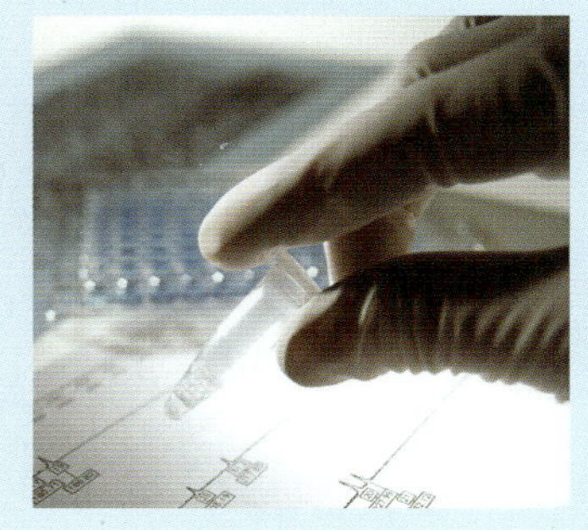 DNA 지문이라고 불리는 기술을 개발했다. DNA의 유전적 다양성은 매우 크기 때문에, 두 사람이 동일한 DNA를 가지는 일은 거의 없다. 이런 사실을 이용하여, DNA 지문은 1980년대 중반부터 범죄자를 식별하거나 친자 확인에 사용되어 왔다. 또 이 기술은 인간뿐만 아니라 야생 개체군 유전학에서도 적용할 수 있다.

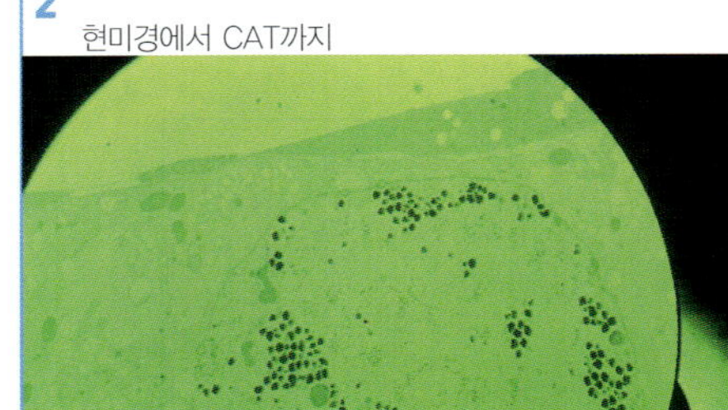

과학의 완성

생물을 이해함에 있어서, 생물학자는 다른 과학자와 마찬가지로 과학적인 도구와 탐구법을 이용한다. 하지만 생물학 안에서도 특정한 세부 분야에 따라 사용하는 도구와 방법론에 차이가 있다.

해양생물학의 경우를 생각해 보자. 해양생물학자는 깊은 바다에 사는 생물을 연구하기 위해 첨단 잠수 장비를 이용하여 심해로 들어갈 수 있다. 반면 플랑크톤을 연구하는 생물학자는 양동이 하나만 들고 부두로 가서 표층수를 모아오면 된다. 그리고 이 표본을 실험실에 가져가서 원심분리기 표본을 빠른 속도로 회전시키는 장치를 이용해 플랑크톤을 모은 후, 바닷물과 영양분이 들어 있는 유리 플라스크에서 배양한다. 또 다른 해양생물학자는 물속에서 마이크 역할을 하는 수중 청음기를 부표에 연결해 고래의 대화를 감지할 수 있다.

야생에서 오랫동안 동물들을 관찰하는 동물행동학자는 야영 장비가 필요하다. 또 라디오나 인공위성을 통해 위치를 추적할 수 있는 목걸이를 이용하여, 연구 대상인 동물을 추적하기도 한다. 알래스카와 캐나다의 순록 무리에 이런 위치 추적 목걸이가 부착되었는데, 목걸이는 각 동물의 위치를 위성으로 송신하고, 위성은 이 정보를 다시 지구로 보낸다.

해부 도구. 해부학을 연구할 때, 생물학자들은 메스, 집게, 가위 등과 같은 기본적인 도구들을 사용한다.

미생물 연구를 위한 도구 미생물학자나 세포학자와 같이 눈에 보이지 않는 대상을 연구하는 생물학자는 현미경을 사용한다. 현미경 microscope 은 물체를 확대하여 관찰하는

위 바이러스에 감염된 세포의 핵
아래 왼쪽 DNA 염기 서열 분석 장치
아래 오른쪽 전자 현미경을 들여다 보는 생물학자
DNA 분석 장치와 전자 현미경은 바이러스 세균 등과 같은 크기가 작은 대상을 관찰할 때 쓰인다.

도구로, 배율은 현미경에 따라 현저한 차이를 보인다. 광학 현미경은 둘 이상의 렌즈를 통해 빛을 굴절시켜 물체를 확대하는데, 최고 2,000배까지 확대시킬 수 있다. 이보다 크게 물체를 확대해야 하는 경우, 생물학자는 광선 대신에 전자빔을 사용하는 전자 현미경을 이용해 물체를 200,000배 이상 확대시킬 수 있다. 전자 현미경은 원리에 따라 투과 전자 현미경과 주사 전자 현미경, 두 가지로 분류된다. 투과 전자 현미경은 엄청나게 얇은 표본 절편에 고전압의 전자빔을 투과시켜 물체를 확대하고, 주사 전자 현미경은 표본을 손상시키지 않고 표면에 전자빔을 쏘아 튀어 나온 것을 측정하는 방식을 이용한다.

하지만 현미경만으로 미생물의 세계를 연구하기는 역부족이다. 때로는 배양액이 담긴 페트리 접시에서 미생물을 배양하여 보다 많은 양을 검사하기도 한다. 또 현미경에서 보다 쉽게 관찰하기 위해 염색약으로 세포 구조에 색을 입히기도 한다.

더 많은 도구 사용하기 해부학을 전공하는 생물학자는 메스, 집게, 탐침 등 해부에 필요한 기본적인 도구들을 갖추어야 한다. 하지만 보다 섬세한 절개가 필요할 때도 있는데, 예를 들어 1개의 종양 세포를 떼어내어 정상적인 세포와 비교해야 하는 경우에는 레이저 현미 해부 장치와 같은 도구를 사용한다.

분자생물학자는 이보다도 더 작은 세계를 연구하는데, 보통 생체 내에서 작동하는 분자들, 특히 유전자가 들어 있는 DNA 분자를 연구한다. 이들이 사용하는 도구 중에는 뉴클레오티드DNA의 구성 단위의 순서를 분석하는 유전자 분석 장치 등이 있다. 유전공학자는 제한 효소를 사용하기도 한다. DNA의 특정한 염기 배열을 식별하는 제한 효소가 DNA 분자를 각각 특정한 위치에서 정확하게 절단한다.

한 분야에서 개발된 장치가 다른 분야인 생물학에 쓰이는 경우도 있다. 컴퓨터 단층 촬영법computerized axial tomography, 즉 CAT는 인체에 대한 정확한 사진을 X선으로 촬영하는 기술로, 의학 분야에서 널리 쓰이고 있다. 하지만 이 장치는 또 고생물학자가 화석을 연구할 때에도 유용하다. 고생물학자 래리 위트머Larry Witmer는 이 장비를 이용해 공룡의 두개골을 연구한 것으로 유명하다.

생물학자는 광합성과 호흡 작용에 사용된 기체의 양을 측정하는 검압계에서부터 DNA 입체 모형을 만들기 위한 슈퍼 컴퓨터에 이르기까지 다양한 기구를 사용한다. 기술이 발전함에 따라 생물학자의 장비도 함께 발전하고 있다.

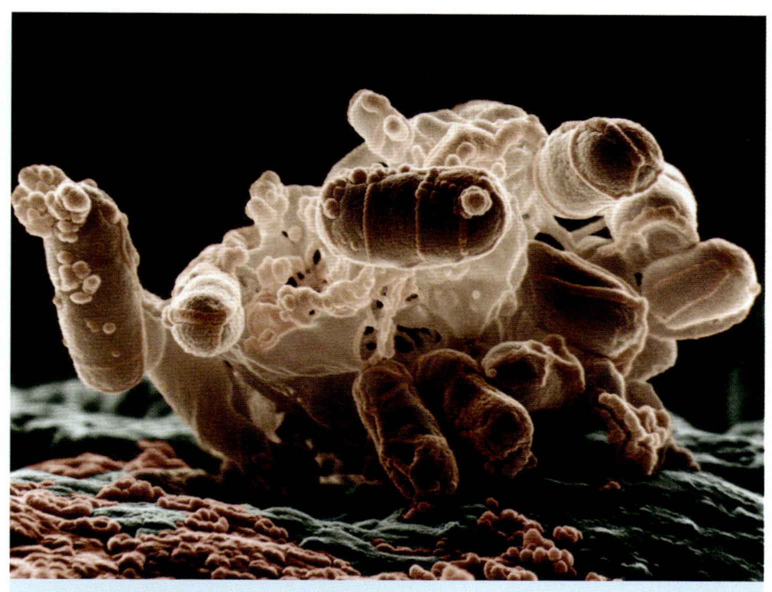

전자 현미경으로 본 대장균(*E. coli bacteria*)

전자 현미경

최초의 전자 현미경이 1931년에 에른스트 루스카(Ernst Ruska)를 비롯한 여러 독일 과학자들에 의해 발명된 후로, 전자 현미경은 생물학, 화학, 의학, 금속학 등에서 매우 중요한 도구로 사용되어 왔다. 20세기 중반에는 세포학의 태동을 불러일으켰다. 벨기에의 생물학자 알베르 클로드(Albert Claude) 등과 같은 과학자들이 세포의 주요 구성 요소인 미토콘드리아와 리보솜과 같은 구조를 발견하였다. 의학 분야에서는 투과 전자 현미경으로 바이러스와 같이 매우 작은 구조(가시광선 파장보다도 크기가 작은 물체)를 관찰할 수 있었다. 투과 전자 현미경은 표본을 최고 1,000,000배까지, 주사 전자 현미경은 물체를 500,000배까지 확대시킬 수 있다.

생물학의 현장

생물학자 중에는 생명체가 자연 환경에서 살아가는 방식을 중점적으로 연구하는 이들이 있다. 이들은 생명체를 세포나 분자적인 관점에서 보는 세포생물학자와 구분하여 개체생물학자 organismic biologist라고 한다. 그들 사이의 가장 큰 차이는 개체생물학자는 연구하는 종을 더 자세히 관찰하기 위해 실험실보다는 야외 현장에서 시간을 더 보낸다는 점이다. 그렇기 때문에 이들을 현장생물학자 field biologist라고 하기도 한다.

자연 서식지에서 생명체를 연구하는 현장생물학자에는 식물학자와 동물학자, 해양생물학자, 동물행동학자, 생명체와 환경 사이의 관계를 연구하는 생태학자, 야생동물군을 보존하기 위해 연구를 하는 야생 및 수산생물학자 등이 있다. 생물학은 이보다 더 세부적으로 전문화되기도 하는데, 동물학자는 파충류와 양서류를 중점적으로 연구하는 파충류학이나 곤충을 연구하는 곤충학을 전공할 수도 있다. 이러한 전문 분야는 더 세부적으로 나눌 수 있는데, 예를 들어 곤충학자는 삼림 해충을 전문적으로 연구하는 삼림곤충학을 전공하거나 나비와 나방을 전문적으로 연구하는 인시류학을 전공할 수도 있다.

토양 상태 분석. 미국 농업연구소 소속 과학자들이 팀을 구성하여 토양 표본을 분석(왼쪽)하고, 새로운 표본을 채취하고(오른쪽), GPS 장치를 작동(가운데)시키고 있다.

위 해양생물학자가 산호에 서식하는 생물을 관찰하고 있다.
아래 해양생물학자가 와스프(WASP)라는 특수 잠수복을 입고 해양 생물을 관찰하고 있다. 이 잠수복에는 프로펠러가 장착되어 있어 수중에서 이동이 편리하다. 와스프의 팔은 머니퓰레이터(manipulator)라고 하며, 내부에서 조종할 수 있게 설계되어 있다.

현장 작업

현장생물학자는 생명체를 자연 서식지에서 관찰하기 때문에 악조건을 견뎌야 한다. 북극곰을 관찰하기 위해서는 북극의 추위를 헤쳐 나가야 하며, 캥거루쥐를 관찰하기 위해서는 사막의 열기를 견뎌야 한다. 열대 식생을 연구하기 위해서는 우림의 무더위를 이겨야 한다. 이들의 고생 덕분에 세계의 여러 지역에서 풍부한 연구가 이루어졌다. 파나마 운하 지대에 있는 6개의 섬으로 이루어진 콜로라도 섬 Barro Colorado Island은 1900년대부터 이루어진 연구로 인해 세계에서 가장 잘 연구가 이루어진 우림 지역 중 하나가 되었다.

현장생물학자의 주요 과제는 동식물이 야생에서 행동하는 방식을 관찰하는 것이다. 이들은 표본을 채취하거나, 동물의 행동 반경을 파악하기 위해 꼬리표를 붙이기도 한다. 또 온도와 같은 환경 자료를 얻기 위해 무선 센서 네트워크, 디지털 카메라 및 디지털 펜, 노트북 컴퓨터 또는 종이 수첩과 같은 다양한 도구를 사용한다. 그리고 이러한 자료들을 분석하여 동료와 정보를 공유한다.

현장생물학자의 성과

현장생물학자가 연구 활동을 펼치는 장소는 대체로 우리 일상과 멀리 떨어져 있지만, 이들이 생물학을 비롯한 생명 연구에 끼치는 영향은 대단하다. 찰스 다윈 Charles Darwin의 진화론은 대부분 그가 HMS 비글 Beagle 호를 타고 항해했던 1831년부터 1836년까지 여러 동식물을 연구하며 보낸 시절에 만들어졌다. 갈라파고스 섬 Galapagos Islands에서 발견한 기이한 표본들은 그의 자연 선택설에 많은 영향을 끼쳤다.

일부 현장생물학자들은 특정 대학에 소속되어 활동하지만, 비학술적인 단체에 소속된 사람들도 많다. 정부기관에서는 야생 동물을 관리하고 오염을 통제하거나 환경법을 시행하는 데에 현장생물학자를 고용하기도 한다. 개인 회사도 발전소 주변의 수온이 낮아지는 호수를 관리하는 일

농업에 기여하는 생물학의 한 예로, 한 과학자가 워싱턴에 있는 밀밭에 생긴 심각한 토양 침식을 조사하고 있다.

제인 구달과 침팬지

곰베 침팬지와 제인 구달

1960년, 영국의 동물학자 제인 구달(Jane Goodall)은 탄자니아 카콤베(Kakombe) 골짜기에서 야생 곰베 침팬지(Gombe chimpanzee)에 대한 연구를 시작했다. 그녀는 처음에 몇 달만 연구를 진행할 계획이었지만 결국 몇 년 동안 이어지면서, 그동안 사람들이 침팬지를 비롯하여 현장생물학의 본질에 대해 가졌던 편견을 완전히 뒤바꿔 놓았다.

구달의 연구가 있기 전까지, 사람들은 침팬지가 과일이나 야채를 주로 먹고, 가끔 곤충이나 쥐를 잡아먹는다고 생각했었다. 하지만 구달은 침팬지들이 덩치가 더 큰 동물을 사냥하는 것을 관찰했으며, 침팬지 무리가 생존과 상관없이 다른 무리를 죽이는 것을 처음으로 관찰했다. 그녀는 또 침팬지들이 나뭇가지를 사냥 도구로 사용하는 것을 목격하기도 했다. 이로 인해 전쟁과 무기 제조 활동이 인간의 전유물이 아니라는 사실이 밝혀졌다.

구달의 이러한 발견들은 대상을 오랫동안 가까이 관찰해야만 얻을 수 있는 것들이다. 그녀의 헌신적인 노력으로 많은 현장생물학자들은 근거리 관찰법(close-ranged study)을 받아들이게 되었다.

등에 현장생물학자를 고용한다. 또 일부는 정부나 산업기관에 도시 계획이나 주거지 개선 등에 대해 조언해 주는 독자적인 컨설턴트로 활동하기도 한다.

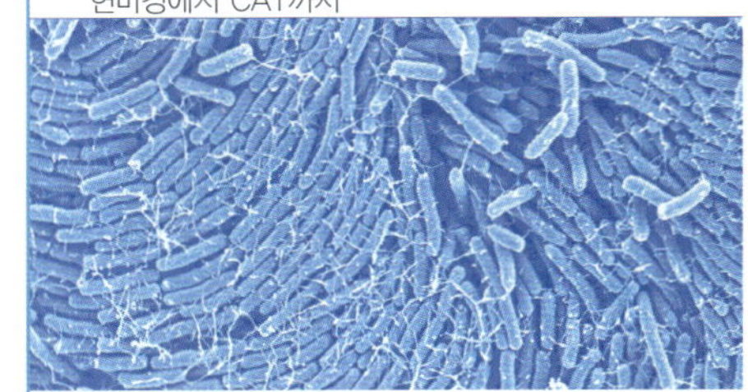

미시 세계

생물계의 많은 부분은 육안으로 볼 수 없다. 도구를 사용하지 않고 손을 구성하는 세포나 화장실에 있는 세균, 부모와 자식을 닮게 만드는 DNA를 육안으로 볼 수 있는 사람은 없다. 하지만 생물학자들 중에는 눈으로 볼 수 없는 세계 속에서 살아가는 이들이 있다. 광학 현미경이나 전자 현미경과 배양균 및 배양 세포, 제한 효소와 유전자 분석 장치를 비롯한 과학 기술을 통해 이들은 미시 세계에 들어서게 된다. 이들 중에는 세균, 바이러스, 원생동물, 조류, 곰팡이, 이스트 등을 연구하는 미생물학자들이 있다. 이들은 흔히 특정한 미생물을 전문적으로 연구한다. 예를 들어 세균생물학자들은 세균에, 바이러스학자는 바이러스에, 균류학자는 균류에 초점을 맞춘다. 일부 미생물학자는 미생물과 인간, 혹은 기타 생명체나 환경 사이의 상호 작용에 초점을 맞추기도 한다. 의학미생물학자는 미생물이 질병을 일으키는 방식을 연구하면서 치료법을 개발한다. 농업미생물학자는 식물병이나 토양 비옥도 또는 부패에 미생물이 끼치는 영향을 연구한다.

세포와 분자 미시 세계에 대해 연구하는 생물학자 중에는 세포의 구조와 기능을 연구하는 세포학자들도 있다. 이들은 현미경을 통해 세포를 관찰하면서 암과 같은 질병을 진단하고 연구한다. 이들은 다른 분야와 협동하면서 새로운 분야를 만들기도 하는데, 여기에는 세포 내의 화학 작용을 연구하는 세포화학, 염색체와 유전자 작용을 연구하는 세포유전학 등이 있다. 세포학은 조직을 미시적으로 연구하는 조직학의 한 갈래로 볼 수도 있다.

분자생물학자는 생명체 내에 있는 분자들, 특히 유전자를 가지고 있는 DNA 분자를 연구한다. 이들의 노력은 의학 및 산업 분야에 쓰이는 물질을 생산할 때 생물학적 공정을 적용시키는 등, 생명공학 분야

위 세균
아래 왼쪽 세포 다발
아래 오른쪽 표면에 자라고 있는 세균
세 그림 모두 전자 현미경으로 촬영한 영상들이다. 미생물학자들은 육안으로 볼 수 없는 것들을 가시화시키는 장비를 사용한다. 세균이 표면에 축적되면서 서로 가까이 모인 후, 세포외 중합체(extra-cellular polymer)를 통해 표면에 자신을 고정하는 과정을 볼 수 있다.

세포학자(왼쪽)와 동물학자가 선충류인 예쁜꼬마선충(*Caenorhabditis elegans*)을 연구하고 있다. 이런 작업을 통해 축적된 자료는 농작물에 기생하는 콩낭자선충이나 뿌리혹선충과 같은 기생충에 대한 생화학적 연구에 모델로 쓰이게 된다.

에서 많은 성과를 이루어냈다. 예를 들어 최초로 유전공학을 통해 만들어진 상품은 1982년에 판매되기 시작한, 당뇨병 치료제로 개발한 휴뮬린Humulin이었다. 휴뮬린은 특정한 세균의 유전자를 조작하여 생산한 것이었다. 이런 작업이 가능했던 것은 분자생물학적 연구를 통해 인간 유전자 중에서 인슐린을 만드는 암호를 분리시킬 수 있게 되었고, 유전공학을 통해 세균의 DNA에 이 유전자를 삽입할 수 있었기 때문이었다.

게놈과 배아 게놈genomics을 연구하는 과학자는 생명체의 각 세포에 들어 있는 모든 유전자를 연구한다. 이 어마어마한 연구 분야에는 여러 세부 분야가 있는데, 여기에는 인간 게놈 프로젝트처럼 생명체의 전체 게놈을 지도화하는 구조게놈학과 유전자가 표현되는 방식과 그 결과로 인해 나타나는 작동을 연구하는 기능게놈학, 지렁이와 인간처럼 상이한 종의 게놈 사이의 유사성을 찾는 비교게놈학 등이 있다. 어떤 종의 DNA 염기 서열의 기능을 파악하면 다른 종에서 유사한 서열이 나타날 때 그 작용을 예측할 수 있으므로 두 종 사이에 나타나는 진화적 유연 관계를 밝혀낼 수 있다.

다른 생물학자들은 자신의 연구에 부합하는 경우에만 미시 세계에 발을 들여놓는다. 황새치를 연구하는 해양생물학자는 현미경을 사용하는 일이 많지 않지만, 표층수에 사는 플랑크톤을 연구할 때는 현미경을 사용할 수밖에 없다. 마찬가지로 생명체의 발생을 연구하는 발생학자의 연구 대상이 수정란 단계에 있을 때는 현미경에 크게 의존하지만, 생명체가 태어날 즈음에는 현미경이 필요 없어진다.

생명체의 여러 단면

생물학자의 전문 분야는 생명체의 다양성과 마찬가지로 범위가 넓다. 예를 들어 생명체의 구조를 연구하는 전문 해부학자는 골격 구조와 신체 기관의 모양 그리고 나무에서 가지가 뻗는 방식을 연구한다. 반면 비교해부학자는 흔히 진화적 유연 관계를 파악하기 위해 영장류와 인간 같이 서로 다른 두 생명체의 구조를 비교한다. 영장류와 인간은 어금니 모양까지 닮았을 정도로 유사하다. 어떤 생물학자는 화석을 통해 생명체 구조를 추론하기도 하는데, 이들이 과거 지질 시대의 생명체를 연구하는 고생물학자이다.

생리학자는 생명체의 구조가 아니라 그 기능을 연구한다. 이들의 연구는 흔히 의학적으로 사용된다. 예를 들어 세포생리학자는 각 세포의 기능을 연구하며, 이런 작업을 통해 암세포가 발생하는 원인을 밝혀낼 수 있다. 물론 생리학자의 작업은 여기에 머무르지 않고, 다양한 생명체에 대한 기본적인 연구를 수행한다. 낙타가 오랫동안 물을 마시지 않고 생존할 수 있는 이유를 파헤치기 시작한 것도 모두 생리학에 해당한다. 그리고 오늘날 새로운 열대 꽃의 기능을 연구하는 것도 마찬가지로 생리학에 해당한다. 비교생리학은 생명체의 기능을 비교하는데, 이는 비교해부학과 마찬가지로 진화적 연관성을 밝혀내는 데 매우 유용하다.

유전학과 계통학

유전학자는 여러 가지 관점, 즉 세부 분야를 통해 유전 현상을 연구한다. 집단유전학은 개체군의 유전자 빈도에 변화를 일으키는 과정을 연구한다. 행동유전학은 유전자와 환경이 동물의 행동에 끼치는 영향을 연구한다. 전달유전학은 그레고르 멘델의 유전 법칙을 확장하여 유전 패턴을 연구한다. 분자유전학은 생물학을 분자 수준으로 연구하는 분자생물학과 함께, 유전학을 분자 수준인 DNA에서 연구한다.

계통학·분류학은 생명체를 유연 관계에 따라 분류하는 학문이다. 이 분야 역시 여러 세부 분야로 나뉜다. 분자계통학은 아미노산과 뉴클레오티드의 염기 서열을 이용하여 생명체 사이의 진화적 유연 관계를 파악한다. 생물계통학은 발생 및 유전 그리고 생화학과 기타 관찰 연구 등을 모두 통합하여 다양한 생물종을 분류한다. 그리고 이렇게 만들어진 자료는 다른 생물학 분야에서 중요하게 쓰인다.

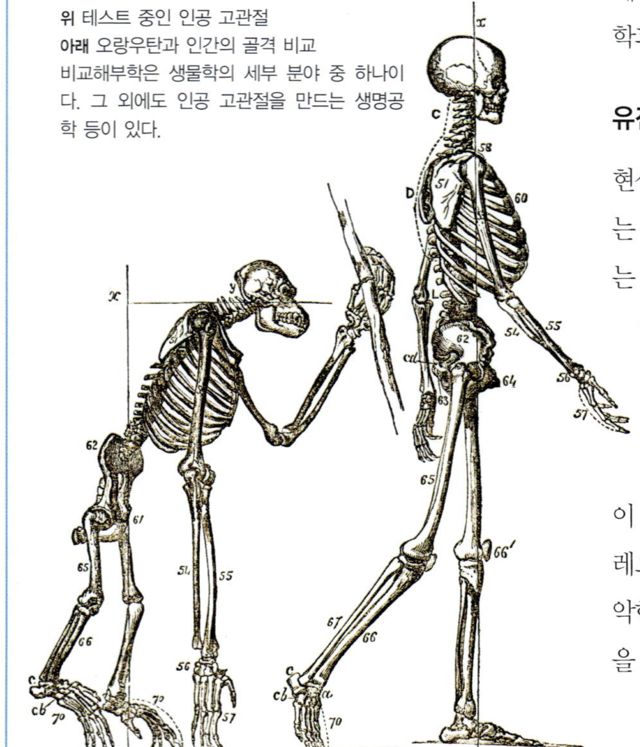

위 테스트 중인 인공 고관절
아래 오랑우탄과 인간의 골격 비교
비교해부학은 생물학의 세부 분야 중 하나이다. 그 외에도 인공 고관절을 만드는 생명공학 등이 있다.

 생물학자는 보다 심층적으로 연구하기 위해, 다른 분야의 과학을 끌어들이는 일이 많다. 생화학에서는 화학을 이용해 생명체 내부에서 일어나는 화학 작용을 연구한다. 생명체의 물질 대사에서 음식물이 거치는 과정이나 감염균에 저항하는 화학적 경로를 추적하면서 생화학자는 생리학이나 의학에 큰 도움을 주었다. 인간의 육체적·정신적 작용을 연구하는 심리학자는 생명체에 대해 축적한 생물학자의 지식과 사회에 대해 축적한 사회과학자의 지식을 통합한다.

생물물리학자는 물리 법칙과 기술을 생명체에 적용하여 연구한다. 그리고 생명정보학자는 컴퓨터를 이용해 DNA의 염기 서열과 단백질의 아미노산 서열에 대한 자료를 수집하여 저장, 분석한다. 생물역학에서는 물체에 힘이 미치는 영향을 연구하는 역학을 이용하여, 생명체의 구조와

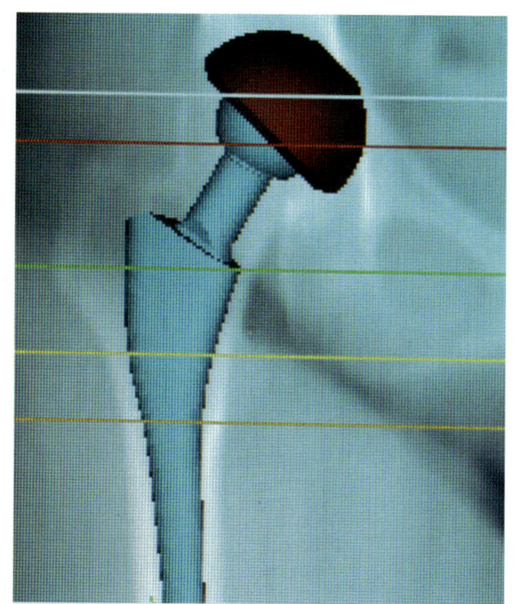

인공 고관절

인공 고관절

매년 168,000건이 넘는 고관절 이식 수술이 이루어지고 있으며, 이때 여러 분야의 과학 지식이 동원된다. 인간의 고관절을 구성하는 절구 관절(ball-and-socket joint)을 대체할 효과적인 대체물을 개발하기 위해서는 생명공학과 생명역학을 적절히 융합해야 한다. 제 기능을 하지 못하는 고관절을 대체하는 인공 고관절은 금속 공과 플라스틱 소켓, 두 부분으로 이루어진다. 소켓 부분은 표면이 금속으로 싸여 있는 것도 있다. 이 보철물은 수술용 시멘트나 촘촘한 망사로 뼈와 연결되는데, 뼈가 망사 위로 자라면서 자연스럽게 접합되도록 하기 위해서이다. 이렇게 인공 고관절은 인체와 연결되면서 일반 고관절과 같은 기능을 하게 된다.

계통학자(앞쪽)와 기술자가 자동 유전자 분석 장치를 이용해 퍼고소니나(*Fergusonina*) 파리와 퍼고소비애(*Fergusobia*) 선충 사이의 상관 관계를 연구하고 있다. 이들은 공생 관계에 있는 것으로 알려져 있다.

기능을 파악한다. 생명역학은 축구 선수의 무릎 부상을 방지하는 것에서부터 헤엄치는 물고기에서 유체 역학을 이해하는 데에 이르기까지, 방대한 분야에서 사용되고 있다. 생명공학자들은 여기서 한 걸음 더 나아가, 생명역학을 통해 인공 고관절이나 인공 심장 판막과 같은 인공 장기를 개발한다.

CHAPTER 3

생물학의 발전

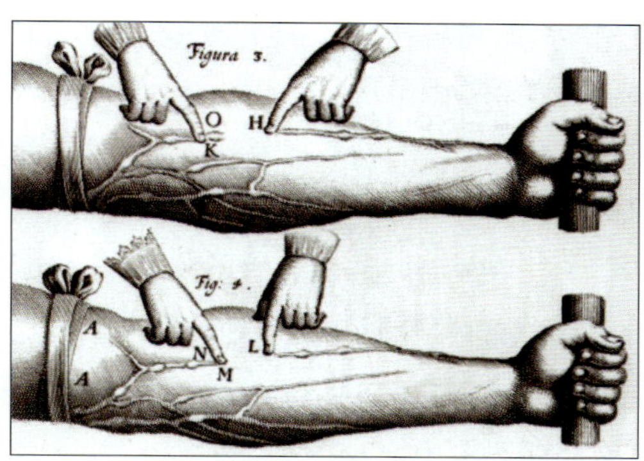

왼쪽 프랑스 화학자 루이 파스퇴르(Louis Pasteur)가 실험실에서 연구 중에 있다. 파스퇴르의 연구는 19세기에 세균 이론을 정립하는 데에 크게 기여했다.
위 영국의 의사 윌리엄 하비가 혈액 순환에 대해 쓴 책에 실린 삽화
아래 독일 식물학자 마티아스 슐라이덴(Matthias Schleiden)이 해양생물학에 대해 쓴 《바다(*Das Meer*)》에 실린 삽화
오랜 세월 동안 생물학은 크고 작은 발전을 거듭해 왔다. 파스퇴르가 정립한 질병에 대한 세균 이론, 하비가 발견한 포유류의 혈액 순환, 슐라이덴과 독일 생리학자 테오도르 슈반(Theodor Schwann)이 함께 정립한 세포 이론 등 생명과학에 있어 거대한 발자취를 남겼다.

고대로부터 사람들은 주변 환경에 대해 심층적으로 탐사해 왔다. 원시 인류는 동굴 벽에 사냥한 동물 그림을 자세히 그리면서, 후에 식물을 재배하고 동물을 길들일 수 있는 생물학적 지식을 얻게 되었다. 아리스토텔레스가 여러 생물 종에 대해 남긴 설명과 갈레노스가 인간 해부학에 대해 남긴 저서는 오늘날까지 읽히고 있다.

이런 오래된 역사에도 불구하고, 현대 생물학은 16-18세기에 생명의 본질과 존재 이유와 같은 오래된 의문을 파헤치기 위해 과학적 방법들을 사용하기 시작한 과학 혁명에서 비롯되었다. 16세기에 안드레아스 베살리우스는 수세기 동안 방치된 해부학적 오류를 폭로하였다. 18세기에 린네는 생명체를 분류하는 새로운 방법론을 제시했고, 그 후로 다윈은 모든 생명체들이 진화를 통해 동일한 조상에서 기원했다는 사실을 밝혔다. 그리고 멘델은 유전자가 유전의 단위라는 사실을, 파스퇴르는 세균이 질병을 일으킨다는 사실을 밝혀냈다. 20세기에 들어서 의학이 발전하고 왓슨과 크릭이 DNA 구조를 밝히면서 생물학적 지식의 양은 폭발적으로 증가하였다. 21세기 초에 이미 인간 게놈 프로젝트가 완성되었으며, 앞으로도 무궁무진한 발전이 일어날 것이라는 사실은 자명하다.

고대의 생물학자

인간은 여러 생명체에 의존해 생존하도록 진화되었다. 인류는 식물의 뿌리와 열매를 채집했으며, 물고기와 가재를 잡고, 사슴과 매머드를 사냥했다. 이들이 사용했던 도구는 대부분 나무나 뼈로 만들어졌으며, 염료와 독, 약초는 야생 덤불이나 야생화에서 채집한 것이었다. 인류는 자연에 의존해야 했기 때문에 주변에 있는 생명체를 관찰, 구분, 분류하고 필요에 따라 실험하게 되었다. 이것이 생물학의 시작이었다.

약 30,000년 전에 프랑스와 스페인 지역에 살던 원시 인류인 크로마뇽인Cro-Magnons은 곰과 매머드, 말, 들소, 소 등을 동굴 벽에 상세하게 그려, 자신들이 얼마나 자연을 자세히 관찰했는지를 보여 주었다. 그들이 그동안 축적해온 생물학적 지식은 이윽고 식물을 재배하고 동물을 길들이는 데 사용되었다. 약 14,000년 전에는 메소포타미아 지역 오늘날 이라크 지방에서 늑대를 길들이면서 개를 가축화하는 데 성공했다. 무리를 짓는 동물을 가축화한 것은 약 12,000년 전 페르시아이란에서 염소를 통해 시작되었다. 농사는 비슷한 시기에 여러 지역에서 짓기 시작했는데, 학자들은 이들이 독자적으로 농사를 시작한 것으로 추정한다. 메소포타미아 북부에서는 약 10,000년 전에, 멕시코에서는 약 9,000년 전에, 중국과 일본에서는 약 8,000년 전에 밀과 보리를 재배하기 시작하였다.

그리스 선사 시대의 생물학적 연구는 매우 실용적으로 이루어졌지만, 학문으로서의 생물학은 문자가 발명된 이후 역사 시대와 함께 그리스에서 시작되었다. 기원전 5세기경에 살았던 그리스의 의사 알크마이온Alcmaeon은 해부를 통해 인체를 연구했다. 기원전 5-6세기경 크세노파네스Xenophanes 등과 같은 다른 철학자들은 동식물을 연구했고, 데모크리토스Democritus는 여러 동물

위 에드윈 스미스 파피루스
아래 프랑스 남서 지방의 도르도뉴(Dordogne) 골짜기에서 발견된 크로마뇽인이 그린 라스코(Lascaux) 동굴 벽화
고대 인간들은 생물계를 세심하게 관찰한 것으로 추정된다. 크로마뇽인들은 사냥한 동물들을 벽화로 기록했다. 기원전 1087년까지 존립했던 신왕국 시대의 이집트인들은 오랜 역사를 가진 전통 의학을 에드윈 스미스 수술 파피루스에 기록했다.

의 모양과 구조를 비교하는 비교해부학을 발전시켰다.

그리스 철학자 아리스토텔레스Aristotle, 기원전 384-322는 방대한 양의 생물학적 지식을 집대성했다. 감각 경험을 매우 중요하게 생각했던 그는 동시대에 살았던 다른 철학자들과는 달리, 지식의 형성에는 감각 경험이 가장 신뢰할 수 있는 방법이라고 생각했으며, 결국 현대 과학실증주의의 선구자가 되었다. 그는 분류, 기관, 운동, 생식 등 동물의 여러 속성에 대해 연구했다. 또 기억, 잠, 꿈, 젊음, 노년기, 호흡, 식물 등에 대해서도 깊이 고찰했다. 아리스토텔레스의 제자 테오프라투스Theophrastus는 500여 종 이상의 식물을 보다 심층적으로 연구하여 식물학의 아버지라고 불렸다.

의학 고대의 의사들은 생물학적 지식을 크게 증대시켰다. 중국과 이집트에서는 저술 활동이 이루어져 전통 의학서가 나타났는데, 중국의 센 능 황제Shen Nung, 기원전 2,800년경시대에 쓰여진 약초에 관한 서적과 기원전 1087년까지 존립했던 이집트의 신왕국 시대

왼쪽은 콜레리쿠스(Colericus : 황담즙), 오른쪽은 상귀네스(Sanguineus : 혈액)로 4체액(four humors)의 두 가지 요소이다.

4체액론

고대로부터 전해진 유력한 생물학 이론 중 하나는 기원전 3-4세기경에 시작된 4체액론이다. 히포크라테스는 인체를 구성하는 4가지 체액, 즉 혈액, 점액, 흑담즙, 황담즙에 불균형이 생기면 질병이 발생한다고 주장했다. 이 이론은 당시 학계에 받아들여지면서, 수세기 동안 여러 종류의 의학 치료법이 만들어졌다. 여기에는 혈관을 통해 혈액을 방출시키는 방혈법 등이 있었다. 이와 같은 치료법은 중세기를 거쳐 18세기까지 흔하게 이루어진 의료 행위였다. 하지만 현대 생물학과 의학이 등장하면서, 4체액과 질병 사이의 연관성은 빛을 잃게 되었다.

에 작성된 에드윈 스미스 수술 파피루스Edwin Smith Surgical Papyrus가 바로 그것이다.

그리스 의사들 역시 중요한 성과를 거두었는데, 의학의 아버지로 알려진 히포크라테스Hippocrates, 기원전 460-370년경는 의료의 윤리적 지침으로 "히포크라테스의 선서 Hippocratic oath"를 정립하였다. 그는 모든 질병에는 본질적인 원인

기원전 4세기에 그리스 철학자 아리스토텔레스가 연구했던 수많은 생물학 분야들은 오늘날 현대 생물학에 포함된다.

이 있으며 이를 해결하기 위해서는 환자를 면밀히 관찰하는 것이 중요하다고 강조한 데까지 의학에 과학의 기초를 확립하였다. 로마에서 활동한 그리스 의사 갈레노스Galen, 기원전 130-200년는 동물을 직접 해부하면서, 해부학적으로 뜻 깊은 발견들을 이루어냈다.

갈레노스와 아리스토텔레스의 이론은 여러 면에서 뛰어나지만, 여러 가지 오류가 있기도 했다. 그럼에도 불구하고 이 이론들은 중세기까지 유럽에서 지배적이었다. 그로 인해 대상을 관찰하여 내린 잠정적 명제들을 확인하는 작업이 주목을 받지 못했고, 생물학의 발전은 더디게 되었다. 그러던 중 16세기에 들어서서 중요한 변화가 일어나기 시작했다.

과학 혁명

16세기 유럽에서 중세기가 끝나고 르네상스 시대에 들어 문화의 중흥기를 맞이면서, 과학은 새로운 국면을 맞이하게 되었다. 생물, 화학, 암석, 천체 등 자연의 모든 것을 연구하던 학자들은 실증적인 관찰과 감각 경험이 가장 신뢰할 수 있는 방법이라는 것을 깨달았다. 그들은 과학적 사실을 발견하기 위한 가설의 중요성과 실험의 정확도를 높이기 위한 수량화 작업을 강조했다. 1550년에서 1700년까지 이어진 이 시기를 과학 혁명기라고 한다.

과학 혁명Scientific Revolution의 정신은 이미 인간의 사체 해부에 기초한 연구를 하던 이탈리아 화가 레오나르도 다빈치Leonardo da Vinci, 1452–1519의 해부도에 내재되어 있었다. 또 인간 해부학의 아버지로 알려진 플랑드르 해부학자 안드레아스 베살리우스Andreas Vesalius, 1514–64는,《인체 구조에 관하여 *On the Structure of the Human Body, 1543*》라는 정밀한 해부학 도해서를 집필했다. 그는 이 책을 통해 갈레노스가 범한 여러 가지 오류를 폭로하여, 검증되지 않은 고대학자들의 사상으로부터 생물학을 해방시켰다.

영국인 의사 윌리엄 하비William Harvey, 1578–1657는 포유류에서 피가 흐르는 방식을 발견했고, 1628년에는 심장이 펌프와 같은 기능을 하는 근육을 통해 주기적인 수축 운동을 하여 온몸으로 피를 퍼트린다는 사실을 발견했다.

현미경 현미경microscope은 과학 혁명을 통해 발명되어 생물학의 발전에 큰 도움을 주었다. 이탈리아 해부학자 마르셀로 말피기Marcello Malpighi, 1628–94는 1660년에 현미경을 통해 모세 혈관 내의 혈액 순환을 발견했다. 영국 과학자 로버트 후크Robert Hooke, 1635–1703는 《마이크로그래피아

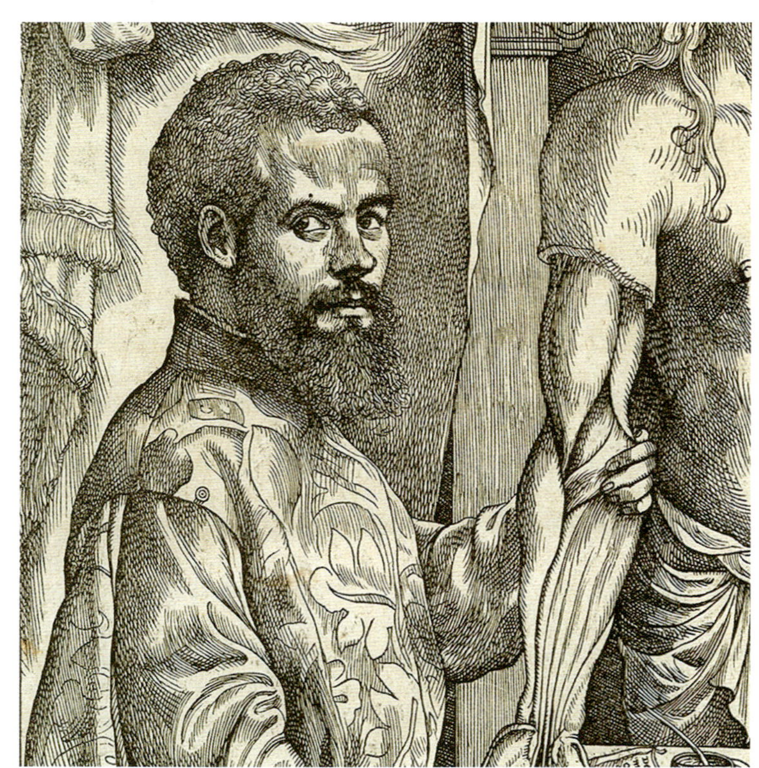

위 네덜란드 과학자 안톤 반 레벤후크
아래 플랑드르의 해부학자 안드레아스 베살리우스. 16세기에서 18세기까지 일어난 과학 혁명은 실증적 관찰을 강조하면서 생물학을 크게 발전시켰다. 여기에는 베살리우스의 해부학적 발견과 반 레벤후크가 현미경을 통해 발견한 사실들이 포함된다.

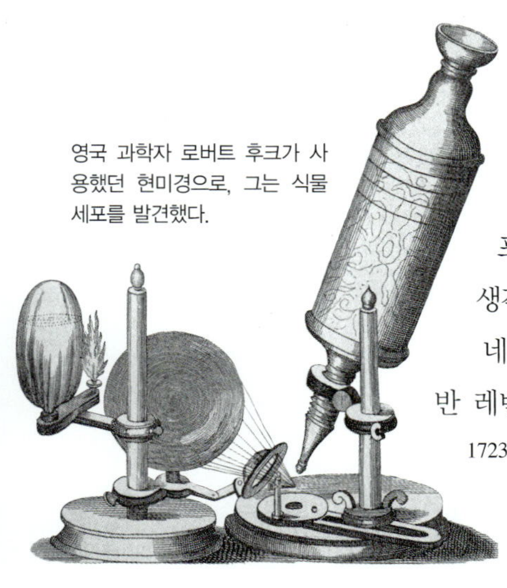

영국 과학자 로버트 후크가 사용했던 현미경으로, 그는 식물 세포를 발견했다.

Micrographia, 1665》이라는 저서를 통해 식물 세포에 대한 발견을 발표했다. 세포cell라는 용어는 후크가 창안한 것으로, 각 세포가 빈 방과 비슷하게 생겼다고 생각하여 붙인 이름이다.

네덜란드의 아마추어 과학자 안톤 반 레벤후크Anton van Leeuwenhoek, 1632-1723는 현미경을 통해 정자를 발견했으며, 세균과 원생동물을 비롯한 미생물에 대해 기술했다. 그는 1674년에 들어서 최초로 적혈구를 올바르게 설명하기도 했다. 그는 현미경을 통해 여러 동식물을 연구하여, 서로 얽혀 있는 물관을 따라 수액이 흐르는 방식이나 식물의 뿌리, 줄기, 잎의 구조를 설명하기도 했다.

광범위한 연구 현미경의 사용 여부에 상관없이, 16세기 생물학자들의 연구는 끝없이 펼쳐졌다. 플랑드르 의사 장 밥티스타 반 헬몬트Jan Baptista van Helmont, 1579-1644는 버드나무의 물질 대사를 연구했다. 그는 또 발효 과정에서 발생하는 기체에 '가스gas'라는 이름을 붙였다. 이 가스는 오늘날 이산화 탄소인 것으로 밝혀졌다.

16세기 이탈리아 과학자 프란체스코 레디Francesco Redi, 1626-97는 독특한 곤충 실험을 통해 생명이 무에서 발생한다는 자연 발생설을 부정하였다. 프랑스 철학자 르네 데카르트Rene Descartes, 1596-1650는 철학과 수학뿐만 아니라 동물생리학에 대해서도 많은 연구를 하였고, 반사 작용이라는 개념을 고안하였다. 덴마크 해부학자 니콜라우스 스테노Nicolaus Steno, 1638-86는 상어를 연구하면서 난소를 발견하여, '난소'라는 용어를 만들었다. 네덜란드 자연주의자 얀 스왐메르담Jan Swammerdam, 1637-80은 곤충의 변태를 연구했다. 1694년에는 독일 식물학자 루돌프 야콥 카메라리우스Rudolph Jakob Camerarius, 1665-1721가 식물이 유성 생식을 통해 번식한다는 사실을 밝혀냈다.

이 시대는 현대 과학이 탄생한 시대였지만 이는 시작에 불과했다. 자연에는 밝혀내야 할 사실들이 너무나 많았으며, 특히 다채로운 생물학 현상을 설명하는 기본 원리를 밝히고자 하는 야심이 만연했다. 이런 원리들은 시간이 지남에 따라 곧 세상에 드러나게 되었다.

자연 발생설

생명체들은 자연적으로 발생하는 것처럼 보이지만, 이탈리아 의사 프란체스코 레디는 이런 개념을 부정했다. 그는 1668년에 구더기가 부패한 고기에서 발생하는지의 여부를 밝히는 실험을 했다. 그는 8개의 상자에 다양한 종류의 고기를 넣은 후, 그중 4개에 덮개를 덮었다. 고기가 부패할 때까지 기다린 후에 확인한 결과, 덮개를 덮지 않은 상자에만 구더기가 생겼다. 공기가 충분하지 않았기 때문에 구더기가 생기지 않았을 가능성을 배제하기 위해 또 한 번의 실험을 했다. 이번에는 4개의 상자를 철망으로 덮었지만, 덮개가 없는 상자에만 구더기가 생기고 덮개가 있는 상자에는 생기지 않았다. 이 실험을 통해 레디는 구더기가 자연적으로 발생하는 것이 아니라, 다른 생명체로부터 발생한다는 결론에 도달했다. 즉, 파리들이 고기에 알을 낳고, 알이 부화하면서 구더기가 생긴 것이다.

이탈리아 의사 프란체스코 레디는 여러 차례 곤충 실험을 하면서, 생물이 무에서 자연적으로 발생할 수 있다는 자연 발생설을 부정했다.

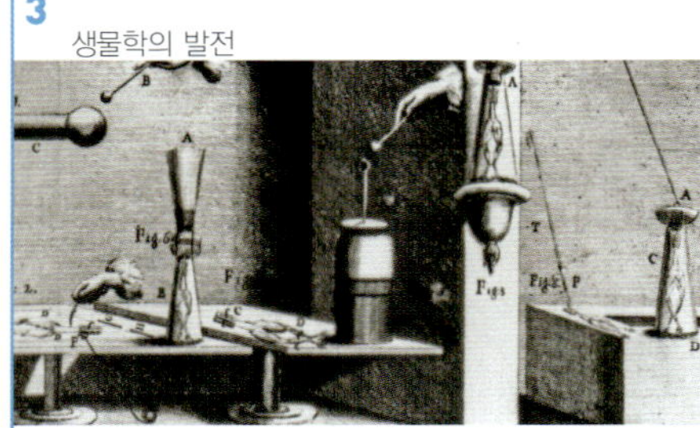

생명에 대한 새로운 관점

18세기와 19세기에 생물학은 생명에 대한 심층적인 이해에 한 걸음 더 다가섰다. 이러한 성과 뒤에는 많은 유럽 탐험가들이 머나먼 지역에서 다양한 표본과 저서들을 유럽으로 가져오면서 연구 대상이 늘어난 사실도 간과할 수 없다. 이런 과정에서 자연주의자들은 새로운 종을 분류할 체계가 필요하다는 생각을 하기 시작했고, 스웨덴 자연주의자 칼 폰 린네Carl von Linné, 1707-78가 이를 실행에 옮겼다. 식물에 관해 전문가인 그는 생명체를 분류하여 오늘날 사용하는 생물 분류법인 이명법의 기초를 마련하였다. 린네의 이명법은 라틴어를 사용하여 속屬, genus명 뒤에 종種, species명을 나타낸다.

프랑스 자연주의자 조르주 퀴비에Georges Cuvier, 1769-1832 또한 분류학 및 계통학에 크게 기여했다. 그가 창안한 방법론은 특히 동물을 분류하는 데에 유용했다. 그는 동물을 신체 유형에 따라 분류하던 도중 비교해부학이라는 현대 생물학의 세부 분야를 만들게 되었다. 그는 자신의 연구에 현재에는 화석으로만 존재하는 원시 동물을 포함시킴으로써 고생물학이 탄생할 수 있는 발판을 마련하기도 했다.

생리학 18세기말에 큰 변화를 겪은 세부 분야 중에는 생리학physiology도 포함된다. 그 이전에는 생물의 기능은 대부분 무생물과는 달리 비물질적인, 즉 영적인 힘에 의해 움직인다는 생각이 지배적이었다. 하지만 18세기말에 많은 생리학자들은 생명체를 물리학과 화학에 기초한 역학적, 물질적 관점으로 볼 수 있는 증거를 발견하기 시작했다.

이탈리아 의사이자 해부학자인 루이지 갈바니Luigi Galvani, 1737-98는 개구리 시체에 전류가 흐르면 근수축이 일어난다는 사실을 발견하여, 신경 자극이 본질적으로 전기적 성질을 가진다는 것을 밝혀냈다. 이것은 신경계를 생리학적으로 접근하는 연구로 신경생리학의 기초를 마련했다. 현대 화학의 아버지로 알려져 있는 프랑스 화학자 앙투안 라부아지에Antoine Lavoisier, 1743-94는 호흡이 산소를 소비하고 열과 이산화 탄소를 발생시킨다는 점에서 연소 과정과 흡사하다는 것을 보이는 등 화학적 지식을 생리학에 적용시키기도 했다.

위 루이지 갈바니의 개구리 실험
아래 칼 폰 린네의 《자연의 체계(Systema Naturae)》

종의 기원 18세기에 살았던 대부분의 사람들은 생명에서 영적인 부분을 배제하고 오로지 물질적인 것으로 파악하는 역학적 개념은 종교적 신념을 모독한다고 생각했다. 그러던 중 생물학자들이 종의 기원에 대해 고찰하기 시작하자 종교와 생물학 사이에 갈등이 더욱 심해졌다. 퀴비에의 연구가 고생물학을 탄생시키면서 멸종된 종과 현존하는 종 사이의 연결 고리에 대한 의문이 일기 시작했다. 공룡 화석을 발견하여 연구하기 시작하면서 이에 대한 관심은 점점 커지게 되었다. 그 출발점은 1824년 영국에서 발견된 메갈로사우루스*Megalosaurus* 화석이었다. 영국 고생물학자 매리 애닝Mary Anning, 1799-1847은 어룡, 익룡, 장경룡 등과 같이 멸종된 종의 화석을 발굴하였다. 과연 이 동물들과 현대 생물들 사이에 연결 고리가 있을까?

프랑스 과학자 장 밥티스트 라마르크Jean Baptiste Lamarck, 1744-1829는 그리스어로 '생명'이라는 뜻의 바이오스bios와 '학문'이라는 뜻의 로고스logos를 합쳐 '바이올로지biology', 즉 생물학이라는 용어를 창안한 장본인으로 이 문제에 대한 의견을 하나 제안했다. 그는 생명체들이 부모의 획득 형질을 물려받음으로써 진화한다고 주장했다. 하지만 영국 자연주의자 찰스 다윈Charles Darwin, 1809-82은 라마르크와 다른 의견을 제시했다. 그의 유명한 저서 《종의 기원*The Origin of Species*, 1859》을 통해 다윈은 진화가 자연 선택을 통해 이루어진다고 주장했다. 즉, 부모가 물려받은 형질 중 생식 경쟁에 유리한 형질을 자손에게 물려줌으로써 진화가 일어난다고 주장했다.

《종의 기원》은 오늘날까지 많은 논란을 야기했지만, 다윈의 진화론이 생물학에서 받아들여지면서 모든 분야의 학문에 매우 중요한 의미를 갖게 되었다.

위 영국 자연주의자 찰스 다윈은 자연 선택에 의한 진화로 종이 탄생했다는 이론을 통해 생물학에 혁명을 불러일으켰다. 처음 발표되었을 때 많은 논란을 야기했지만, 현재 이 이론은 생물학에 널리 받아들여지고 있다.

아래 찰스 다윈의 캐리커처. 다윈이 인류와 유인원이 공동 조상으로부터 발생했다는 이론을 주장했기 때문에, 그를 원숭이로 표현한 만화들을 흔하게 볼 수 있었다. 그림은 1878년에 그려진 것으로 프랑스에서 발표되었다. 다윈과 함께 프랑스 철학자 에밀 리트레(Emile Littré)가 서커스를 하는 원숭이로 표현되었다.

생명의 기초

19세기에 들어 과학자들은 생명체의 구조, 기능, 화학 등과 같은 생물학의 기초 지식을 발전시켰다. 세기 초에 화학은 유기 화학과 무기 화학으로 나뉘게 되었으며, 유기물이 생체 조직에서만 생산된다는 생각이 지배적이었다. 하지만 1828년에 독일 화학자 프리드리히 뵐러Friedrich Wohler, 1800-82는 최초로 무기물에서 유기물을 만들어 냈다. 이 물질은 포유류의 소변 속에 있는 노폐물인 요소urea였다. 뵐러는 시안산암모늄으로부터 요소를 합성하였다. 요소의 인공 합성에 성공함으로써 생물과 무생물은 근본적으로 동일한 물질로 구성되어 있고 동일한 물리 법칙을 통해 기능한다는 의견이 점점 힘을 얻게 되었다. 뵐러는 또 생화학을 정립하여 크게 발전시켰다.

1860년에 들어서 프랑스 화학자 피에르 베르틀로Pierre Berthelot, 1827-1907는 무기물에서 메탄올, 에탄올, 메테인, 벤젠 등과 같은 유기물을 합성하였다. 그로 인해 유기 화학은 생명체에서 발생하는 화합물을 연구하는 학문이 아닌 탄소 화합물을 연구하는 학문으로 정립되기 시작했다.

생체 기능 생화학에 대한 연구가 지속되면서 생명체의 기능을 연구하는 생리학에 대한 지식도 크게 방대해졌다. 19세기 중반에 현대 실험생리학을 정립한 프랑스 생리학자 클로드 베르나르Claude Bernard, 1813-78는 온혈 동물이 신경계를 통해 체

위 해양 생물의 일종인 해파리를 그린 그림. 마티아스 슈레이덴이 해양 생물에 대해 쓴 책에 실린 그림이다.
가운데 독일 병리학자 루돌프 피르호
아래 프랑스 생리학자 클로드 베르나르
19세기 과학자들은 생명체의 구조와 기능과 같은 생물학의 기초 지식을 크게 발전시켰다.

온을 일정하게 유지한다는 사실을 밝히게 되었다. 그는 또 동물들이 다양한 외부 조건에서 일정한 체온과 혈당량을 유지한다는 사실을 보임으로써 몸이 내적 안정을 유지하려 한다는 항상성 개념을 개발했다.

에너지 보존의 법칙을 정립하는 데에 기여가 큰 독일 물리학자 헤르만 폰 헬름홀츠Hermann von Helmholtz, 1821-94는 신경계를 물리학적 방식으로 연구하여 1852년, 신경에서 자극이 이동하는 속도를 밝혔다.

같은 시기에 식물 기능에 대한 지식도 증가하였다. 1840년, 독일 화학자 유스투스 폰 리비히Justus von Liebig, 1803-73는 공기 중에 있는 이산화 탄소를 이용해 유기 화합물을 합성하고, 토양으로부터 질소 화합물을 얻는다는 사실을 밝혔다.

세포 이론 19세기의 과학자들은 생명체의 기본 단위인 세포에 대한 현대적 개념을 개발했다. 1831년, 스코틀랜드 자연주의자 로버트 브라운Robert Brown, 1773-1858은 모든 식물 세포에 핵이 존재한다는 사실을 밝혔다. 1834년, 프랑스 화학자 앙셀므 페앙Anselme Payen, 1795-1891은 식물 세포벽의 주요 구성 성분인 섬유소cellulose를 발견했다.

1830년대에 독일 식물학자 마티아스 슈레이덴Matthias Schuleiden, 1804-81과 생리학자 테오도르 슈반Theodor Schwann, 1810-82은 세포 이론

《바다(*Das Meer*)》의 표지로, 독일 식물학자 마티아스 슈레이덴이 1869년에 바다의 동식물에 대해 쓴 책이다. 독일 생리학자 테오도르 슈반과 함께 슈레이덴은 생명의 기본적인 구조 및 기능적 단위가 세포라는 세포 이론을 제창했다. 세포 이론은 곧 여러 생물학자들의 지지를 받았다.

cell theory을 제창했다. 이것은 세포가 생명체의 구조적·기능적으로 가장 기본적인 단위라는 사실을 강조한 이론이다. 이는 곧 생물학자들 사이에 큰 호응을 얻었으며, 이로 인해 다른 여러 사실들을 발견하게 되었다.

세포 이론은 독일 병리학자 루돌프 피르호Rudolf Virchow, 1821-1902가 세포의 기능 장애로 인해 질병이 발생한다는 사실을 주장하면서 크게 발전하였다. 피르호는 병든 조직을 연구하는 병리학을 창시하였다. 독일 동물학자 로베르트 레마크Robert Remak, 1815-65는 1852년 세포가 모세포의 분열로 인해 발생한다는 사실을 밝혀냄으로써 세포 이론을 발전시켰다.

의학의 재탄생

질병의 진단, 치료 및 예방을 연구하는 의학은 생물학과 밀접한 관련이 있다. 따라서 19세기에 생물학에서 일어난 빠른 성장으로 인해 의학도 보다 체계적이고 효과적인 형태로 바뀌었다. 반대로 의료 현장에서 질병의 원인이 세균이라는 사실이 밝혀지면서 새로운 생물학적 발견을 이루었다.

1847년 헝가리의 산부인과 의사인 이그나즈 P. 제멜바이스Ignaz P. Semmelweis, 1818-1865는 산모의 분만을 유도하기 전에 염화칼슘 용액으로 손을 씻는 것으로 산욕열産褥熱을 예방할 수 있다는 사실을 밝혔다. 이는 화학 약품을 사용함으로써 의사들이 환자에서 환자로 병을 퍼트리는 것을 예방할 수 있음을 시사했다.

세균 이론

프랑스 화학자 루이 파스퇴르Louis Pasteur, 1822-1895는 전염병의 원인에 대해 연구하고 있었다. 그러던 중 1860년대 그는 전염병이 미생물로 인해 발생한다는 세균 이론을 개발하는 데 일조했다. 미생물에 대해 전문가가 된 그는 미생물이 와인, 우유, 맥주 등을 변질시킨다는 것을 증명했다. 따라서 음료들을 보존하기 위해서 열로 세균을 죽이는 방법을 개발했으며, 이 공정은 오늘날 파스퇴르 살균법이라고 부른다.

파스퇴르는 다양한 질병의 병원균을 밝히는 작업을 통해 백신으로 병을 예방하는 방법을 개발했다. 백신은 독성을 약화시키거나 죽인 미생물이 들어 있는 물질로 몸의 면역성을 증가시키기 위해 투여하는 약품이다. 18세기에 이미 영국 의사 에드워드 제너Edward Jenner, 1749-1823가 천연두 백신을 개발했다. 그 후 파스퇴르에 의해 그 원리가 밝혀졌으며, 이를 확장하여 다양한 백신을 만들 수 있게 되었다. 그는 탄저균과 광견병에 대한 백신들을 만들었으며 훗날 개발된 백신의 이론적 기초를 세웠다.

파스퇴르의 뒤를 이은 독일 의사 로베르트 코흐Robert Koch, 1843-1910도 백신의 개발에 몰두했다. 1882년 코흐는 결핵을 일으키는 세균을 발견했다. 코흐의 연구를 통해 미생물학이 발전하면서 그는 각 질병이 특정한 세균에 의해 나타난다는 코흐의 공리를 정립했다. 여러 가지 세균 배양법을 고안하기도 했다.

위 미생물

아래 19세기에 그려진 프랑스 화학자 루이 파스퇴르의 캐리커처. 19세기의 의학은 파스퇴르의 세균 이론 등에 의해 크게 발전했다. 의사들은 눈에 보이지 않는 미생물이 질병과 고통을 일으킨다는 사실을 알게 되었다.

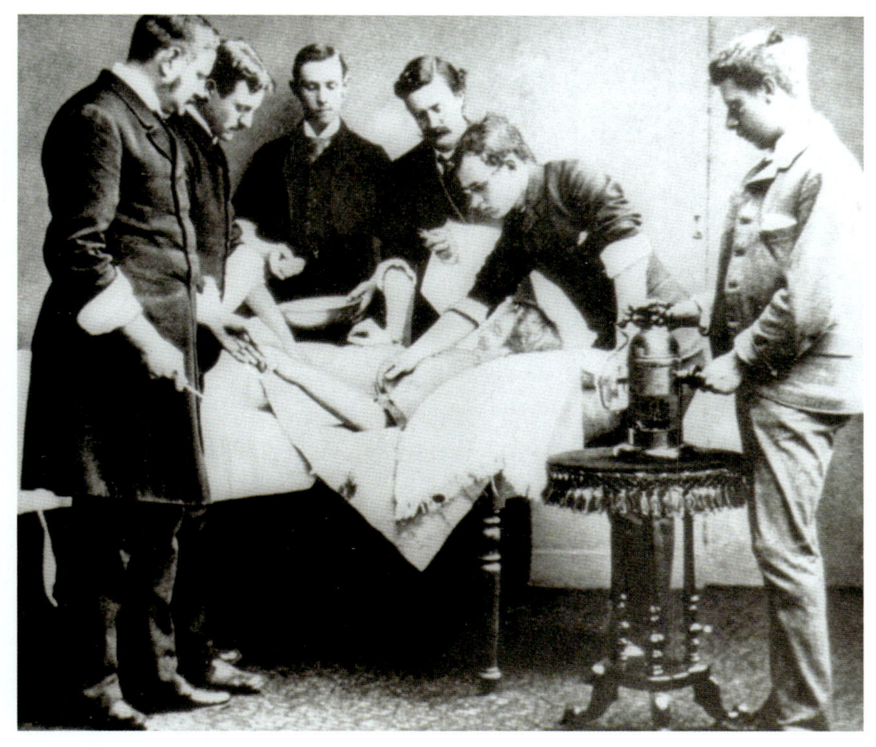

1883년에 이루어진 수술 방식. 19세기 말부터 수술에 마취제를 사용하는 것이 보편화되었으며, 이는 영국 외과의사인 조셉 리스터의 영향이 크게 작용했다. 1865년부터 그는 상처 부위, 수술 도구, 수술복, 그리고 수술의의 손을 석탄산(페놀)으로 소독하기 시작했다. 오른쪽에 보이는 장치는 석탄산을 공기 중에 뿌리는 데에 쓰였다.

수 있게 하였다. 그리고 1900년 오스트리아 태생 미국 병리학자 카를 란트슈타이너Karl Landsteiner, 1868-1943는 혈액형을 발견하여 인간의 주요 혈액형을 O, A, B, AB형으로 나누었다. 그는 혈액형에 따른 안전한 수혈법을 발견하였으며, 이는 오늘날까지 수술을 비롯한 여러 의료 행위에 매우 중요하게 여겨지고 있다.

수술의 발전 의사들은 전염병의 원인이 세균이라는 사실을 알게 되면서, 화학 약품이 질병의 전염을 막을 수 있다는 제멜바이스의 관찰에 관심을 갖기 시작했다. 영국 외과의사 조셉 리스터Joseph Lister, 1827-1912는 미생물의 감염이 수술 시 나타나는 높은 사망률의 원인이 될 수 있다고 생각했다. 1865년 그는 상처 부위, 도구, 붕대, 수술의의 손 등을 석탄산carbolic acid으로 소독하기 시작했다. 그 결과 수술 사망률이 절반으로 감소했다.

소독법의 효과는 곧 사실로 입증되었다. 이것은 수술계의 혁명으로, 희박했던 수술 성공률을 비교적 안정적인 수치로 끌어올렸다.

19세기에 개발된 기술 중 수술을 더욱 효과적으로 만든 것은 이 외에도 여럿이 있다. 1840년대 발명된 에테르나 클로로포름과 같은 마취제는 환자들이 고통없이 수술을 받을

빅토리아 여왕의 주치의

1853년에 궁중의 존 스노우(John Snow, 1813-58)는 영국의 빅토리아 여왕이 8번째 아들 레오폴드를 출산할 때, 관습을 깨고 마취제를 사용하도록 설득했다. 당시에 많은 의사와 성직자는 특히 출산할 때 마취제의 사용에 반대했는데, 이는 인위적으로 고통을 더는 것이 비윤리적이라고 생각했기 때문이다. 빅토리아 여왕이 마취에 동의하면서, 마취에 대한 일반적 인식을 바꾸게 되었고, 이로 인해 스노우는 현대 의학에 큰 변화를 가져왔다.
출산하기 전에 스노우는 트리클로로메테인, 즉 클로로포름이라는 약품을 처방했다. 이 약품은 무색 휘발성이며 단맛이 나는 액체이다. 여왕은 이를 들이 마셨고, 곧 마취제가 출산 시 태아에게 해롭지 않다는 사실이 밝혀졌다.
클로로포름을 사용해본 후, 빅토리아 여왕은 출산에 마취제를 사용하는 것을 허락했고, 이는 곧 사회적으로 받아들여지게 되었다. 훗날 의학이 발달하면서 클로로포름이 간에 피해를 끼친다는 사실이 발견되었고, 이 약품은 다른 진정제로 대체되었다. 하지만 한때 신성한 것으로 여겨졌던 고통이, 무용하다는 생각은 오늘날까지 이어지게 되었다.

1853년에 빅토리아 여왕은 8번째 아들 레오폴드를 출산할 때, 마취제의 사용을 승낙했다.

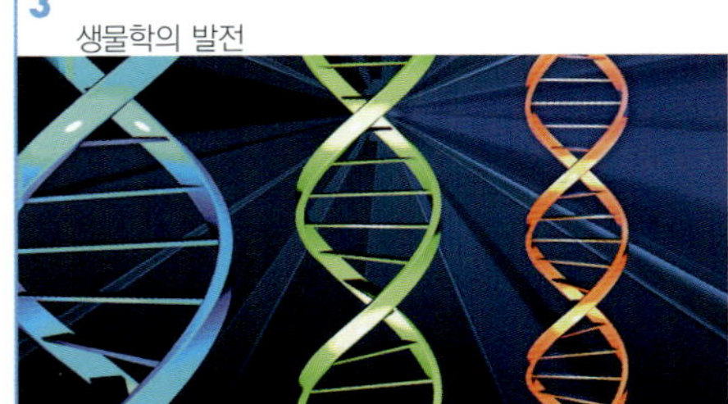

유전자 해독

다윈의 진화론은 유전적인 메커니즘이 존재한다는 것을 전제로 했지만, 다윈은 이 메커니즘이 어떻게 이루어지는지에 대해 거의 알지 못했다. 이 문제에 대한 수수께끼는 19-20세기에 풀리게 되었으며, 진화가 일어나는 방식과 더불어 의학, 농업, 산업 등에서 실용적인 성과들을 가져왔다.

다윈과 동시대 인물임에도 불구하고 잘 알려지지 않았던 오스트리아 식물학자 그레고르 멘델Gregor Mendel, 1822-84은 유전 현상과 관련된 여러 가지 사실들을 밝혀냈다. 그는 생명체의 형질이 유전 인자를 통해 전달된다는 것을 발견한 것이다. 유전 인자는 훗날 유전자라고 부르게 되었다. 그는 완두 교배 실험을 통해 유전 현상의 기본적인 법칙들을 정립하였다.

위 DNA 모형
가운데 미국 유전학자 토마스 헌트 모건
아래 과일파리
유전자가 작용하는 방식에 대한 실험 중에는 모건의 과일파리(*Drosophila melanogaster*) 실험과 DNA 이중 나선 구조의 발견 등이 있다.

1866년에 그는 이 결과를 발표했지만, 1900년까지 학계의 관심을 받지 못했다.

1900년, 세 명의 식물학자 네덜란드의 휴고 마리 드 브리스Hugo Marie de Vries, 1848-1935, 독일의 카를 에리히 코렌스Karl Erich Correns, 1864-1933, 오스트리아의 에릭 본 자이제네크Erich von Seysenegg, 1871-1962는 각각 독자적으로 멘델의 유전 법칙을 발견했다. 그들은 논문 발표를 준비하면서 이전 서적들을 검토하던 중에 이미 멘델이 동일한 이론을 발표했다는 것을 알게 되었다. 그들은 법칙을 발견한 공로를 모두 멘델에게 돌렸지만, 드 브리스는 이 외에도 유전적 변형으로 나타난 새로운 형질이 유전된다는 돌연 변이설을 주장했다.

염색체와 DNA 유전 현상에 대한 의문은 염색체로 이어졌다. 1902년에 미국 유전학자 월터 S. 서튼Walter S. Sutton, 1877-1916은 멘델이 추정한 유전 인자들이 염색체에 있다는 가설을 내세웠다. 세포 분열이 일어날 때, 염색체의 행동이 멘델의 유전 인자의 행동과 일치한 것이다. 1909년, 미국 유전학자 토마스 헌트 모건Thomas Hunt Morgan, 1866-1945은 초파리의 교배 실험을 통해 유전자들이 염색체의 일정한 위치에 순서대로 일렬로 존재한다는 사실을 발견했다. 또 모건은 반성 유전을 발견했다. 이는 자손이 2개의 X염색체여성를 가지거나 1개의 X염색체와 1개의 Y염색체남성를 가지는지에 따라 한쪽에만 유전되는 형질을 말한다.

하지만 이때까지도 유전자가 어떤 방식으로 형질을 결정하는지는 알지 못했다. 이에 대한 단서는 1930년대와 1940년대에 들어서 발견되기 시작했다. 1931년에 미국 유전학자 바바라 맥클린톡Barbara McClintock,

1902-92은 난자나 정자 형성 과정에서 염색체가 분리될 때 서로의 일부분을 교환한다는 사실을 밝혔다. 1940년대에 미국 과학자들 조지 W. 비들George W. Beadle, 1903-89과 에드워드 L. 테이텀Edward L. Tatum, 1909-75은 특정 유전자는 특정 효소만 생성한다는 사실을 발견했다. 1944년에 미국 세균학자 오스월드 T. 에이버리Oswald T. Avery, 1877-1947는 염색체를 구성하는 DNA가 유전 형질을 결정한다는 사실을 발견했지만, 유전 현상에 대한 메커니즘은 밝혀지지 않았다.

1953년에 미국 생물학자 제임스 왓슨James Watson, 1928- 과 영국 분자생물학자 프랜시스 크릭Francis Crick, 1916-2004은 DNA 분자의 이중 나선 구조를 발견했다. 이 구조가 밝혀지면서 DNA가 한 세대에서 다음 세대로 유전 형질을 전달하는 방식이 드러나게 되었다. 사실 이들의 발견은 영국 화학자이자 분자생물학자인 로잘린드 프랭클린Rosalind Franklin, 1920-58의 DNA에 대한 X선 회절 연구가 있었기 때문에 가능했다. DNA의 구조가 발견되면서 유전 현상을 관장하는 유전 암호가 풀리게 되었고, 다양한 분야에서 새로운 연구와 혁신이 일어나게 되었다.

생명공학과 인간 게놈 왓슨과 크릭의 연구를 통해 생겨난 분야 중 하나가 생명체의 유전적 구조를 조작하는 유전공학이다. 1973년에 미국 생화학자 스탠리 코헨Stanley Cohen, 1922- 과 허버트 보이어Herbert Boyer, 1936- 는 한 생명체에서 떼어 낸 유전자를 다른 생명체의 유전자에 삽입하여 인위적으로 재조합하면 생명체의 유전적 구조를 조작할 수 있음을 보였다. 이 기술은 오늘날 새로운 의약품, 농작물 그리고 유전자 변형 생물을 개발하는 데에 쓰인다.

21세기 초에 인간 게놈 프로젝트를 통해 인간의 유전 암호의 지도화 작업이 완성되었다. 이 작업은 과학사에서 매우 뜻 깊은 이정표이며, 이전 시대에 이루어진 많은 연구가 있었기 때문에 가능했다.

미국 생물학자 제임스 왓슨과 영국 분자생물학자 프랜시스 크릭으로, 이들이 발견한 DNA 분자 모형이 사진에 나타나 있다. 이들은 DNA 이중 나선 구조를 공동으로 발견했으며, 이것은 영국 화학자이자 분자생물학자 로잘린드 프랭클린의 X선 회절 연구가 있었기 때문에 가능했다.

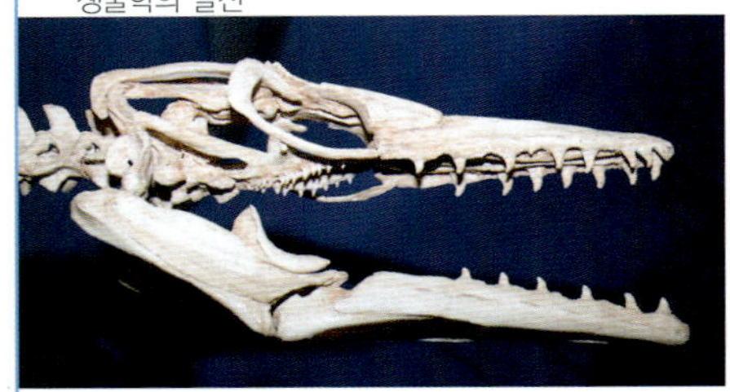

지식의 폭발

20세기와 21세기에 방대한 양의 생물학적 지식이 축적되었다. 그 결과 생물학에는 여러 세부 분야들이 생겨났다. 면역 체계를 연구하는 면역학에서부터 신경계 기능을 연구하는 신경학에 이르기까지 각각 전문적으로 세분화되었고, 그 안에서 일어난 성과들을 기록해 가고 있다. 그리고 이 세부 분야들은 서로 연관되어 있으며 다윈의 진화론을 비롯해 공통 주제를 공유하기도 한다.

고생물학을 예로 알아보자. 과거에 화석을 발굴하던 과학자들은 시기에 상관없이 화석을 발견하는 것 자체에서 큰 기쁨을 느꼈다. 하지만 진화와 생태학에 대한 지식이 축적되면서, 이들은 특정한 종, 계통, 시기 등을 전문적으로 연구하여 각 부문에 해당하는 동물의 행동과 생태계를 이해하고자 노력하였다. 이렇게 전문적인 연구가 이루어지면서 새로운 사실들이 많이 발견되었다. 인류의 기원에 대한 연구는 영국 인류학자 루이스 리키Louis Leakey, 1903-72와 부인 메리 리키Mary Leakey, 1913-96가 20세기 중반에 아프리카에서 오스트랄로피테쿠스를 비롯한 원시 인류를 발견하면서 급성장하기 시작했다. 1968년에 미국 고생물학자 로버트 배커Robert Bakker, 1945- 는 공룡이 온혈 동물이라는 공룡 온혈설을 주장하면서 공룡 연구에 지대한 변화를 가져왔다.

동물과 인간의 행동 현존하는 종들도 20세기에 들어서면서 전문적으로 세분화된 관점으로 재조명되기 시작했다. 생리학자들은 실험실에서 동물 행동에 대한 실험을 하기 시작했다. 이에 대한 선각자 중에는 러시아 생리학자 이반 P. 파블로프Ivan P. Pavlov, 1849-1936가 있다. 그는 반복된 경험을 통해 조건화된 반사를 만들 수 있다는 것을 발견했다. 조건 반사란 인위적인 자극종소리이 자연적인 자극음식을 대체하여, 자연적인 자극에 대해 보이는 반응이 인위적인 자극에 대해서도 나타나는 현상을 말한다종소리가 나면 개가 침을 흘림. 반면 야생에서 동물을 추적하여 자연 환경 속에서의 동물 행동을 연구하는 동물행동학자는 자연 선택을 통해 그들의 행동이 어떻게 진화되었는가를 알아보고자 했다. 오스트리아 태생 독일 동물학자 콘라드 로렌츠Konrad Lorenz, 1903-89는 동물행동학의 창시자로 알려져 있다. 그는 조류 연구를 통해 새끼 새가 어미 새를 식별하는 각인 현상을 설명했다.

일부 생물학자들은 인간 행동에도 진화론적인 속성이 존재하는지에 대한 의문을 품기 시작

위 공룡의 두개골
아래 러시아 생리학자 이반 파블로프
20세기 생물학자들은 다양한 세부 분야들에서 광범위한 발견들을 이루어냈다.

했다. 사회생물학이라는 분야를 창시한 미국 곤충학자 에드워드 O. 윌슨Edward O. Wilson, 1929- 은 인간을 비롯한 동물의 사회적 행동에 진화론적 원리들을 적용하기 시작했다. 1970년대 이러한 해석이 처음 시도되었을 때는 많은 논란이 있었지만, 현재 인간 행동을 유전자를 중심으로 해석하려는 접근법은 점점 더 많은 지지를 얻고 있다.

놀라운 발견들 현대 생물학은 고도로 전문화되었고 그 영역도 크게 확대되었다. 20세기와 21세기에 이루어진 발견들은 미생물과 같이 작은 범위에서 지리학적으로 거대한 범위까지 매우 폭넓게 확장되었다. 20세기 초, 생리학자들은 신경계의 화학적 신경 전달 물질인 아세틸콜린을 최초로 발견했다. 20세기 말, 해양생물학자들은 열수 분출공 근처 심해에 사는 이전까지 알려지지 않은 무척추동물의 생태계를 발견하였다. 이들은 지하열로부터 에너지를 얻으며, 그와 같은 환경에서 살 수 있도록 적응된 세균과 공생 관계를 유지하며 살아가고 있다.

20세기와 21세기에 발견된 이론들은 어디에서 나타났는지에 상관없이 대단한 것들이었다. 1952년에 미국 화학자 스탠리 밀러Stanley Miller, 1930- 와 해롤드 C. 유리Harold C. Urey, 1893-1981 는 비교적 간단한 화학적 화합물에서 생명체의 주요 구성 요소인 아미노산을 합성함으로써 생명체의 기원을 재조명하였다. 1978년 영국에서는 최초로 체외 수정을 통해 시험관 아기가 태어났다. 1996년에 영국 과학자 이안 윌무트Ian Wilmut, 1944- 는 생장이 끝난 동물의 세포를 이용해 세계 최초의 복제 포유류인 양을 탄생시켜 돌리라는 이름을 붙였다. 생물학적 지식의 폭발이 지속되면서 최초로 발견되는 것들이 보다 많아지기를 기대한다.

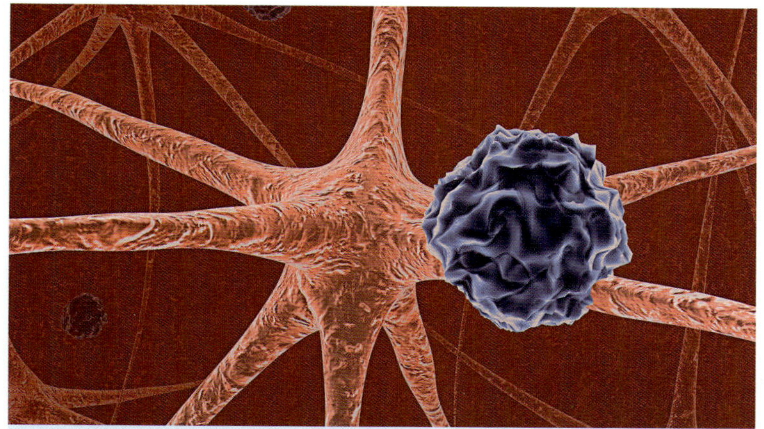

19세기 말에 처음 발견된 바이러스는 생명체는 아니지만 여러 생명체에서 질병을 발생시킬 수 있다.

새로운 종류의 미생물

생물학이 발전하면서, 어떤 발견이라도 새로운 세부 분야를 만들 수 있게 되었다. 예를 들어 바이러스의 발견은 바이러스학이라는 분야를 만들었다.

1898년에 네덜란드 미생물학자 마르티누스 바이예린크(Martinus Beijerinck, 1851-1931)는 여과성 바이러스(바이러스는 라틴어로 '독'이라는 의미다)를 발견했다. 이는 질병을 발생시키는 입자로, 세균을 거르기 위해 설계된 필터를 통과했기 때문에 붙여진 이름이다. 그로부터 몇 십 년이 흐른 뒤, 생물학자들은 바이러스가 식물, 동물, 인간을 비롯하여 다른 미생물(세균)에 까지 질병을 일으킬 수 있다는 사실을 발견했다. 하지만 바이러스는 조심해서 다뤄야 하는, 기이한 성질을 가지고 있었다. 예를 들어 바이러스는 무생물 매개체에는 배양할 수 없지만, 생명체에서는 번성한다. 1930년대에 과학자들은 닭의 배아에서 바이러스를 배양하는 방법을 개발했다. 발전을 거듭하면서 바이러스학이 독자적인 학문으로 자리 잡게 되었다. 바이러스 분야의 성과에는 1955년에 미국 미생물학자 조나스 솔크(Jonas Salk, 1914-95)가 개발한 소아마비 백신 등이 있다.

영국 과학자 이안 윌무트와 성체의 체세포로부터 복제된 최초의 포유류 돌리

생명의 구성 단위

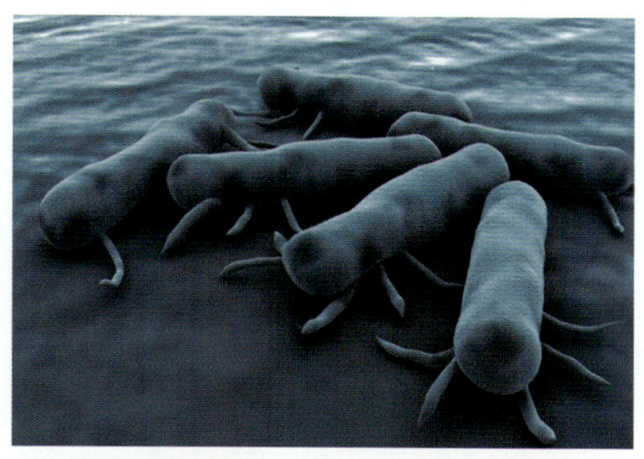

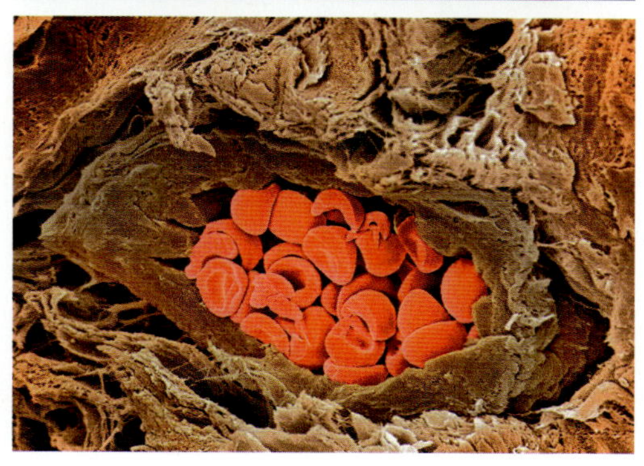

왼쪽 미모사의 세포
위 살모넬라균
아래 관상 동맥과 적혈구
모든 생명체에서 세포는 생명의 구성 단위이다. 생명체는 살모넬라균과 같이 단 한개의 세포로 구성될 수도 있으며 미모사라는 열대 식물과 같이 여러 개의 세포로 구성될 수도 있다. 세포는 흔히 산소를 운반하는 적혈구처럼 특정 기능을 수행하도록 분화되어 있다.

흔히 세포를 간과하는 일이 일어난다. 세포는 광학 현미경이 발명되기 전까지 육안으로 관찰하기에 너무나 작아 눈에 띄지도 않았다. 세포는 지름이 약 0.0025 cm의 크기로 이 문장 끝에 있는 마침표에도 500여 개가 들어갈 수 있는 정도로 작다. 하지만 이처럼 작은 크기에도 불구하고 세포는 생물의 가장 중요한 기본 단위이다.

동식물을 막론하고 세포적 수준에서 일어나는 일들을 알지 못하는 상태에서 이해할 수 있는 생명체는 없다. 세포는 그 자체로 살아 있는 존재이며, 생명을 가졌다고 말할 수 있는 존재 중에서 가장 작다. 세포는 살아 있다고 하기 어려운 분자들로 구성되어 있지만, 각 세포는 생식, 성장, 물질 대사와 같은 생명의 기본 활동을 수행한다. 세균과 같은 생명체에서는 단 한 개의 세포에서 이런 모든 활동이 이루어진다. 하지만 다른 세포들은 미역이나 고래처럼 보다 큰 다세포 생명체를 형성한다. 그리고 이들의 개별적 생명 활동은 생명체 전체의 삶을 유지하는 데 기여한다. 모든 사람은 이런 생명 활동을 하는 약 10조 개 이상의 세포로 구성되어 있다. 이 장에서는 이런 진핵 세포를 다룰 것이다.

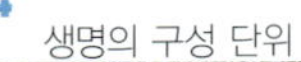

세포의 구성

세포는 크기가 매우 작지만, 자연에는 이보다 더 작은 물질이 존재한다. 그중에는 원자를 형성하는 양성자, 중성자, 전자와 같은 아원자 입자들이 포함된다. 원자는 모여서 분자를 형성하고 분자들은 궁극적으로 세포를 구성한다.

인간의 머리카락이 원자보다 백만 배 두꺼울 정도로 원자의 크기는 작다. 일반적인 원자는 양성자와 중성자로 구성된 핵과 그 주변의 전자 구름으로 이루어져 있다. 원자는 양전하를 띤 양성자와 음전하를 띤 전자 사이의 인력을 통해 안정된 상태를 유지한다. 이때 중성자는 전하를 가지지 않는다.

원자는 탄소, 수소, 질소, 산소 등과 같은 단순한 물질인 원소를 구성한다. 각 원소에는 한 종류의 원자만이 존재하는데, 이 원자는 전자와 수가 같은 양성자의 수로 구별한다. 예를 들어 탄소는 6개, 수소는 1개, 질소는 7개, 산소는 8개의 양성자를 각각 갖는다.

분자 분자는 원자로 이루어졌으며, 서로 결합하여 보다 복잡한 물질인 화합물을 만든다. 화합물의 예로는 탄소 원자 1개와 산소 원자 2개로 구성된 화합물인 이산화 탄소와 산소 원자 1개와 수소 원자 2개로 이루어진 물 등이 있다. 분자 내에서 원자의 결합을 유지시키는 것을 화학 결합chemical bond이라고 하며, 생명체에서는 2개 이상의 원자가 전자를 공유하는 공유 결합이 보편적으로 나타난다. 탄소 원자의 경우, 다양한 방식으로 결합을 이룰 수 있다는 점에서 특이하며, 이로 인해 어마어마한 종류의 화합물을 만들 수 있다. 이런 화합물에서 탄소 원자는 다른 탄소 원자 및 다른 원소의 원자와 결합하여 사슬이나 고리 모양을 형성한다. 탄소 화합물은 대체로 탄소와 수소, 질소, 산소가 다양한 비율로 결합하는 형태로 존재하며, 모든 세포와 모든 생명체의 주요 구성 물질이다.

위 원자핵 주변의 궤도를 도는 전자
아래 전자 현미경으로 관찰한 인간의 머리카락
핵 주변에 궤도를 도는 전자로 구성된 원자는 분자를 형성하고, 이는 또 세포를 구성하여 머리카락의 구조를 이룬다.

탄소 화합물은 경우에 따라 매우 크고 복잡하기 때문에 고분자 macromolecules라고도 한다. 예를 들어 단백질은 아미노산이라는 상대적으로 작은 분자들로 구성된 고분자이다. 여기서 아미노산 역시 여러 개의 특수한 원자들로 구성되어 있다. 가장 단순한 단백질은 100에서 300개의 아미노산을 가지고 있다. 단백질은 세포의 구성 단위로 근육의 건조 중량의 80 %를 차지한다. 또 효소enzyme라고 하는 단백질은 생명체 내에서 화학 반응을 촉진시킨다.

다른 종류의 고분자 생명체 내에서 또 다른 고분자 중 중요한 것은 탄수화물이 있다. 탄수화물에는 세포 활동의 에너지를 공급하는 당분과 에너지를 저장하는 녹말과 글리코겐, 그리고 식물의 주요 지지 성분인 섬유소 등이 있다. 또 DNA와 같은 핵산은 세포 활동을 조절하는 지시 사항을 전달하는 고분자이다. 지질은 에너지를 저장하고 세포막을 구성하며 화학 신호를 전달하는 호르몬스테로이드인 경우의 역할도 한다.

원자는 분자를 구성하고 분자는 고분자를 형성하며 고분자는 세포를 이룬다. 하지만 세포가 원자를 통해 자연적으로 발생하는 것은 아니다.

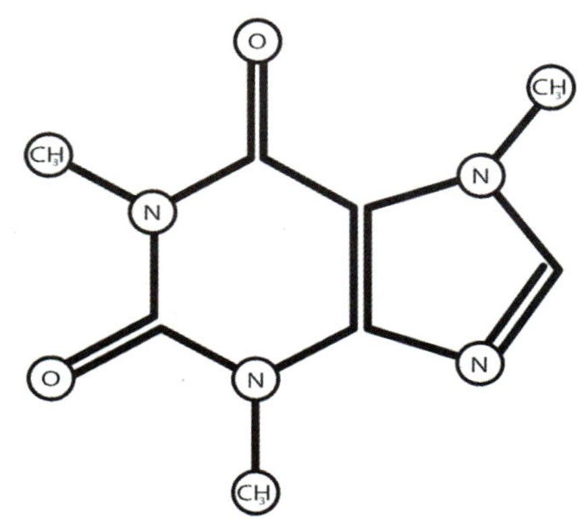

위 탄소를 포함하는 카페인 분자의 유기적 구조. 카페인은 화학적 화합물로, 탄소 원자(그림에서 C로 표현되어 있다)가 수소(H), 질소(N), 산소(O)와 결합된 것이다. CH_3라는 기호에서 '3'은 수소 원자 3개가 탄소 원자 1개와 결합된 것을 나타낸다.
아래 흑연은 다이아몬드와 비결정 탄소와 함께, 순수 탄소의 3가지 형태를 이룬다.

세포는 매우 복잡한 구조를 가지고 있기 때문에, 한 세포가 두 개로 분열하여 증식할 때에만 새로운 세포가 생성된다. 각 세포 안에는 분자로 구성된 세포 소기관이 있으며, 이들은 각각 특수한 기능을 수행한다. 이렇게 세포는 생명의 기본적인 구성을 이루지만, 무생물과 마찬가지로 근본적으로는 원자로 이루어져 있다.

유기 화합물의 사용

사람들은 과거에 탄소와 1개 이상의 다른 원소가 결합한 화합물이 생명체 안에서만 만들어진다고 생각했기 때문에 전통적으로 유기 화합물(organic compounds)이라고 부른다. 오늘날 무기물에 의해 유기 화합물이 생성될 수 있다는 사실이 밝혀지긴 했지만, 생명체에서 대부분의 유기 화합물이 생성되는 것이 사실이다.

예를 들어 수소와 탄소로 구성되는 탄화수소에 대해 알아보자. 탄화수소 중에는 원시 생명체의 화석에서 얻을 수 있는 천연가스와 석유 등이 있다. 탄화수소는 공장에서 자동차까지 현대 사회의 연료로 쓰이며, 일상생활에서 널리 쓰이는 플라스틱과 같은 물질의 원료이기도 하다.

대부분의 식품도 탄수화물, 지방, 기름, 단백질과 같은 유기 화합물로 주로 구성되어 있다. 이 영양분들은 식물, 동물, 심지어 버섯과 같은 진균류에서 얻는다. 유기 화합물은 또 비누, 세제, 살충제, 약품 등을 생산하는 데에 쓰이기도 한다.

정유 공장. 석유에 포함된 탄화수소 화합물들은 현대 문명을 이루는 원동력을 제공했지만 이들을 사용하기 위해서는 반드시 정제 과정을 거쳐야만 한다. 정유 공장은 천연 상태의 석유를 가솔린과 같은 제품으로 바꾼다.

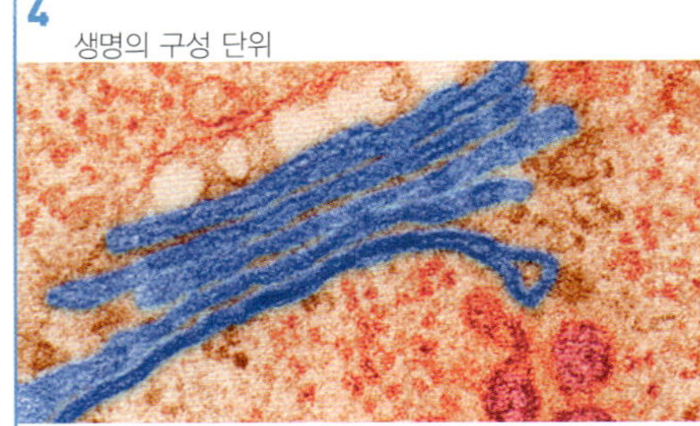

세포의 특징

세포는 크기와 모양이 다양하지만 몇 가지 공통적인 특징이 있다. 모든 세포는 주로 단백질과 지질로 구성된 세포막으로 둘러싸여 있다. 세포막 안에는 세포질이라는 물렁물렁한 물질이 들어있다. 세포질의 90 %는 물이지만, 여기에는 단백질, 당분, 칼륨, 나트륨 등과 같은 물질도 들어있기 때문에 점성이 있다. 세포질에는 호흡과 소화 등과 같은 특정한 기능을 수행하는 세포 소기관들이 있다. 세포는 자신이 속한 생명체를 위해 특정 화학 물질을 생산하는 등 일종의 공장

역할을 수행한다.

식물, 동물, 진균류 및 아메바와 같은 진핵생물의 세포는 중앙에 세포 기능을 통제하는 독자적인 막을 가진 핵이 있다. 진핵 세포와 달리 원핵 세포에는 핵이 없다.

핵 핵nucleus은 세포 소기관 중 가장 크다. 대체로 원의 형태를 가지며 세포의 중앙에 위치한다. 핵은 주변 세포질과 물질을 교환할 수 있는 다공성 이중막인 핵막으로 싸여있다. 핵 안에는 DNA를 포함한 가늘고 긴 염색사들이 있다. DNA란 생명체의 유전자를 포함하고 있는 핵산을 말한다. 유전자는 세포 구조와 활동에 대한 정보, 그리고 세포 복제에 필요한

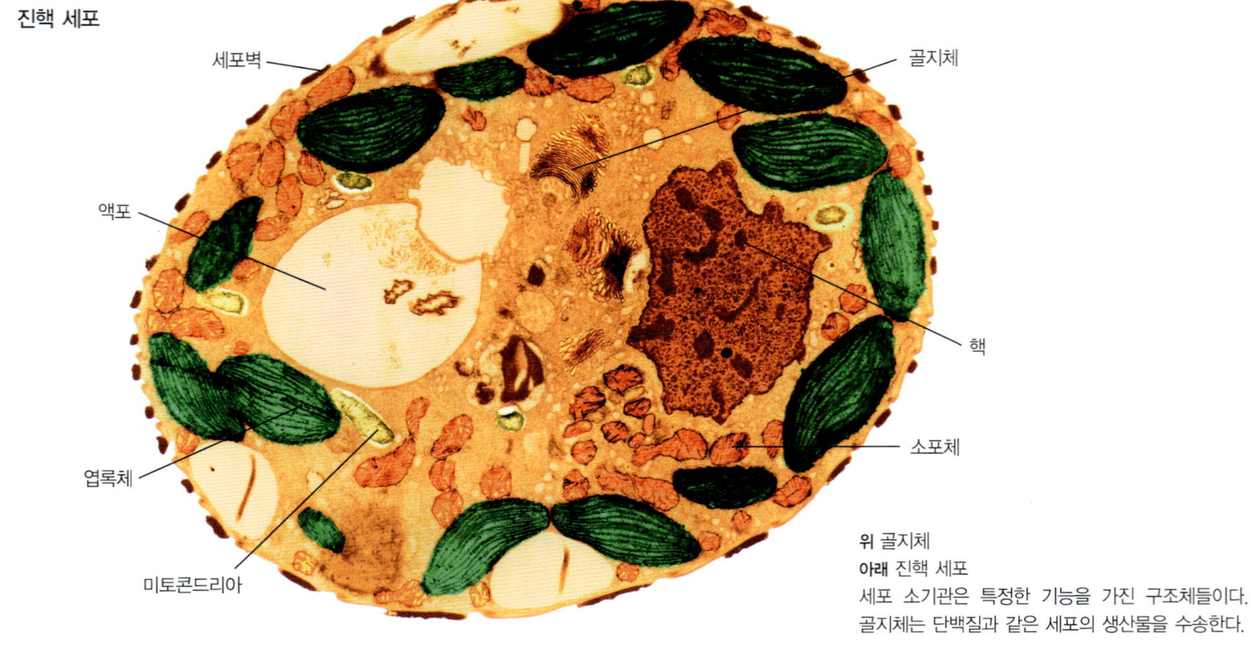

위 골지체
아래 진핵 세포
세포 소기관은 특정한 기능을 가진 구조체들이다.
골지체는 단백질과 같은 세포의 생산물을 수송한다.

식물의 잎은 세포 안에 엽록체가 있기 때문에 초록색을 띤다. 엽록체는 초록색 색소인 엽록소를 포함하고 있는 세포 소기관이다.

지시 사항들이 저장되어 있다. 핵 안에는 인이라는 동그란 부분이 있으며, 이는 단백질 합성에 관여하는 세포 소기관리보솜을 형성한다. 인은 단백질과 리보핵산RNA으로 구성되어 있다.

기타 세포 소기관들

그 외 세포 안에 있는 세포 소기관들은 다음과 같다.

- 미토콘드리아mitochondrion는 핵 다음으로 가장 큰 세포 소기관이다. 세포에 필요한 에너지를 제공하는 세포 소기관으로, 1개의 세포 안에는 수백에서 수천 개의 미토콘드리아가 있다. 미토콘드리아는 음식물의 화학 에너지를 사용할 수 있는 형태로 전환시킨다. 미토콘드리아는 이중막으로 둘러싸여 있으며, 여러 종류의 효소를 포함하고 있다.

- 소포체endoplasmic는 납작하거나 원형의 통로 형태로 여러 겹의 막이 아주 복잡하게 얽힌 망상 구조이다. 소포체는 세포질에서 세포막으로 물질이 원활하게 이동할 수 있도록 돕는다.

- 골지체Golgi apparatus는 단백질, 지질 등과 같이 세포가 생산하는 물질을 수송하는 납작한 주머니 형태의 막이다.

- 리보솜ribosome은 작은 원형의 세포 소기관으로 세포 안에서 그 수가 가장 많다. 그중 일부는 소포체에 부착되어 있다. 이들은 자체 세포에서 사용되거나 신체의 다른 곳에서 사용되기 위해 분비되는 호르몬이나 소화 효소 등의 단백질을 합성한다.

- 리소좀lysosome은 음식물이나 외부 입자를 분해하는 효소를 포함하고 있는, 둥근 모양의 세포 소기관이다. 백혈구 내에 있는 리소좀은 세균을 파괴한다.

- 엽록체chloroplast는 식물과 조류 세포 안에만 존재하는 렌즈 같은 모양의 세포 소기관이다. 이중막으로 둘러싸여 있는 엽록체에는 엽록소가 있어 햇빛을 영양분으로 전환시키는 광합성을 수행할 수 있다.

- 세포 골격cytoskeleton은 세포에서 골격 역할을 하는 단백질 막대기들이 복잡하게 얽혀진 집합체이다. 이로 인해 세포는 단단한 형태를 유지할 수 있다. 세포 골격은 속이 텅 빈 튜브 형태인 미세 소관과 단단한 실 형태의 미세 섬유로 구성되어 있다.

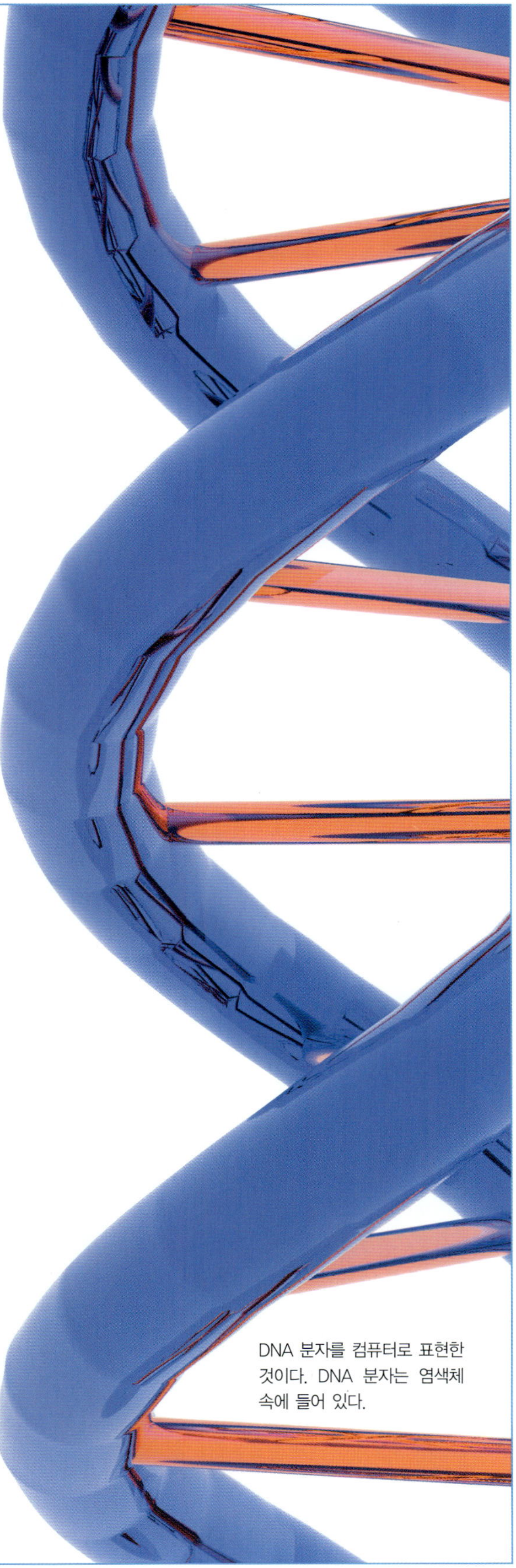

DNA 분자를 컴퓨터로 표현한 것이다. DNA 분자는 염색체 속에 들어 있다.

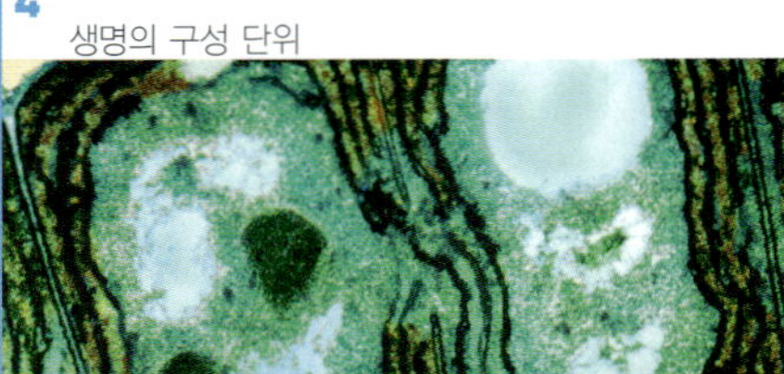

출입의 통제

지붕이 없으면 집이 완성될 수 없듯이, 세포도 세포막 없이 완성될 수 없다. 세포막은 세포와 외부 환경을 분리해주며, 자기 복제를 통한 증식 등과 같은 기능에 매우 중요하다. 하지만 세포막이 세포를 환경으로부터 완전히 격리하는 것은 아니다. 생명체 내의 세포들은 행동 신호로 작용하는 물질을 혈관을 통해 분비함으로써 다른 세포들과 상호 작용을 한다. 세포막은 또한 영양분을 흡수하고 노폐물을 배출한다. 즉, 세포막은 세포에 벽의 역할을 하는 동시에 일종의 문과 같은 역할을 한다.

많은 생명체들은 세포벽이 있다. 세포벽은 단단한 외부층으로 부드러운 세포막을 둘러쌈으로써 세포의 모양을 만든다. 동물 세포는 세포벽이 없지만, 세균, 조류, 균류, 식물 세포에는 단단한 세포벽이 있다. 장미나 완두콩 등의 초본류에서는 세포벽이 역학적으로 개체를 지탱한다.

세포막의 작용 세포막 cell membrane은 세포를 보호하는 일종의 문이다. 세포막은 매우 작은 구멍을 통해 매우 작은 물 분자나 물에 녹는 특정한 물질을 통과시키지만, 크기가 크거나 특정한 화학적 구성을 가진 물질은

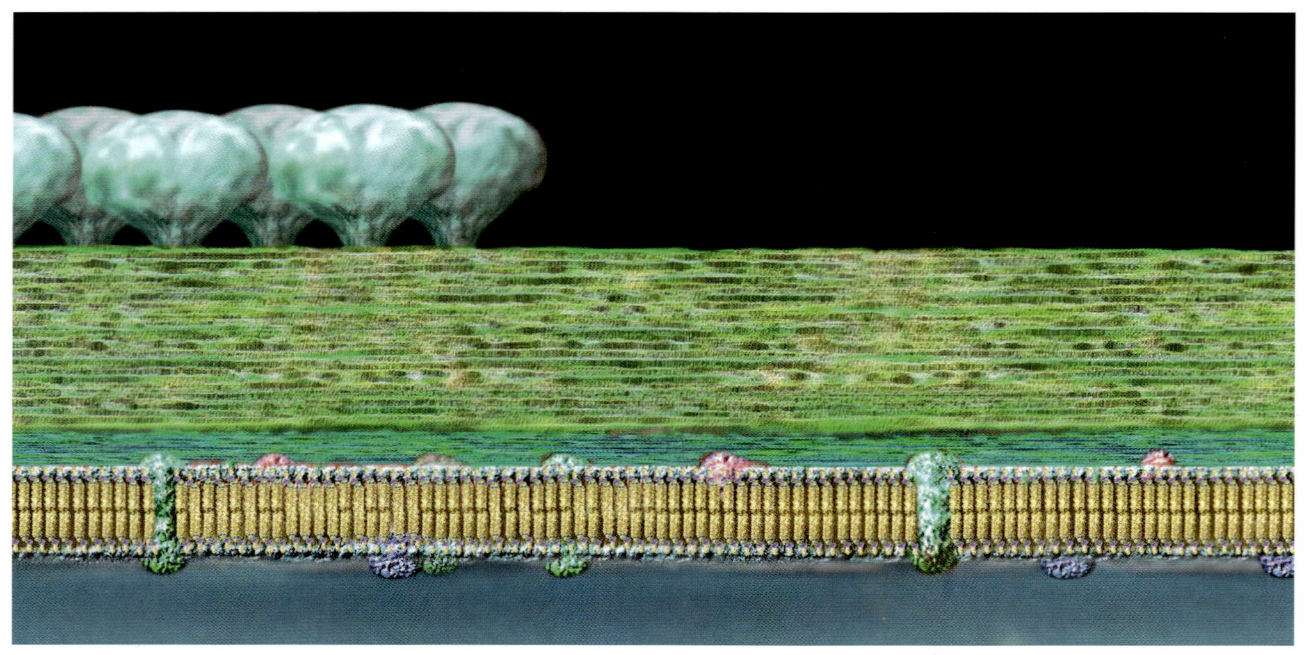

위 시아노박테리아(남조류)의 세포벽
아래 고세균의 세포막에 대한 다이어그램. 고세균은 단세포 생명체로 최초로 발생한 생명체 중 하나이다. 세포막과 세포벽은 환경과 선택적인 상호 작용을 한다.

통과시키지 않는다. 세포막을 통과할 수 있는 분자가 있는 반면, 통과하지 못하는 분자도 있다. 이렇게 부분적 삼투 현상을 반투성이라고 한다.

세포에서 보통 물질은 수동 수송이나 능동 수송을 통해 출입하게 된다. 수동 수송passive transport의 경우 세포는 에너지를 사용하지 않고 분자를 이동시킨다. 왜냐하면 분자들은 외부에서 힘을 받지 않고 농도가 큰 곳에서 낮은 곳으로 움직이면서 확산되기 때문이다. 예를 들어 향수병 마개를 열었을 때 향수 분자들이 병에서 빠져나와 공기 중으로 향기를 퍼트리는 현상도 확산에 해당된다. 세포 외부에 있는 체액의 산소 농도가 세포 안의 농도보다 높을 경우, 산소 분자가 세포 안으로 들어가는 현상도 확산에 해당된다. 확산을 통해 물 분자가 몸 안에서 움직이는 현상을 삼투 현상osmosis이라고 한다. 어떤 분자들은 너무 크기 때문에 세포막을 통과 하지 못하도록 화학 작용이 일어나기도 한다. 이와 같은 분자가 세포 안으로 확산되기 위해서는 어떤 방식으로든 도움을 받아야 한다.

분자가 빠르게 확산하는 촉진 확산의 경우, 분자가 세포막을 통과할 때 운반 단백질의 도움을 받는다. 예를 들어 세포막 내에 위치한 포도당 운반 단백질은 포도당 분자를 세포 안으로 끌어들이는 역할을 한다.

종이타월과 같은 종이제품은 화학 결합으로 얽혀 있는 셀룰로오스(섬유소)를 통해 만들어진다.

섬유소

풀의 세포벽은 대부분, 인간이 소화할 수 없는 섬유소로 구성되어 있다. 반면 소나 양, 염소 등과 같은 반추 동물들은 특수한 소화 기관을 가지고 있기 때문에 이를 소화할 수 있다. 하지만 섬유소가 인간에게 무용한 것은 아니다.

섬유소(cellulose)는 여러 개의 당분으로 구성된 고분자인 다당류이다. 식물 세포는 세포막을 통해 섬유소를 합성하고 분비하여 세포의 단단한 외벽인 세포벽을 형성한다. 식물과 여러 종류의 조류 그리고 일부 진균류의 세포벽은 섬유소로 구성되어 있다. 인간은 섬유소를 직접 소화할 수 없지만, 야채, 과일, 견과류 등과 같은 음식 등에서 식이섬유로 섭취할 수 있다. 소화 기관에서 섬유를 제거하는 과정에서 섬유소는 인간의 기관계의 기능을 원활하게 한다. 섬유소는 또 종이, 면, 셀로판, 레이온 등과 같은 재질을 생산하는 데에 쓰인다.

수경 재배 식물. 식물의 뿌리는 영양액이나 토양에서 삼투 현상을 통해 물을 흡수한다.

능동 수송 능동 수송active transport에서 분자는 세포막 등과 같은 경계를 통과하여, 농도가 낮은 곳에서 높은 곳으로 이동하게 된다. 이런 이동은 농도 구배에 역행하기 때문에 자연적으로 발생할 수 없다. 따라서 능동 수송에서는 에너지가 소비된다.

이 과정은 물이 경사면을 오르는 것과 마찬가지로 펌프와 같은 장치가 필요하다. 예를 들어 신경 세포의 외부로 나트륨 이온Na^+을 내보내는 나트륨－칼륨 펌프는 에너지를 필요로 하는 능동 수송 기제이다.

식세포 작용은 능동 수송의 또 다른 형태로 세균으로부터 몸을 방어하는 백혈구가 에너지를 소비하여 침입해 들어온 세균을 퇴치하는 과정이다. 백혈구는 세균을 감싸고 분해 효소를 이용해 파괴한다.

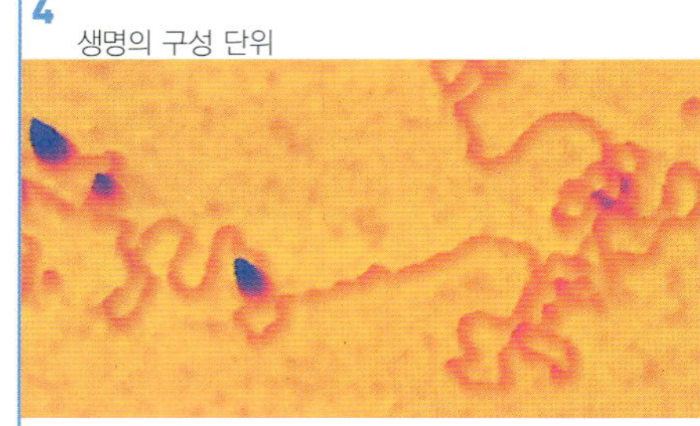

세포의 활동

세포는 끊임없이 여러 가지 영양분을 흡수하고, 에너지를 통해 생성물을 만들고 배급하며, 노폐물을 방출하는 일종의 공장이다. 하지만 이렇게 다양한 활동 사이에는 여러 가지 공통점이 있다. 먼저 이들은 모두 분자의 표면에서 3차원적인 상호 작용을 통해 일어난다. 이런 활동에는 효소, 에너지 그리고 물이 필요하다. 마지막으로 이러한 활동은 생명에 꼭 필요한 물질 대사의 한 축을 담당한다.

분자에 꼭 맞는 분자 분자들은 입체적인 물체다. 예를 들어 단백질 분자들은 납작한 판이나 구의 형태이거나, 나선 모양의 사슬을 이룬다. 분자는 이러한 구조 때문에 특정한 기능을 수행한다. 효소를 예로 들어보자. 효소는 자신이 변하지 않으면서 생물체 내의 화학 반응을 촉진시키는 분자이다. 화학적 관점에서 효소는 일종의 촉매catalyst인 셈이다. 단백질로 만들어진 효소는 1개의 기질에만 반응한다. 예를 들어 펩신이라는 소화 효소는 음식물 속에 있는 단백질을 펩티드 형태로 분해한다. 이런 현상은 펩신의 모양이 음식물 속의 단백질에 꼭 맞는 형태이기 때문에 화학 결합을 약화시킬 수 있다.

세포의 모양과 크기도 기능과 관련이 있다. 척추동물의 움직임을 통제하는 근육을 구성하는 골격근 세포는 가늘고 긴 원통형 모양의 근섬유를 형성한다. 근섬유는 가늘고 긴 형태적인 특성 때문에 수축할 수 있으며, 이 과정을 통해 몸을 움직일 수 있다.

세포가 필요한 곳 세포가 다양한 활동을 하기 위해서는 특정 물질이 필요하다. 효소들은 화학 반응을 촉진시키는 데에 필요하다. 에너지도 화학 반응에 필요한데, 특히 아데노신 3인산ATP 분자는 화학 반응을 위해 반드시 필요한 물질이다. 현대의 가전제

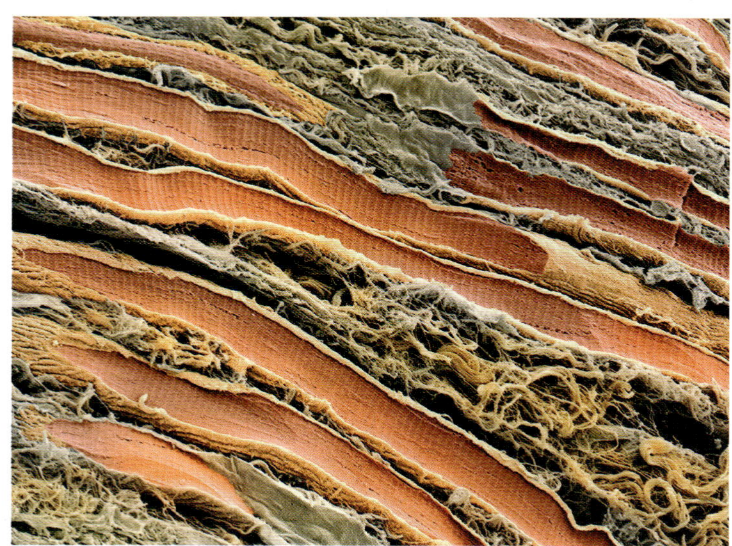

위 플라스미드와 효소
가운데 갑상선의 방사성 동위 원소 촬영
아래 근골격 섬유
세포들은 생명에 중요한 기능을 수행하면서 지속적인 활동을 한다. 근골격은 근육을 수축시켜 몸이 움직인다. 갑상선은 물질 대사를 제어한다. 플라스미드와 제한 효소는 세균에서 관찰되는 구조이다.

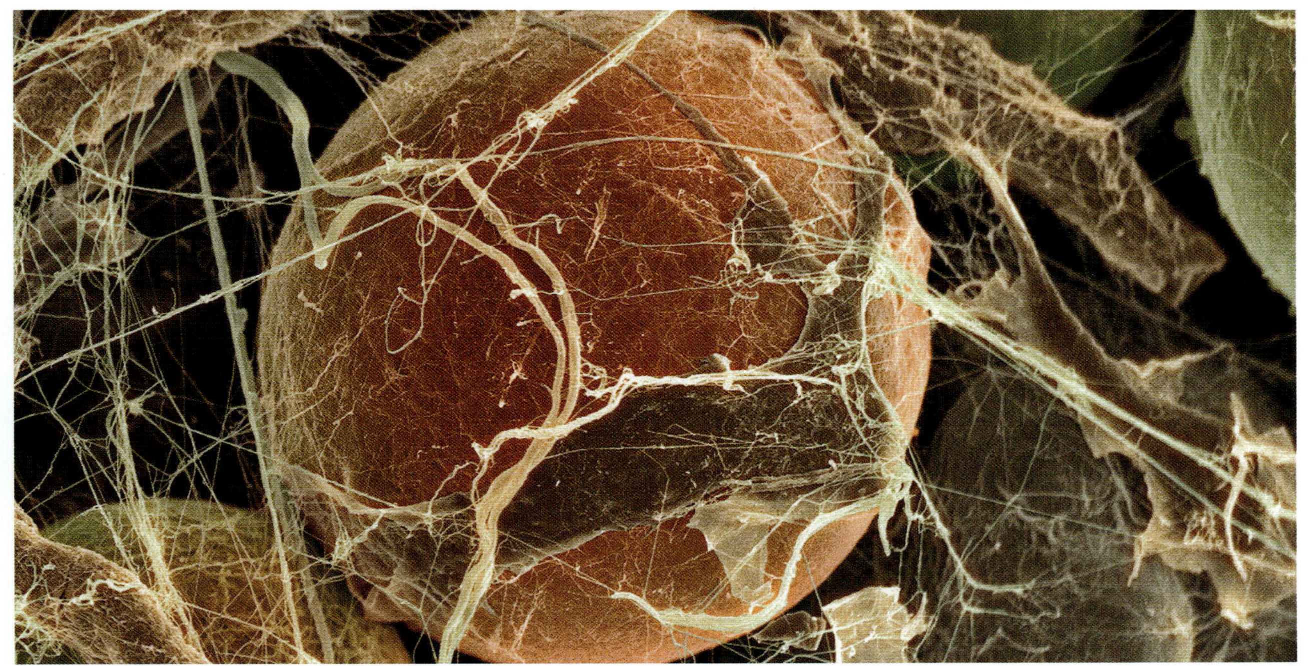

지방 세포. 열손실을 막는 절연체와 에너지원으로 사용되는 지방은 지방산과 글리세롤이 결합하여 만들어진다. 지방은 인체에서 가장 큰 세포 중 하나인 지방산 안에 저장된다.

품이 장작을 태워 발생하는 에너지가 아닌 전류를 필요로 하는 것과 같이 세포들도 음식에 저장된 에너지를 ATP 분자로 전환해야 한다. 세포는 ATP를 분해하면서 방출되는 에너지를 통해서만 물질 대사를 수행할 수 있다.

몸은 물도 반드시 필요로 한다. 물은 사람 체중의 70 %를 차지하며, 인체 내에서 일어나는 대부분의 화학 반응을 매개한다. 물은 영양분을 운반할 뿐만 아니라, 화학 반응에 사용되는 많은 물질들을 용해시킨다.

물질 대사 세포의 활동은 모두 물질 대사에 포함된다. 물질 대사metabolism란 각 세포가 활동하면서 일어나는 화학 반응의 총 합을 말한다.

몸은 이화 작용과 동화 작용, 두 단계의 물질 대사를 지속적으로 수행한다. 이화 작용catabolism은 큰 분자를 작은 분자들로 분해하면서 에너지를 얻는 과정을 말한다. 반면 동화 작용anabolism은 작은 분자들을 큰 분자로 만드는 과정이며, 이때 에너지가 소모된다. 두 경우 모두 화학 반응은 작은 반응들이 반복되면서 물질 대사의 경로를 따라 일어난다.

이화 작용 중에는 흔히 세포 호흡cellular respiration이라는 작용이 있다. 이는 세포가 음식물을 통해 섭취한 포도당을 분해하여 몸에서 사용할 수 있는 에너지 형태인 ATP를 생산하는 활동이다. 호흡은 두 단계로 일어난다. 첫 번째 단계는 포도당을 피루브산으로 분해하는 과정으로 산소가 필요 없는 해당 작용이다. 두 번째 단계 크렙스 회로는 피루브산을 산소를 이용해 분해하여 ATP를 생산하고 이산화 탄소와 물을 노폐물로 방출한다. 피루브산이 분해될 때 나오는 에너지는 ATP 내에서 원자 사이를 연결하는 화학 결합 형태로 저장된다.

동화 작용은 세포가 ATP의 화학 결합을 분해하는 과정에서 방출되는 에너지를 이용하여 큰 분자들을 형성하는 과정이다. 이런 과정을 통해 아미노산이 결합되어 만들어진 효소나 호르몬은 조직을 재생하거나 확장하는 데 사용된다. 포도당 분자들은 결합하여 글리코겐의 형태로 저장된다. 지방산은 글리세롤과 결합하여 지방을 형성한다. 세포는 지속적으로 몸속으로 들어온 영양분을 생명 유지에 필요한 분자의 형태로 전환한다.

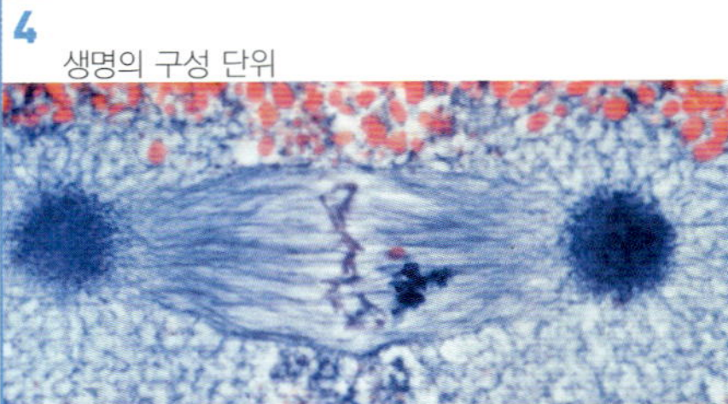

자기 복제의 신비

세포를 생명으로 정의할 수 있는 성질 중 하나는 생식reproduction이다. 세포는 분열 결과 2개의 딸세포를 만든다.

동물이 탄생과 죽음이라는 과정을 거치는 것과 마찬가지로, 생식은 세포 주기의 처음과 끝에 해당한다. 각 세포는 모세포의 딸세포로서 삶을 시작하고, 대부분의 생을 간기interphase로 보내며 성장과 활동을 한다. 간기 동안 핵의 DNA 분자는 자기 복제를 통해 염색체를 2벌로 늘린다. 이 과정이 끝나고 세포가 2개로 나뉠 만큼 크기가 성장하면 각각 1벌의 염색체를 가진 2개의 딸세포로 나뉘면서 새로운 세포 주기가 시작된다. 세포 주기에서 생명체는 생장하고 손상된 조직은 재생된다. 세포 주기는 조직에 따라 달라 내장의 상피 세포의 경우 8−10시간마다 분열한다.

세포 분열 세포 분열cell division은 두 단계로 일어난다. 첫 번째는 핵이 나뉘는 핵분열 단계이고, 두 번째는 세포질이 분열하는 세포질 분열 단계이다. 세포질 분열이 끝나면, 세포는 핵을 각각 한 개씩 가진 2개의 세포로 나뉜다.

진핵 생물의 경우, 핵 속의 염색체에는 유전 물질DNA이 들어 있기 때문에 핵분열은 생식에 매우 중요하다. DNA에는 세포의 기능, 성장, 분열에 대한 정보가 들어 있다. 인간의 적혈구에는 핵이 없기 때문에 약 120일에 달하는 수명이 다하면 세포 분열이 일어나지 않은 채로 죽게 된다. 적혈구는 골수에서 생성된다.

위 체세포 분열 중기
아래 체세포 분열이 일어나는 단계로, 대부분의 핵분열은 그림과 같은 과정을 거친다. 왼쪽부터 전기, 중기, 후기, 말기

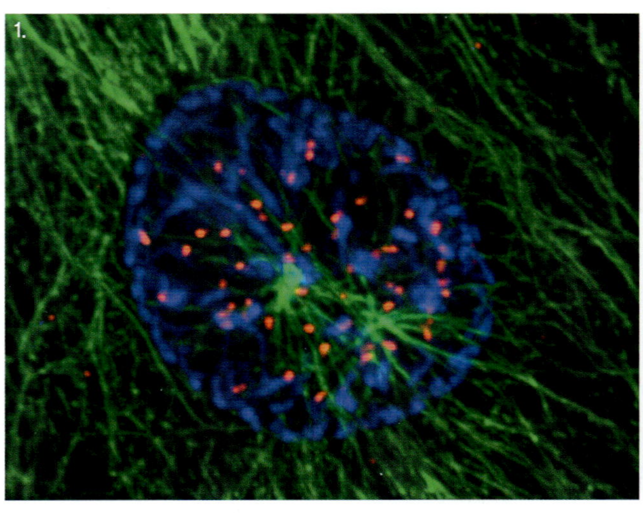

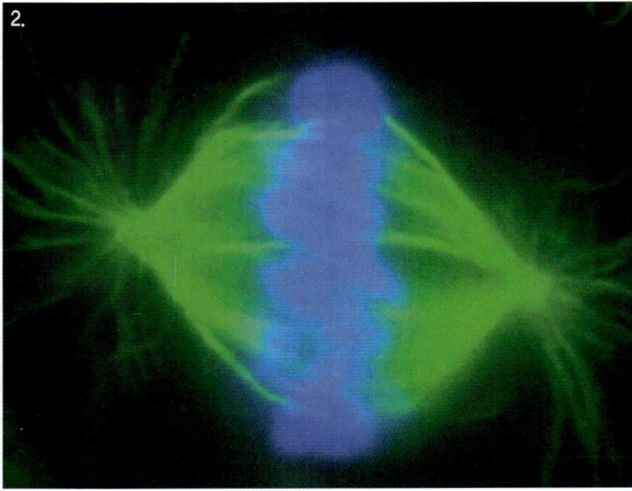

핵분열　핵분열nuclear division은 두 가지 방법으로 일어난다. 첫 번째는 체세포 분열로 딸세포의 염색체 수는 모세포의 염색체 수와 같다. 체세포 분열은 4단계를 거친다.

1. **전기**prophase : 염색체는 길이 방향으로 나뉘며, 동원체centromere를 기준으로 2개의 염색 분체 상태로 된다.

2. **중기**metaphase : 염색체가 세포의 중앙에 모인다.

3. **후기**anaphase : 동원체가 깨지면서, 염색 분체가 양극으로 분리된다.

4. **말기**telophase : 핵막이 다시 생성되어 각 염색 분체를 감싸고, 2개의 딸핵이 형성된다.

　핵분열이 끝나고 나면 세포질 분열이 일어난다. 동물의 경우, 적도 근처에서 세포막이 함입되면서 두 개의 새로운 세포로 나눠진다. 식물 세포는 섬유소로 이루어진 세포판이 적도에서 형성되면서 두 개의 새로운 세포를 만든다.

　핵분열의 두 번째 형태는 감수 분열로 딸세포의 염색체 수는 모세포의 반으로 줄어들어, 염색체 수가 반감된 생식 세포를 형성한다. 각 생식 세포는 반대 성을 가진 생식 세포와 결합하여 수정란을 형성하고, 이는 새로운 개체로 성장한다.

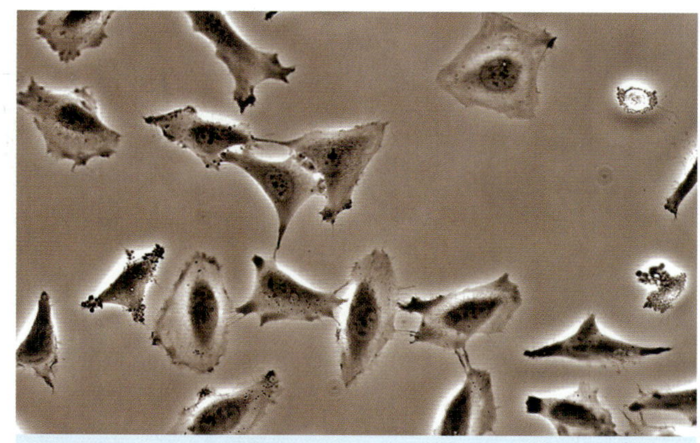

암이 발병한 자궁경부에서 채취한 세포. 유전적 돌연변이로 발생한 암세포는 정상 세포와 달리 왜곡된 모양을 하고 있다.

암 : 과잉 체세포 분열

체세포 분열은 대체로 일정한 방식으로 일어난다. 피부 세포는 손상된 세포를 대체할 수 있을 만큼 자주 일어나지만, 그 이상 일어나지는 않는다. 지방 세포는 주로 성장기까지 분열한다. 하지만 암이 발병하면, 세포들은 이상 행동을 보인다. 이들은 제한 없이 증식한다. 이러한 과잉 증식으로 인해 정상 기관은 공간이 부족하여 기능을 원활히 수행할 수 없게 된다. 암 조직은 몸 전체로 퍼지면서 결국 죽음으로 이어진다.

암은 변형(돌연 변이) 유전자로 인해 발병한다. 변형 유전자는 세포에게 엉뚱한 지시 사항을 전달하여, 직간접적으로 세포 분열을 제어하는 메커니즘을 마비시킴으로써 예기치 못한 세포 분열을 야기한다. 이런 돌연 변이는 DNA 복제 과정에서 오류가 생겨 발생하며, 유전이나 흡연, 자외선 등과 같은 환경적 요인으로도 발생할 수 있다.

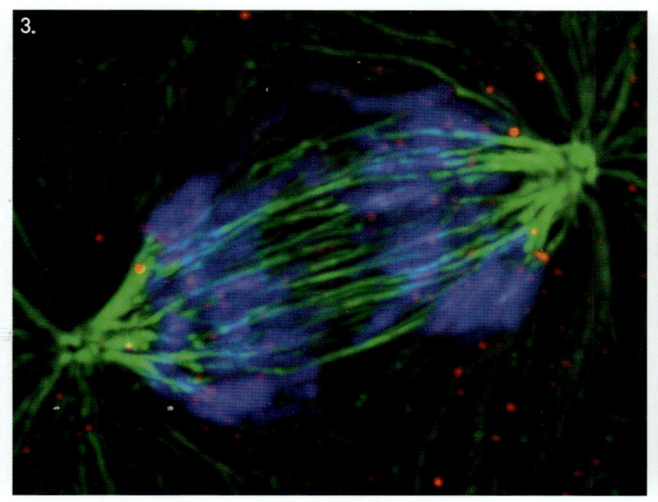

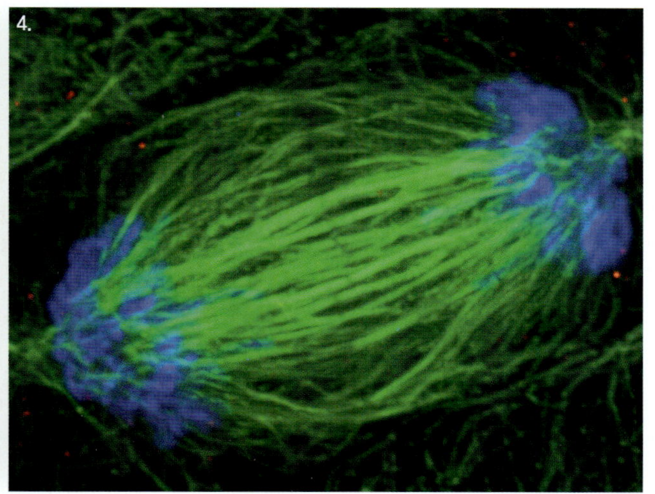

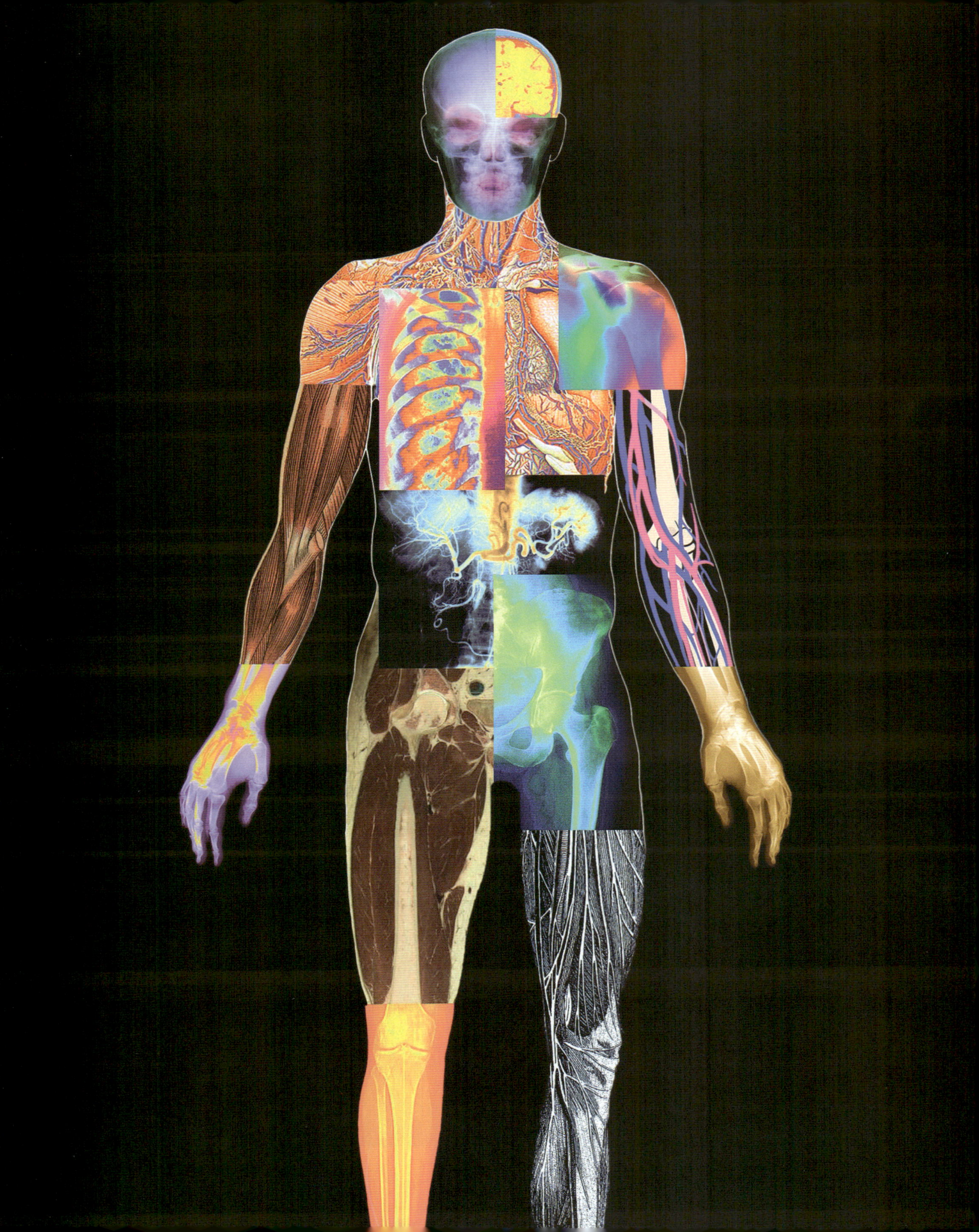

복잡한 구조

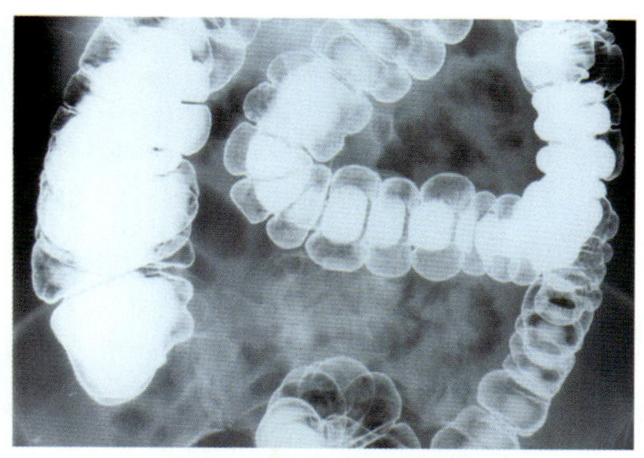

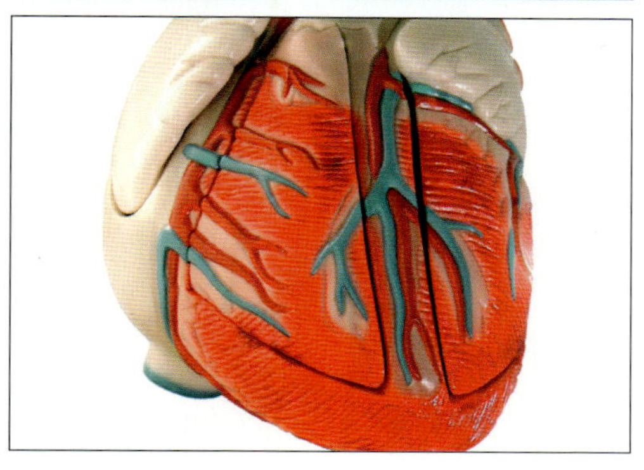

왼쪽 복합적으로 표현한 인체
위 대장과 소장의 X선 사진
아래 인간의 심장을 본뜬 모형으로, 대동맥과 심실이 보인다.
생명체의 구조를 연구하는 해부학은 생명체가 구성된 방식을 연구하기 위해 다양한 방법론을 구사한다. 복합 그림(왼쪽)에는 자기 공명 영상(MRI), X선 그리고 해부 등을 통해 인체가 표현되어 있다.

여러 생명체에서 세포는 보다 복잡한 체제의 개체를 이루고 있다. 대저택을 구성하는 벽돌처럼 다세포 생물의 각 세포는 다양한 기관으로 구성된 체제의 구조를 유지시키는 데에 크게 기여한다. 해부학anatomy은 생명체의 복잡한 구조를 파헤치는 학문이다. 해부학은 생명체가 가진 기능성 구조가 어떻게 사용되는가를 연구하는 생리학과 밀접한 관련이 있다.

대부분의 다세포 생명체에서 특정한 해부학적 특징이 공통적으로 나타난다. 구조와 기능이 같은 세포들이 모여서 조직을 이루며, 조직들이 모여서 기관, 기관들이 모여서 기관계를 이룬다. 이 외의 해부학적 구조는 생명체의 종류에 따라 다양하다. 잎과 꽃은 식물에서 흔히 볼 수 있는 기관이고, 심장과 눈은 동물에서 흔히 볼 수 있는 기관이다. 햇빛을 이용하여 영양분을 만드는 식물은 동물의 특성인 소화계가 없다. 척추동물은 식물의 특성인 뿌리가 없고, 근골격계로 인해 자유롭게 움직일 수 있어 한 곳에만 머무르지 않는다. 따라서 해부학은 생명체가 살아가는 방식만큼 다양한 모습을 보인다.

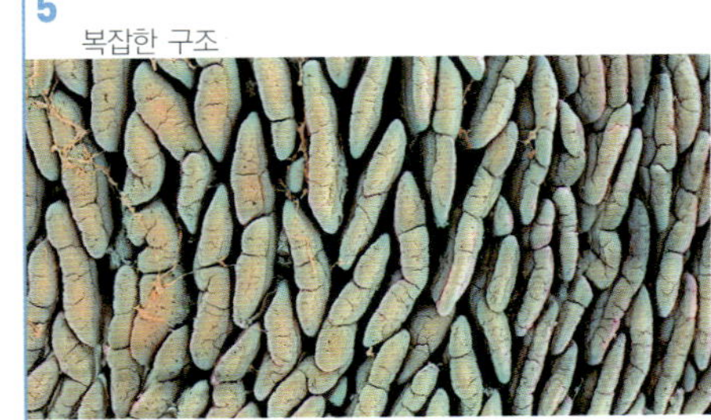

세포에서 몸까지

다세포 생물의 경우 세포는 세 단계의 구조체를 구성한다. 이들은 작은 순서부터 조직과 기관 그리고 기관계이다.

조직 여러 개의 세포들이 모여 조직tissues을 이룬다. 세포 사이에 있는 물질과 함께 세포들은 서로 유사한 구조를 가지며, 협력하여 특정한 기능을 수행한다. 예를 들어 동물의 신경 조직은 몸 전체로 신경 자극을 전달하는 데 적합하게 분화되었다.

동물의 조직은 기본적으로 4가지로 분류한다.

• 상피 조직epithelial tissue은 조밀하게 밀착된 세포들이 얇은 층을 이루고 있다. 상피 조직은 몸을 보호하고, 특정한 물질을 분비하거나 생산하는 기능을 한다. 상피 조직은 피부의 외부층을 덮고 있으며, 소화관이나 혈관 등의 체표면을 구성한다.

• 근육 조직muscle tissue은 수축성이 있는 가늘고 긴 근세포가 다발 형태로 이루어져 있으며 운동 기능을 담당한다. 근육 조직은 의지대로 움

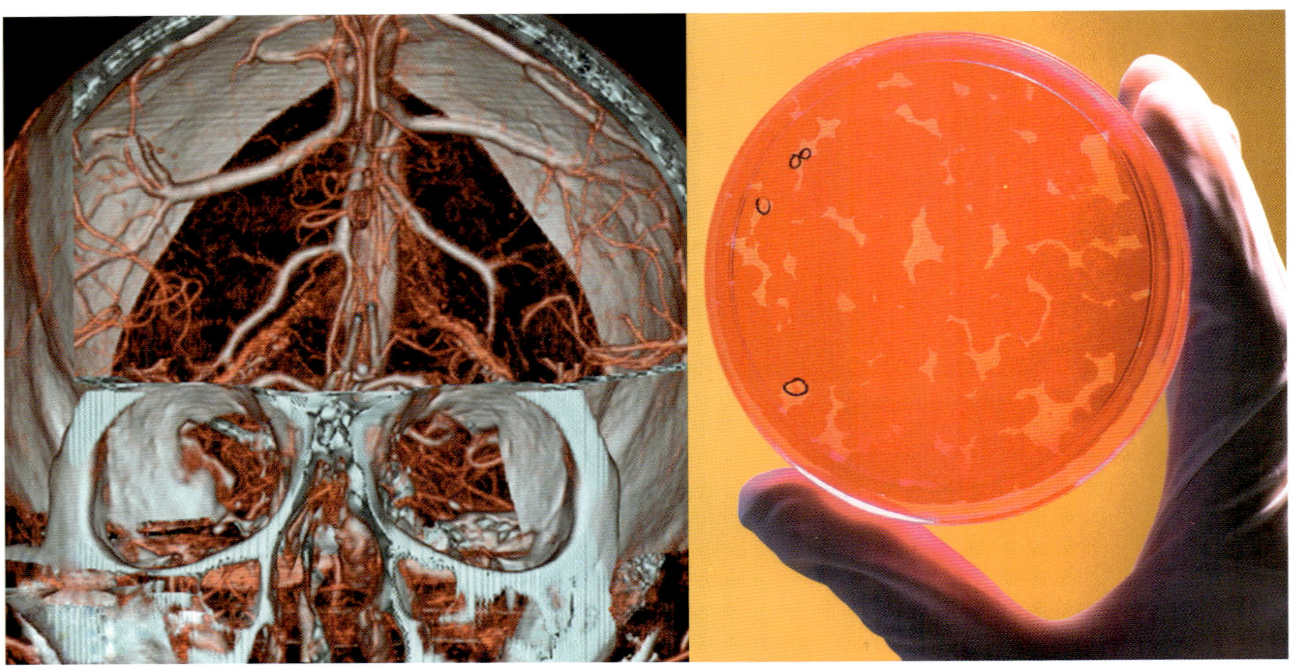

위 내장의 체표면
아래 왼쪽 인간의 뇌를 찍은 MRI
아래 오른쪽 배양된 상피 세포
상피 조직과 같은 세포들은 모여서 장의 체표면과 같은 조직을 형성한다. 이런 조직들은 뇌를 형성하기도 한다.

직일 수 있는 수의근, 내장에서와 같이 의지와 관계없이 스스로 움직이는 불수의근, 그리고 심장을 이루는 심근 등 세 가지 형태로 나뉜다.

- 결합 조직connective tissue은 세포와 섬유로 구성되어 있으며, 세포간 물질이 세포 사이에 다량으로 존재한다. 결합 조직은 몸을 지탱하고, 감싸고, 방어하는 기능을 한다. 결합 조직에는 뼈, 연골, 혈액, 림프 등이 있다.
- 신경 조직nervous tissue은 전기 화학적 자극을 발생시키는 뉴런신경 세포체과 뉴런을 결합하고 영양분을 제공하는 신경 교세포로 구성된다. 신경 조직의 기능은 소통, 통제, 지각 그리고 자극에 대한 반응이다.

식물의 조직은 크게 분열 조직meristematic tissue과 영구 조직permanent tissue으로 나뉜다. 분열 조직의 세포는 빠르게 지속적으로 분열하며 기능에 따라 세포들이 분화된다. 분열 조직은 식물의 새싹이나 뿌리 끝에서 생장에 관여한다. 영구 조직의 세포는 분열 조직에서 생산된 것으로 특수한 기능을 갖도록 성장한 세포를 말한다. 여기에는 식물을 보호하는 외부층인 표피, 영양분과 물을 저장하는 유조직, 뿌리에서 흡수한 물과 무기물을 위로 이동시키는 물관부 그리고 영양분을 식물 전체로 운반하는 체관부가 있다.

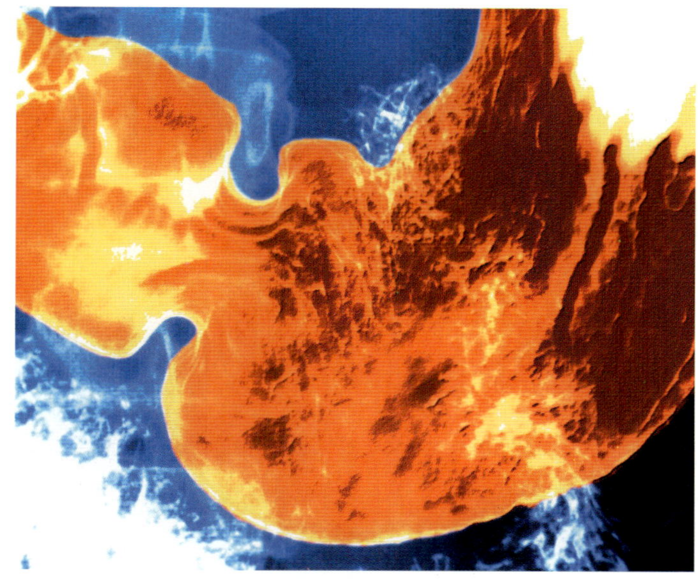

인간의 건강한 위(사진의 가운데와 오른쪽 윗부분)를 X선으로 촬영한 사진. 위는 소화계의 일부로 주머니 모양이다. 부분적으로 소화된 음식이 소장(오른쪽 윗부분)으로 넘어가기 전에 위에 저장된다. 소화관은 상피 조직으로 둘러싸여 있다.

푸른 새싹. 어린 식물의 새싹과 뿌리 끝은 분열 조직으로 빠르고 지속적인 세포 분열이 일어난다.

기관과 기관계 세포들이 조직을 형성하는 것처럼 조직은 기관을 형성한다. 기관organs은 두 개 이상의 조직이 특수한 기능을 수행하기 위해 모여 있는 것을 말한다. 예를 들어 몸 전체로 혈액을 내보내는 기관인 심장은 근육 조직과 신경 조직 그리고 결합 조직으로 구성되어 있다. 폐, 위, 신장, 피부, 날개, 잎, 뿌리 등은 모두 여러 개의 조직이 모여서 형성된 기관이다.

상대적으로 구조가 복잡한 동물들은 기관계organ system를 이루는데, 이는 생명에 중요한 활동을 수행하는 여러 개의 기관들의 집합을 말한다. 인간의 소화계는 음식물을 세포가 사용할 수 있도록 분해하는 기관계로, 입, 식도, 위, 소장, 대장, 쓸개, 간, 이자로 구성된다. 기관계에는 호흡계, 순환계, 신경계, 비뇨 기관계, 생식 기관계, 내분비계, 골격계, 근육계 등이 있다. 여러 기관계가 모여서 생명체를 이룬다.

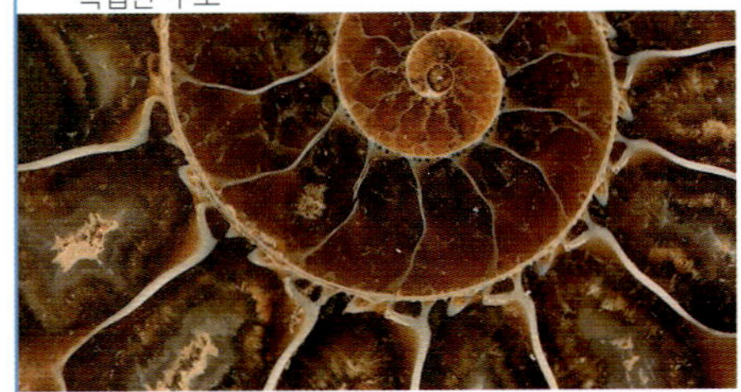

피부와 골격

세포가 세포막을 필요로 하는 것처럼, 다세포 생물은 외부층으로 환경과 개체를 구분한다. 피부나 나무 껍질 등의 형태로 존재하는 외부층은 보통 유기체의 생존을 위협하는 상해, 감염, 수분 손실 등으로부터 개체를 보호한다.

많은 생명체들은 외부층 외에도 개체를 보호하는 구조를 가진다. 이들은 대체로 개체에서 단단한 부위들인 골격, 껍질, 이빨 등으로 존재한다. 대체로 이런 단단한 부위들은 생명체를 보호하는 역할뿐만 아니라 내부 기관을 지탱하여 이들이 위로부터 아래로 붕괴되는 것을 막는다. 척추동물의 경우, 골격은 근육이 움직일 수 있게 하는 단단한 지레 역할을 한다.

외부층 생명체는 다양한 보호 외부층으로 덮여 있다. 많은 식물들은 조밀하게 밀착된 세포들이 상피 조직을 구성하여 세포들이 얇은 외부층을 형성한다. 대부분의 나무와 관목의 외부층은 코르크층이 죽으면서 형성되는 단단한 나무 껍질로 구성되어 있다. 나무 껍질 밑에는 목질소^{lignin}라는 화학 물질에 의해 단단히 연결된 목질이 있다.

인간과 같은 포유류의 외부층은 피부로 구성된다. 피부는 두 개의 층으로 구성되는데, 바깥층은 상피 조직으로 구성되어 있고, 안쪽은 두꺼운 진피 조직으로 구성되어 있다. 상피 조직의 가장 바깥 세포에는 질긴 방수 물질인 각질^{keratin}이 있어 생명체를 물로부터 보호할 수 있다. 또 각질이 풍부한 여러 동물의 털, 깃털, 발굽, 뿔, 손톱, 비늘 등도 상피 조직을 보호한다. 진피 조직에는 혈관, 신경, 내분비선 등이 있다.

외골격 생명체 중에는 단단한 외부 갑옷으로 스스로를 보호하는 것들이 있다. 조개, 굴, 바닷가재 등과 같은 해양 동물들은 탄산칼슘으로 이루어진 껍데기를 만들어낸다. 육지에서는 달팽이나 거북이와 같은 동물들도 유사한 껍데기를 만든다.

대부분 동물의 껍데기는 외골격이라는 외부틀의 일부이다. 외골격^{exoskeleton}은 동물을 보호하고 지탱할 뿐만 아니라 관절의 역할도 한다. 이는 갑각류나 곤충, 거미류 등과 같은 절지동물에서 관찰할 수 있

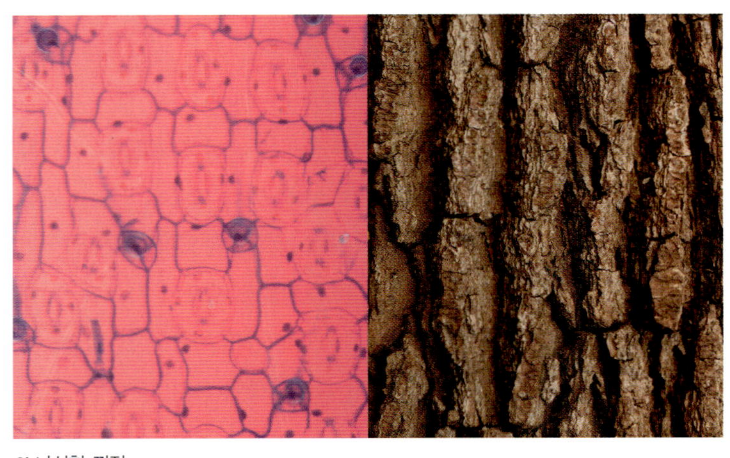

위 나선형 껍질
아래 왼쪽 피부 세포
아래 오른쪽 나무 껍질
생명체는 환경으로부터 자신을 보호하기 위해 다양한 형태의 외피를 가진다. 인간과 같은 포유류의 피부는 상피층과 진피층, 2층으로 구성된다. 나무와 관목의 껍질은 코르크(cork)라는 단단한 물질로 구성되지만, 이는 껍질 아래에 있는 목질만큼 단단하지는 않다. 해양 생물의 탄산칼슘 껍데기는 이보다도 단단하다.

성게의 가시. 성게와 같은 극피동물은 단단하고 가시가 돋은 껍데기를 가진다.

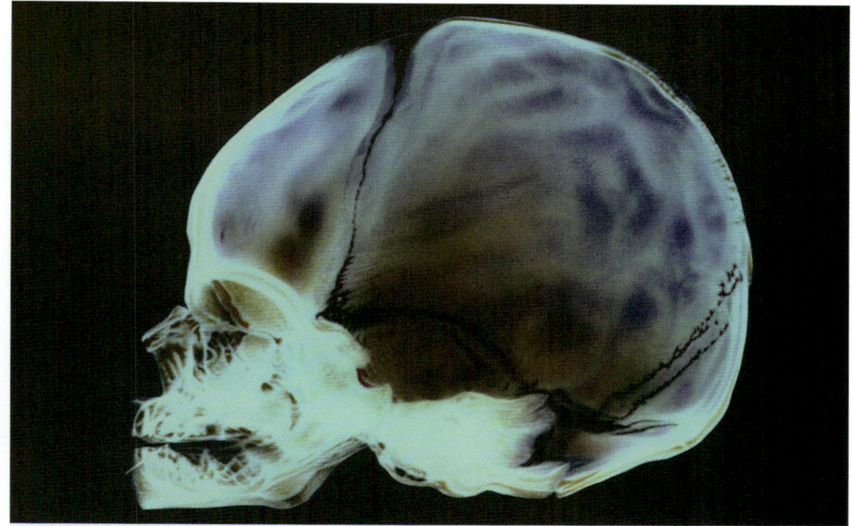

아기 두개골의 X선 사진으로 대천문이 나타나 있다(가운데 위쪽의 어두운 부분).

다. 절지동물의 외골격은 키틴chitin이라는 물질로 이루어져 있어 단단하다.

내골격 많은 생명체에서 단단한 부위는 몸 안에 내골격endoskeleton의 형태로 존재한다. 척추동물어류, 양서류, 파충류, 조류, 포유류 등이라는 명칭은 등뼈, 혹은 척추spine라고 하는 중심 부위의 골격에서 온 것이다. 척추동물의 골격은 대부분 뼈로 이루어져 있다.

뼈bone는 주로 무기질인 칼슘, 인산염, 탄산 염으로 이루어져 있다. 이를 제외한 구성 물질들은 대부분 콜라겐collagen이라는 유기물인 섬유성 단백질이다. 뼈 속에는 뼈를 성장시키는 세포들이 들어 있다. 척추는 척추동물의 몸에서 중심축을 이루는데, 한쪽 끝은 두개골과 연결되어 있고, 나머지 끝은 꼬리나 인간과 같이 꼬리가 없는 동물들의 경우 꼬리뼈와 연결되

딱정벌레는 다른 곤충과 마찬가지로 단단한 외부틀인 외골격을 가진다. 외골격은 키틴이라는 물질로 이루어져 있어 단단하다.

두개골의 완성

모든 부모가 알고 있는 것처럼 신생아의 두개골은 특이하다. 아기의 머리에는 천문이라는 부드러운 부위가 있다. 천문은 단단한 막으로 덮여 있어, 주변의 단단한 뼈들에 비해 부드럽다. 천문은 인간이 진화하는 과정에서 봉착한 문제를 해결했다. 이 문제는 바로 뇌가 큰 동물을 어미의 산도 밖으로 어떻게 밀어내는가이다. 만약 신생아가 성인과 같은 크기의 뇌를 가지고 태어난다면, 산모의 골반은 어마어마하게 커야할 것이다. 아기의 뇌가 작지만 단단한 두개골을 가지고 태어난다면, 두개골은 뇌가 나중에 성장할 수 있는 여유 공간이 없다.

해결책 : 인간은 성장이 끝난 뇌의 23 % 정도 되는 크기의 뇌와 불완전한 형태의 두개골을 갖고 태어난다. 그러나 부드러운 천문으로 인해 두개골은 빠르게 성장할 수 있으며, 이는 생후 18개월이 되면 닫힌다. 하지만 두개골은 성인이 될 때까지 완전하게 붙지는 않는다.

어 있다. 사지四肢를 가진 동물은 팔이나 다리, 날개 등도 척추와 연결되어 있다. 상어와 같은 척추동물의 골격은 뼈가 아닌 부드럽고 탄성이 있는 연골로 되어 있다.

골격이 있는 동물들 중에는 단단한 부위가 몸 밖으로 돌출된 경우도 있다. 불가사리나 성게와 같은 극피동물은 내골격에서 가시가 피부 밖으로 뻗어있다. 소나 사슴의 경우 뿔의 중심부는 두개골의 연장이다. 가장 쉽게 볼 수 있는 단단한 부위는 바로 이빨로, 모든 동물의 입에서 공통적으로 볼 수 있다.

신경과 근육

생명체는 영양분을 얻거나 스스로를 보호하기 위해 환경에 대해 반응할 수 있어야 한다. 생명체가 움직일 수 있으면 사냥을 하거나 포식자로부터 도망칠 때 크게 유리하다. 세균의 편모에서 식물이 햇빛을 향해 휘는 현상에 이르기까지 각 생명체는 해부학적 구조를 통해 고유한 방식으로 움직인다. 하지만 반응성과 감성은 동물의 신경계와 근육계에서 가장 복잡한 형태로 발달해 있다. 동물은 식물, 균류, 원생동물이나 세균과 달리 진화를 통해 신경계가 발달하여 몸 안의 기능을 통제하고, 서로 소통하고, 환경에 대해 반응할 수 있다. 또 운동 기능을 담당하는 근육계도 동물에서만 나타나는 진화적 형질이다.

신경이나 근육 없이 환경에 반응하는 생물들

신경계가 없는 생명체도 환경에 대해 반응을 한다. 단세포 동물도 자극을 받고 이에 반응할 수 있지만, 모든 활동은 하나의 세포 안에서 일어난다. 환경이 건조해지거나 추워지면, 일부 세균의 세포질은 이에 반응하여 두꺼운 세포벽을 분비한다. 세포벽은 휴식기 동안 세균을 보호한다. 휴식기에 들어간 세균을 내생포자endospore라고 하며, 수천 년 이상 생존할 수 있는 것으로 알려져 있다.

식물을 비롯하여 해면동물과 같은 일부 생명체는 한 곳에 정착하고 있어 장소를 이동할 수 없다. 하지만 동물과 같은 근육계가 없는 생명체 중에도 이동할 수 있는 것들이 있다. 미생물 중에는 편모라는 기관을 가진 것들이 있다. 편모flagella는 머리카락과 같이 가는 구조로 되어있으며, 뿌리 부분이 회전함으로써 미생물에게 추진력을 제공한다. 식물은 이런 식의 이동이 불가능하지만, 굴성tropism이라는 성질을 통해 특정한 자극을 향하거나 그로부터 멀어지면서 성장할 수 있다. 예를 들어 식물은 햇빛에 반응하는 조직의 성장률 차이 때문에 햇빛을 향해 휘게 된다.

신경 동물의 신경계는 눈과 귀와 같은 감각 기관과 근육이나 선gland과 같은 반응기 사이에 정보를 운반하는 신경 세포들이 아주 복잡하게 얽혀 있는 네트워크로 구성되어 있다. 감각 기관은 빛이나 소리와 같은 자극

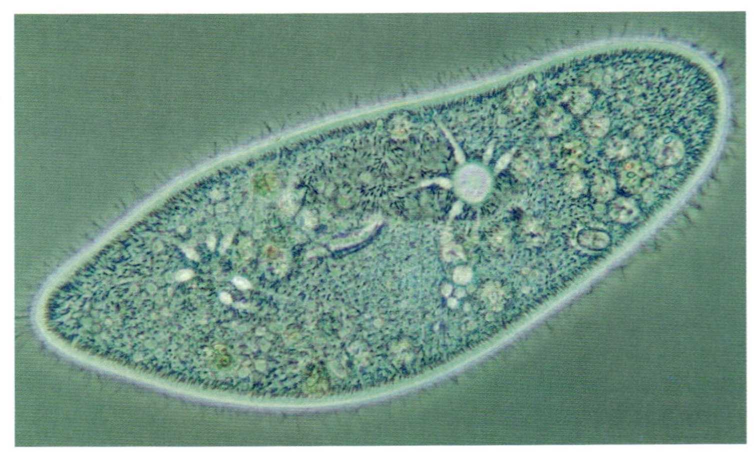

위 묘목이 햇빛을 향해 휘어 있다.
아래 160배율로 확대한 짚신벌레(*Paramecium caudatum*)
신경이나 근육이 없어도 생명체는 환경에 대해 반응할 수 있다. 짚신벌레는 세포 주변을 감싸고 있는 머리카락처럼 생긴 섬모를 이용하여 이동하고 영양분을 흡수한다. 식물은 햇빛이 조직의 성장률에 변화를 줄 때, 햇빛을 향해 휘게 된다.

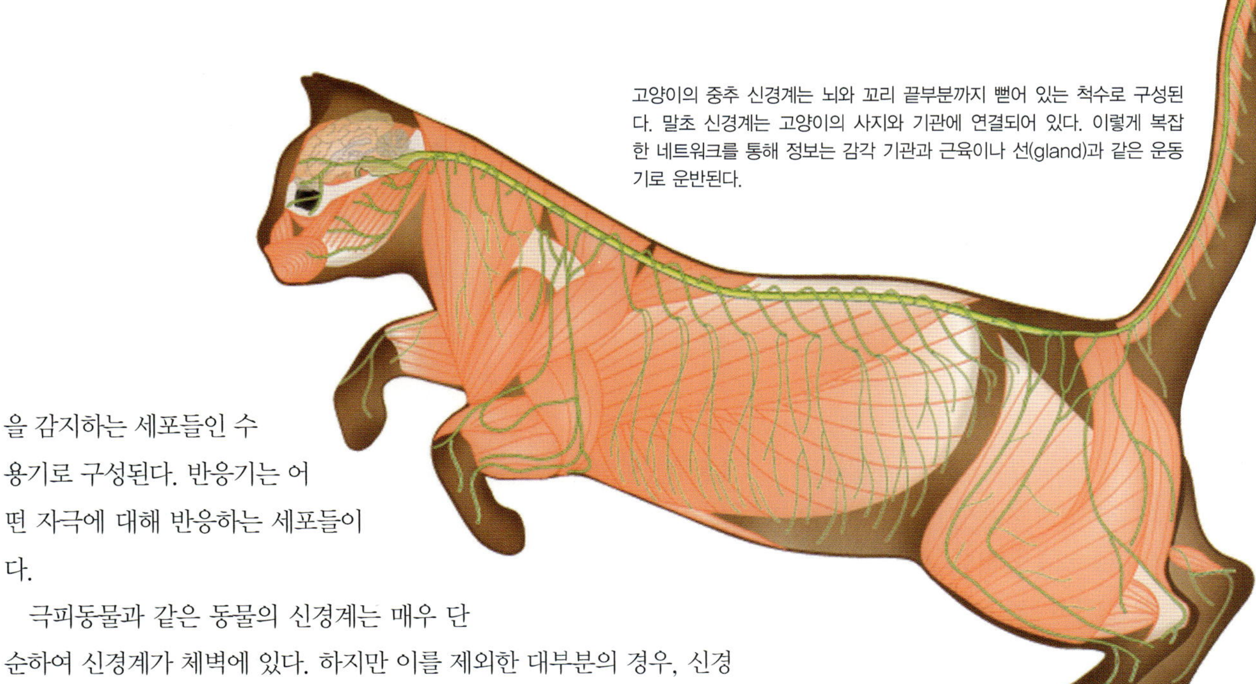

고양이의 중추 신경계는 뇌와 꼬리 끝부분까지 뻗어 있는 척수로 구성된다. 말초 신경계는 고양이의 사지와 기관에 연결되어 있다. 이렇게 복잡한 네트워크를 통해 정보는 감각 기관과 근육이나 선(gland)과 같은 운동 기로 운반된다.

을 감지하는 세포들인 수용기로 구성된다. 반응기는 어떤 자극에 대해 반응하는 세포들이다.

극피동물과 같은 동물의 신경계는 매우 단순하여 신경계가 체벽에 있다. 하지만 이를 제외한 대부분의 경우, 신경계는 두 부분으로 나뉜다. 이들은 모든 신경 기능을 조절하고 통제하는 중추 신경계central nervous system와 몸의 각 부위와 중추 신경을 연결하는 말초 신경계peripheral nervous system이다.

무척추동물처럼 척추가 없는 동물의 경우, 중추 신경계는 몇 개의 신경삭이나 단순한 신경 섬유 다발에 지나지 않는다. 반면 척추동물의 경우, 중추 신경계는 중앙 조절 기관인 뇌와 척추 내에 있는 신경 조직인 척수로 구성되어 있다. 동물의 뇌는 종마다 복잡성에 편차가 크다. 그중 가장 복잡한 구조를 가진 것은 인간의 뇌로 수십억 개의 뉴런으로 구성되어 있다.

근육 많은 동물들은 근육을 가지고 있지만 그 양은 동물에 따라 다르다. 메뚜기는 900여 개의 근육이 있는 반면, 인간은 700여 개 밖에 없다. 곤충과 같이 외골격을 가진 무척추동물은 외골격에 근육이 부착되어 있으며, 외골격이 없는 오징어와 같은 동물

은 근육이 고정되어 있지 않다. 척추동물의 경우, 대부분의 근육은 골격에 접합되어 근골격계를 형성한다. 이는 걷거나 뛰고, 날고, 물건을 들어 올리는 등의 활동을 가능하게 한다.

별 모양의 신경계

극피동물 문(門)에 속하는 동물들은 일반적으로 단순한 형태의 신경계를 가지지만, 그중에는 아주 복잡하게 얽힌 것도 있다. 예를 들어 불가사리는 뇌가 없지만, 팔(불가사리는 대체로 팔이 5개이며 별 모양으로 배열되어 있다)과 신체 중앙에 있는 메커니즘을 통해 외부 환경을 감지한다. 불가사리 몸 중앙에 있는 고리 모양의 신경삭은 팔의 홈에 있는 신경삭과 연결되어 있다. 불가사리는 각 팔 끝에 있는 안점을 통해 빛을 감지한다. 안점은 크기가 작고 주변과 색이 다르다. 안점 외의 다른 수용체 세포를 통해 불가사리는 후각과 촉각에 반응할 수 있다. 또 사지가 절단되면, 새로운 팔을 재생한다. 때때로 분리된 팔에서 새로운 불가사리 개체가 형성되기도 한다.

불가사리는 뇌가 없다.

공기와 혈액이 지나는 통로

코뿔소나 레드우드와 같은 거대한 생물체들은 세균보다 굉장히 강해 보인다. 하지만 거대한 다세포 동물도 결국 세포로 이루어져 있기 때문에 단세포 생물과 같은 약점이 있다. 그리고 각 세포는 적절한 화학 물질을 받고 노폐물을 배출할 수 있어야 생존할 수 있다. 다세포 동물은 이런 문제와 더불어 단세포 동물에는 없는 문제를 안고 있다. 이는 세포끼리 신호를 주고받으면서, 효율적인 소통이 일어나야 한다는 것이다. 다세포 생물은 이런 문제를 해결하기 위해 호흡계와 순환계가 발달하면서 진화되었다.

호흡계 호흡은 생물체가 필요한 산소를 얻고, 필요 없는 이산화 탄소를 방출하는 과정을 말한다. 불이 연료를 태우는 데에 산소가 필요한 것처럼 특정한 미생물을 제외한 대부분의 생물은 생존하기 위해 산소를 필요로 한다. 생명체가 필요로 하는 연료는 영양분을 분해하여 만드는 유

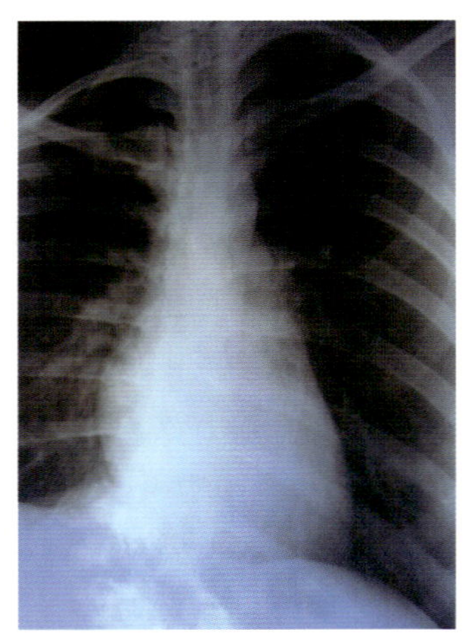

위 라임 잎의 기공(흰색)
가운데 인간의 폐를 찍은 X선 사진
아래 코뿔소 한 쌍
코뿔소에서 식물 그리고 인간에 이르기까지 모든 다세포 동물은 세포로 이루어져 있으며 호흡과 순환 없이 살 수 없다.

초록도마뱀. 그림에 나타난 도마뱀 같이 공기 호흡을 하는 척추동물은 폐를 통해 산소를 받아들이고 이산화 탄소를 배출한다. 이런 동물의 혈액은 심장이 수축할 때 온몸으로 퍼진다.

기산인 피루브산이다. 각 세포에서는 산소를 필요로 하는 화학 반응이 일어나면서, 피루브산은 완전히 분해된다. 세포 호흡 과정에서 이산화 탄소와 물이 노폐물로 배출되고 ATP가 생산된다. 다세포 생물은 세포에 산소를 공급하고 이산화 탄소를 배출하기 위해 호흡계가 발달되었다. 호흡계는 외부로부터 산소를 받아들이고 이산화 탄소를 배출한다.

식물은 잎의 표면에 있는 작은 입구인 기공을 통해 산소를 받아들여 여러 조직에 퍼트린다. 산소는 세포 사이에 있는 공간을 통해 확산하거나 조직액에 용해된다. 하지만 동물은 호흡계를 통해 기체를 교환한다. 호흡계의 외부막은 얇고 촉촉하며, 혈액이 풍부하게 공급되어 있다. 척추동물의 경우 이와 같은 기능을 하는 기관은 폐이며, 여기서 산소가 풍부한 공기를 대기로부터 받아들이고 이산화 탄소를 배출하게 된다. 어류나 패류는 아가미를 통해 물에 녹아 있는 산소를 흡수하고 이산화 탄소를 배출하면서 호흡한다. 곤충의 호흡계는 여러 개의 관으로 구성된 호흡관을 통해 외부 공기를 몸 전체로 직접 운반한다.

순환계 세포에 산소를 공급하고 이산화 탄소를 배출하기 위해 많은 다세포생물들은 순환계를 발달시켰다. 순환 circulation 이란 몸에서 일어나는 물질의 흐름이며, 여기서 운반되는 것은 산소와 이산화 탄소뿐만이 아니다. 순환계는 몸의 여러 조직에 영양분을 전달하고 노폐물을 수거해간다. 그리고 세포의 기능을 조절하고 통제하는 호르몬을 전달하기도 한다. 또 순환계는 세포 활동에서 발생한 열을 흡수하거나 주변으로 퍼트림으로써 몸의 온도를 일정하게 유지하기도 한다. 그리고 상처나 감염에 저항하는 물질을 운반하기도 한다.

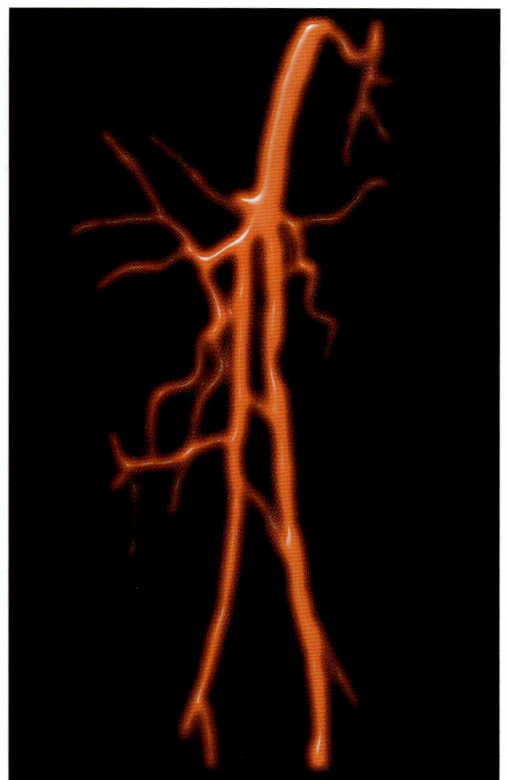

인간의 허벅지에 있는 대퇴동맥

인간과 같은 척추동물의 경우, 이와 같은 물질들은 모두 혈액 blood 이라는 유체 조직 流體組織 을 통해 운반된다. 혈액은 속이 빈 근육 기관인 심장이 수축하면서 온몸으로 퍼지고, 몸에 있는 모든 조직과 연결된 혈관이라는 길을 따라 이동하게 된다. 조직액을 혈관으로 운반하는 모세관이 모여 온몸에 분포되어 있는 조직망을 림프계 lymphatic system 라고 하며, 이 체계도 순환계에 포함된다. 림프계는 몸의 면역 작용을 담당한다.

곤충과 같은 여러 무척추동물의 몸에서는 혈액이 혈관의 끝이 열려 있는 개방 혈관계를 흐른다. 곤충은 혈관이 없는 대신 내부 기관들이 혈액 위에 떠 있는 형태로 존재하는 능동적 공간에서 물질 교환이 일어난다.

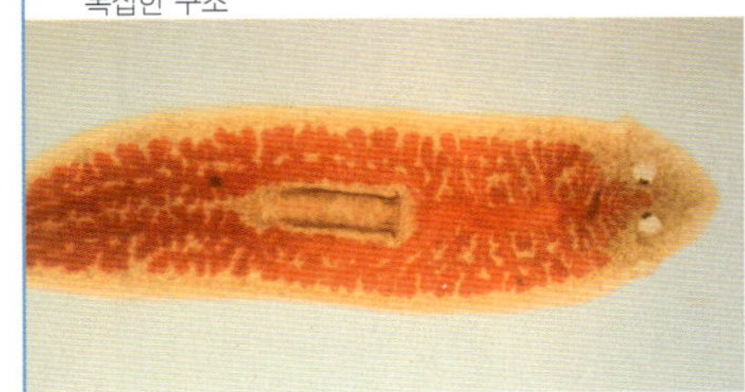

소화를 위한 기관

식물은 영양분을 얻는 게 어렵지 않다. 햇빛과 공기, 토양만 있으면 광합성을 통해 스스로 영양분을 생산할 수 있기 때문이다. 하지만 동물은 다른 동식물 조직 속에 있는 영양분을 섭취해야 한다. 이런 영양분은 대부분, 섭취한 동물의 세포가 직접 사용하기에는 분자가 너무 크다. 또 그 속에는 동물이 사용할 수 없는 여러 물질이 함께 들어 있다. 그렇기 때문에 동물이 영양분을 섭취하여 소화시킬 때, 영양분을 더 단순한 분자들로 분해하고 소화할 수 없는 물질은 제거한다. 이를 담당하는 것이 바로 소화계이다.

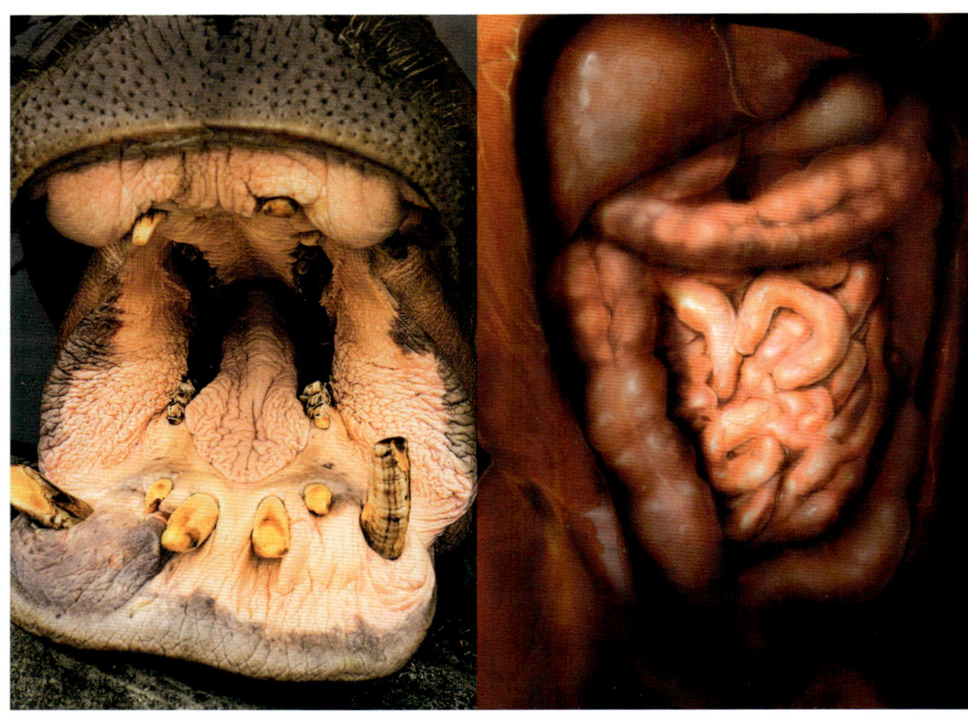

위 편형동물로 중앙에 입이 있다.
아래 왼쪽 하마의 입
아래 오른쪽 인간의 소장
소화계는 관으로 이루어진 구조에 지나지 않지만, 여기에는 대체로 소장과 같은 특수하게 분화된 기관이 포함되어 있다.

음식의 소화 소화계digestive system는 단순히 나타내면, 먹이를 받아들이는 입을 한 개 이상 가지고 있는 관tube에 지나지 않는다. 이 관을 소화기 또는 소화관이라고 하며, 소화 효소가 분비되어 화학 반응을 촉진시킴으로써 음식물을 빠르게 분해시킨다.

음식을 분해하여 사용할 수 있는 영양분으로 만들게 되면, 창자 표면에 있는 세포들은 이를 흡수하여 몸 전체로 공급하게 된다. 세포가 사용할 수 없는 물질은 항문을 통해 몸 밖으로 배출된다. 소화관이 한 개의 입구로만 구성된 생명체들도 있다. 예를 들어 편형동물의 소화관은 한 개의 입구만 가지고 있기 때문에 이를 통해 음식을 섭취하고 노폐물을 배출한다. 하지만 대부분의 동물의 소화관은 입에서 직장까지 이어져 있으며, 그 기능 중 하나는 음식물을 일정한 속도로 입에서 항문으로 이동시키는 것이다.

척추동물의 소화관 척추동물의 소화관은 기능에 따라 여러 부위로 나뉘며 소화의 한 과정을 담당한다.

- 먼저 입mouth은 음식물을 받아들이는 역할을 한다. 입은 이빨과 타액 등과 같은 특수한 구조를 이용해 음식물을 분해하여 다음 부위로 넘긴다.
- 입에서 이어지는 부분은 식도esophagus로 음식을 다음 부위로 넘기는 근육관이다.
- 식도를 통과한 음식은 그 다음에 위stomach로 들어간다. 일시적인 저장소인 위는 음식물을 염산과 효소와 섞어서 분해한다. 위는 완전히 소화되지 않은 음식을 저장할 수 있기 때문에 많은 양의 음식을 한꺼번에 섭취할 수 있다.
- 위는 분해된 음식을 소장small intestine으로 보낸다. 음식물은 여기서 여러 소화 효소에 의해 영양분으로 완전히 소화된 후 혈중에 흡수된다.
- 마지막 소화 기관은 대장large intestine으로 섭취된 음식에서 소화할 수 없는 부분을 제거한다. 대장은 남아 있는 음식물의 찌꺼기에서 수분을 흡수한 후 고체 형태의 노폐물인 대변의 형태로 배출된다.

소화를 돕는 기관 인간과 같은 포유류의 소화계에는 소화관 외에도 이자, 간, 쓸개 등과 같은 기관들이 있다. 이 기관들은 소화관이 진화한 외부 주머니들이다.

이자pancreas는 이자액을 소장에 방출하는데, 여기에는 소화 효소가 들어 있다. 간은 소장에 쓸개즙을 내보내 지방을 유화시킨다. 남은 쓸개즙은 쓸개에 저장된다.

하지만 일부 노폐물은 소화기를 통해 제거되지 않는다. 이들은 음식물의 소화 과정에서 생성되는 것이 아니라 몸의 물질 대사를 통해 발생하는 물질들로 잉여 수분과 소금 그리고 질소 성분이 들어있는 요소 화합물 등이다. 이 물질들은 신장에서 걸러져 소변 형태로 요도를 통해 몸 밖으로 배출된다.

조류와 같이 이빨이 없는 동물은 모래주머니를 통해 음식물을 소화한다. 주머니의 형태를 한 이 근육 기관은 소화 기관계의 일부로, 통째로 삼킨 곡식과 같은 음식물을 분쇄하는 벽을 가지고 있다. 섭취된 음식은 먼저 식도에 있는 주머니인 소낭에서 수분에 적셔진 후, 위선(stomach gland)에서 분비되는 위액과 섞이게 된다. 음식물은 이 과정을 거쳐 모래주머니로 넘어가고, 모래주머니가 앞뒤로 움직이면서 음식물을 잘게 부순다. 조류 및 기타 동물들은 작은 돌을 삼킴으로써 이 작업이 더 수월해 진다. 돌은 모래주머니 안에서 음식물을 더 잘게 분해한다. 이처럼 음식물을 통째로 삼키는 동물들은 모래주머니가 매우 발달하였다.

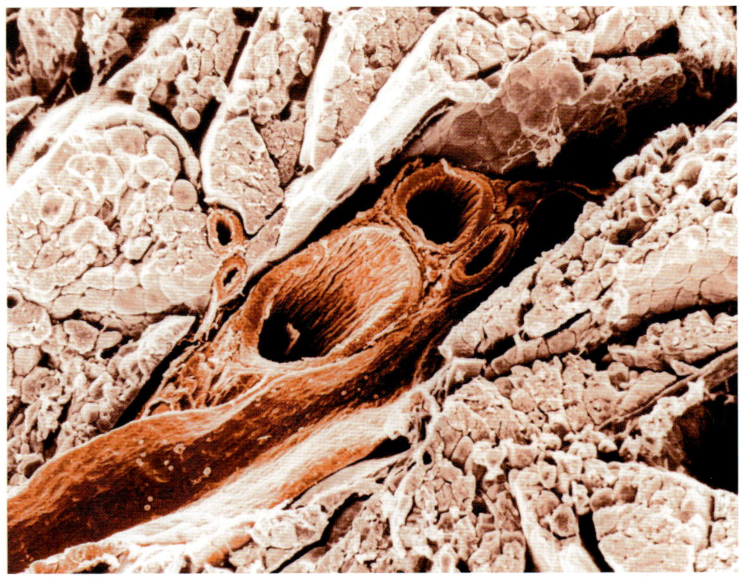

이자를 전자 현미경으로 관찰한 모습. 이자는 인간의 소화 기관계의 일부로, 소화 효소가 들어 있는 액체를 소장으로 흘려보낸다.

닭은 모래주머니를 통해 음식물을 소화한다.

화학적 전달자들

동물의 몸 안에서 소통과 통제는 두 가지 방식을 통해 나타난다. 앞에서 다룬 신경계가 그중 하나이며, 나머지 하나는 내분비계endocrine system로 호르몬hormone이라는 화학 물질을 혈액으로 분비하는 조직과 기관들을 말한다. 이 기관들은 특정한 화학 물질을 합성하고 분비하는 선gland들로 구성되어 있다.

땀샘과 같은 샘들은 자체 도관을 통해 화학 물질을 분비한다. 이런 샘을 가리켜 외분비선exocrine gland이라고 한다. 하지만 대부분 내분비계의 선들은 자체 도관이 없다. 따라서 이들은 호르몬을 혈액에 직접 분비한다. 호르몬은 몸 안에서 화학적 전달자의 역할을 하며, 혈액을 통해 순환하면서 표적 조직이나 기관으로 운반된다. 그곳에서 호르몬은 생장, 2차 성징의 발현, 소화된 영양분의 사용, 공격이나 비행과 같은 행동의 준비 등 대체로 동물에게 유익한 방향으로 표적물의 행동을 변화시킨다.

식물 호르몬 식물도 호르몬이 있지만, 동물과 비교해서 많은 차이가 있다. 식물의 경우, 호르몬은 선과 같이 호르몬 생산을 전담하는 기관이 없다. 대신 호르몬은 뿌리와 줄기 끝과 같이 성장하는 부위에서 합성된다. 이 호르몬들은 특정한 기관을 표적으로 하지만 실질적으로 모든 조

위 캐나다 블루베리
아래 번데기에서 갓 탈피한 제주왕나비
식물의 가지가 분화되는 것에서 곤충의 변태에 이르기까지 생명체의 수많은 변화는 호르몬과 깊은 관계가 있다. 인간의 인슐린 호르몬은 돼지의 호르몬과 매우 유사하다.

직에 영향을 끼칠 수 있다.

생장을 일차적으로 조절하는 식물 호르몬에는 다음과 같은 것들이 있다.

- 옥신auxin은 식물의 생장을 촉진하거나 억제한다.
- 시토키닌cytokinin은 세포 분열을 통제하고, 식물 조직을 뿌리나 잎에 적합한 형태로 분화시킨다.
- 지베렐린gibberellin은 여러 식물의 성장을 촉진하고 개화를 조절하며, 휴면 상태가 끝난 씨앗의 발아를 촉진한다.

척추동물과 내분비계 동물계에서 무척추동물들도 척추동물과 마찬가지로 호르몬을 가지고 있다. 호르몬은 벌이나 나비 같은 곤충들의 신체 발달을 조절한다. 척추동물 중 특히 포유류의 내분비계는 서로 유사한 구

조를 가지고 있다. 따라서 포유류의 경우, 종에 관계없이 구조와 기능이 거의 동일한 호르몬을 분비하는 내분비선을 가지고 있다.

이자에서 분비되는 호르몬 중 하나인 인슐린은 몸이 사용하는 당분의 양을 조절하는 기능을 한다. 인간의 인슐린은 돼지의 인슐린과 매우 흡사하기 때문에 의사들은 오랫동안 인체에서 충분한 인슐린을 생산하지 못하는 1종 당뇨병을 치료하기 위해 돼지 인슐린을 사용하였다.

신경계와 내분비계가 모두 몸의 소통과 통제를 관장하기 때문에 이들이 상호 작용한다는 사실은 놀라운 일이 아니다. 두 체계는 서로 연결되는 지점에서 신경 내분비계를 형성한다. 인간의 경우 이 두 체계의 주요 연결 부위는 뇌의 시상하부 시신경교차에서 유두체에 이르는 사이와 그 아래에 있는 콩알 만한 내분비선인 뇌하수체이다. 시상하부는 뇌하수체와 연결된 긴 관을 통해 방출 호르몬을 분비함으로써 뇌하수체의 호르몬 분비를 제어한다.

인간의 경우 가장 중요한 내분비선은 다음과 같다.

- 뇌하수체pituitary gland는 다른 내분비선의 활동을 지배하는 호르몬을 분비하며, 생식과 발육에 밀접한 관계가 있다.
- 부신adrenal glands은 음식의 소화, 스트레스 감소, 나트륨과 칼륨 배출의 조절에 관여한다.
- 갑상선thyroid gland은 물질 대사를 조절한다.
- 부갑상선parathyroid gland은 4개의 선으로 구성되어 있으며, 혈액에 녹아 있는 칼슘의 양을 조절한다.
- 생식선sex gland은 생식 세포를 생산하는 기관으로, 남성의 경우는 정소, 여성의 경우는 난소이다. 2차 성징의 발현을 조절하는 호르몬을 분비한다.

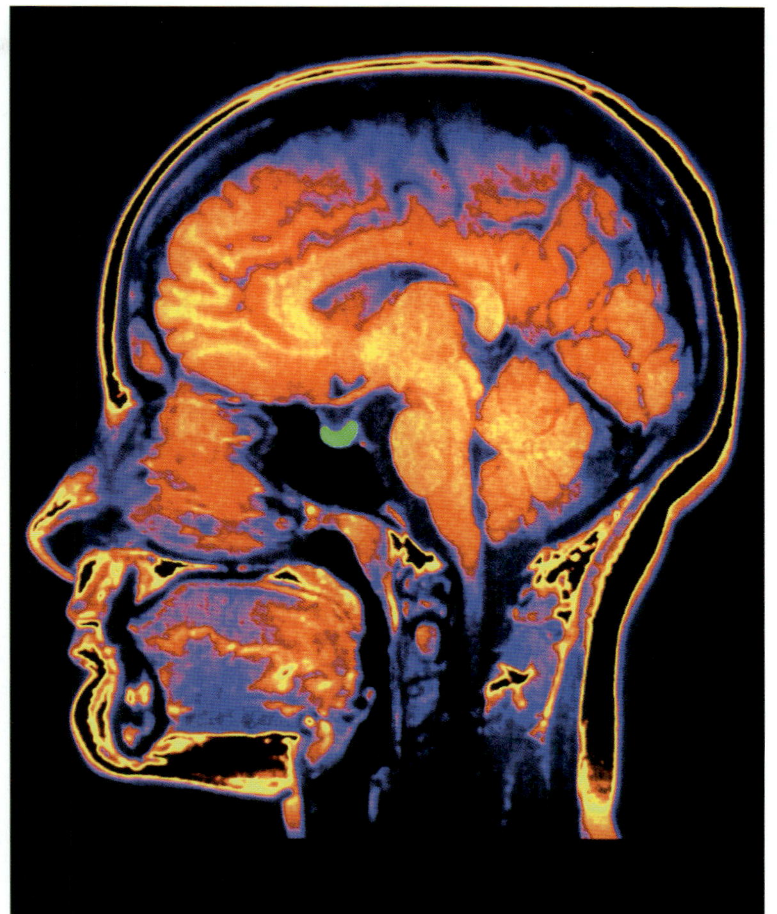

위 인간의 뇌를 찍은 MRI로 뇌하수체가 초록색으로 나타나 있다.
아래 당뇨 증상을 보이는 사람이 포도당 수치를 확인하기 위해 혈액 샘플을 채취하고 있다. 인체는 여러 선이 원활하게 기능해야 건강한 상태를 유지할 수 있다. 여기에는 성장을 조절하는 뇌하수체와 인슐린을 분비하여 당분의 물질 대사를 조절하는 이자 등이 있다. 인슐린 결핍은 당뇨병의 원인 중 하나이다.

생명의 시작

지금까지 알아본 기관계들은 생명체의 생존과 결부된 것들이다. 하지만 개체가 죽은 후, 종이 유지되기 위해서는 자손을 생성하는 기관계가 있어야 하는데, 이를 담당하는 기관들을 생식계reproductive system라고 한다.

무성 생식과 유성 생식 생식에는 크게 무성 생식과 유성 생식이 있다. 무성 생식asexual reproduction이 일어날 때, 자손은 모든 유전자를 단일한 부모로부터 받는다. 유성 생식sexual reproduction의 경우, 유전자는 서로 성별이 다른 두 부모로부터 자손에게 전달된다. 무성 생식을 하는 가장 대표적인 동물은 단순히 분열을 통해 생식하는 단세포 동물들이다. 일부 해면동물이나 편형동물 그리고 일부 식물들과 같은 다세포 생물들은 무성 생식이 가능하지만, 대부분 유성 생식도 병행한다. 하지만 인간을 비롯한 대부분의 동물들은 유성 생식을 통해서만 생식 활동을 한다.

기초적인 유성 생식 유성 생식에는 두 단세포 생명체의 세포질이 연결되어 핵물질을 교환하는 접합conjugation이 있다. 이런 관점에서 보면, 보통 무성 생식을 하는 세균이나 짚신벌레, 조류 등도 유성 생식을 한다고

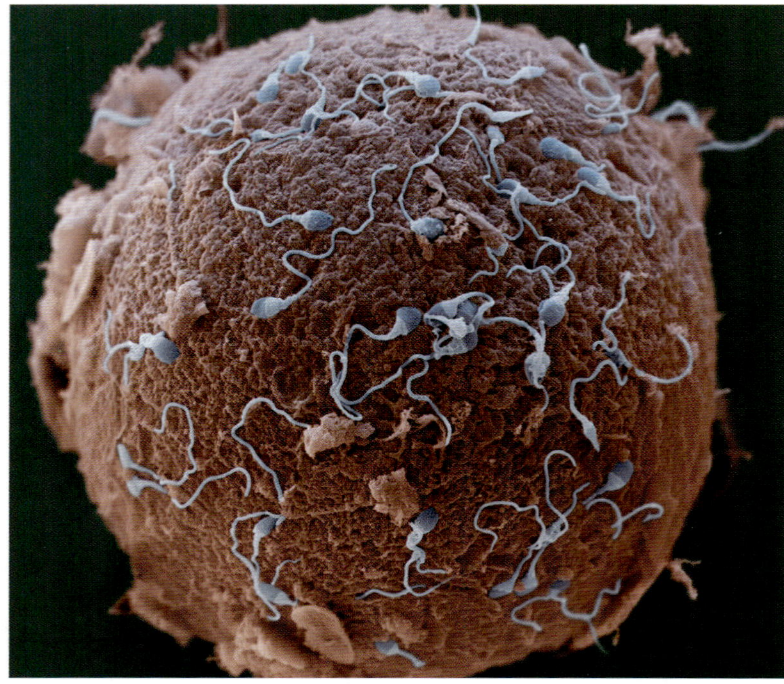

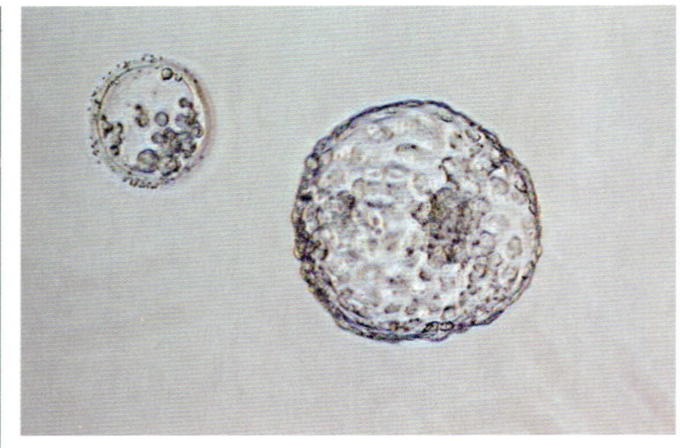

위 말미잘
아래 왼쪽 인간의 정자(파란색)가 난자(빨간색)와 수정을 하려고 한다.
아래 오른쪽 수정 후 7일이 지나 당단백질 껍질을 제거한(왼쪽) 인간의 배반포. 당단백질 껍질을 깨고 나온다.
말미잘은 유성 생식과 무성 생식을 모두 할 수 있지만, 인간을 비롯한 대부분의 동물들은 유성 생식을 통해서만 생식 활동을 한다. 새로운 생명은 난자가 수정되면서 시작한다. 수정된 난자는 곧 배아의 초기 상태인 낭배 단계로 들어간다.

볼 수 있다.

　다세포 생물의 경우, 성은 보다 복잡한 형태로 나타난다. 연체동물에서 포유류에 이르기까지 유성 생식계의 구조는 굉장히 다양한 방식으로 나타나기 때문이다. 하지만 여러 생식계 사이에는 유사점이 있다. 대부분의 경우 개체는 암수가 구별되고, 각 종이 가진 염색체의 반만을 가진 생식 세포를 각각 만든다. 수컷의 생식 세포는 정자spermatozoa라고하며, 이는 정소에서 생산된다. 암컷의 생식 세포는 난소에서 생산되는 난자ova이다.

　생식이 일어나기 위해서는 난자에 비해 크기가 대체로 작은 정자가 체액 속을 이동하여 난자와 수정해야 한다. 두 생식 세포가 결합하면 수정란이 된다. 수정란은 수컷과 암컷에서 염색체를 각각 절반씩 받았기 때문에 종이 필요로 하는 모든 염색체를 가진다.

　수정란은 곧 배아로 발달하게 되고, 곧 이어 완전한 개체를 형성하게 된다. 이와 같은 과정은 암컷 포유류의 자궁처럼 몸 안에서 일어나거나, 새의 알과 같이 몸 밖에서 일어난다.

굴은 자웅동체 동물이다. 즉, 한 개체 안에 남성과 여성의 생식 기관이 모두 들어 있다.

자웅동체

대부분의 다세포 생물은 암수가 구별된다. 하지만 이에 대한 예외가 바로 자웅동체(hermaphrodites)이다. 지렁이와 일부 편형동물, 그리고 환형동물들은 남성과 여성의 생식 기관을 동시에 가지고 있다. 이들은 수정란을 만들기 위해 정자와 난자를 모두 생산할 수 있지만, 자가 수정을 하지는 않는다. 대신 그들은 효율적인 수정을 위해 생식 기관을 적절하게 이용한다. 예를 들어 일부 굴은 수컷으로 태어나지만 훗날 암컷으로 발달할 수 있고, 다른 일부 굴들은 죽을 때까지 암수를 지속적으로 바꾸기도 한다. 대부분의 식물은 자웅동체로 수술(남성 기관)과 암술(여성 기관)을 모두 가지고 있는 경우가 많다.

수정이 일어나는 장소

정자와 난자가 결합하는 것을 수정fertilization이라고 하며, 이는 암컷의 몸 안이나 밖에서 일어난다. 굴이나 대부분의 어류는 이 과정이 암컷의 몸 밖에서 일어난다.

　수정이 몸 밖에서 일어나는 것을 체외 수정이라고 한다. 물속에 사는 대부분의 수중 생물들은 이 방식을 통해 수정한다. 이때 정자와 난자는 물속에 배출되고, 정자들이 난자를 향해 헤엄치게 된다. 육지 동물은 흔히 체내 수정을 하는데, 생식 세포들이 암컷의 몸속에서 결합하게 된다. 식물은 체외 수정과 체내 수정이 모두 가능하다.

어미 소가 송아지에게 젖을 먹이고 있다. 포유류의 경우, 자손의 신체는 매우 약한 상태로 태어나기 때문에 부모가 일정 기간 동안 돌봐야 한다.

　동물의 경우, 체외 수정에 적응한 몇 가지 형태들이 나타난다. 수컷은 가능한 한 난자와 가까운 곳에서 정자를 방출할 수 있는 생식 기관이 필요하다. 포유류를 비롯한 척추동물에는 음경이라고 하는 돌출된 생식 기관이 있다. 혈액이 음경에 유입되어 음경이 단단해지고 암컷의 몸속에 삽입되어 성교가 진행되는 동안 정자를 포함하고 있는 정액을 배출하게 된다.

　암컷은 수컷의 생식 기관에 대해 상보적인 관형태의 질이라는 생식 기관을 가지고 있다. 질은 정자가 난자를 향해 헤엄칠 수 있도록 수분이 있는 환경을 제공하지만, 난자는 질이나 질과 연결된 자궁에 있는 것이 아니다. 수정란은 나팔관, 또는 수란관이라고 하는 길을 따라 난소에서 자궁으로 이동하게 된다. 수정은 흔히 두 수란관 중 한 곳에서 일어난다.

호흡과 섭취

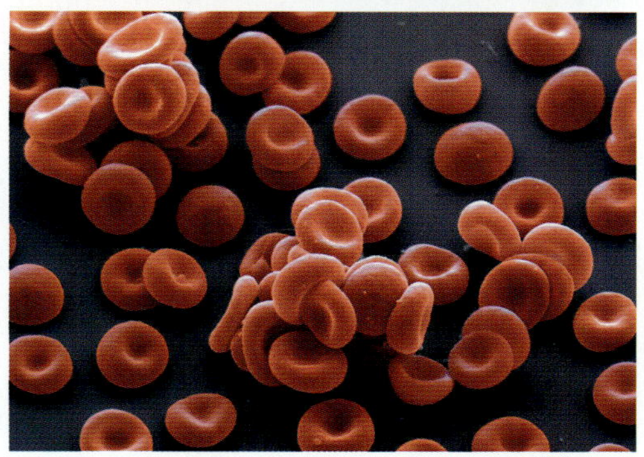

왼쪽 대서양 병코돌고래가 수면 밖으로 나와 있다.
위 뱀이 허물을 벗고 있다.
아래 적혈구
돌고래와 같은 수중 생물의 호흡은 독특한 생리학적 기능을 가지고 있다. 동물이 허물을 벗는 현상을 탈피라고 한다. 이는 뱀의 생리학적 기능 중 하나이다. 적혈구를 통해 산소를 운반하는 것도 동물들이 보이는 생리학적 기능 중 하나이다.

다세포 생명체의 구조는 매우 흥미롭지만, 각 부위의 기능은 이보다 더 놀랍다. 생리학physiology은 조직과 기관을 사용하는 방식을 연구한다. 즉, 기관계를 통해 호흡하고, 음식을 섭취하고, 성장하고, 생식하고, 노폐물을 배출하고, 질병과 싸우는 방식과 이런 활동을 조절하는 방식 등에 대해 연구한다.

일부 생명체들은 그들만의 독특한 생리학적 기능들을 가지고 있다. 식물을 비롯하여 몇몇 미생물들만이 햇빛을 통해 광합성을 한다. 또 포유류 같은 생물들만이 암컷 몸에서 수정을 일으키는 성교를 한다. 그리고 털이나 외골격 등을 주기적으로 교체하는 동물들도 많다. 생물 중에는 겨울 동안에 잠을 자는 비활동적인 동면 상태에 들어가는 것들도 많다. 이런 특성은 또 생명체에 따라 여러 방식으로 나타난다. 포유류는 헤모글로빈이라는 분자를 통해 혈중 산소를 운반하는 반면, 곤충들은 혈림프hemolymph라는 분자를 통해 이와 같은 기능을 수행한다. 그리고 인간은 1개의 위에서 음식물을 소화시키지만, 소는 4개의 위가 있다. 생리학은 매우 다양하지만, 살아 있는 생물에서만 관찰할 수 있다. 생물학자는 죽은 개구리를 이용하여 해부학을 연구를 할 수 있지만, 생리학은 살아 있는 생명체를 통해서만 연구할 수 있다.

태양 전지를 가진 생명체들

생물권을 분류할 때 가장 중요한 구분 기준은 아마도 생명체가 스스로 영양분을 생산할 수 있는가 없는가일 것이다. 광합성을 통해 스스로 영양분을 생산할 수 있는 생물을 독립 영양 생물이라고 하며, 식물, 조류와 일부 세균들이 여기에 해당된다. 독립 영양 생물들의 삶의 방식은 일반적으로 먹이를 찾아다녀야 하는 생명체들보다 더 단순하다. 그들은 소화 기관이나 팔과 다리 그리고 코나 이빨을 필요로 하지 않는다. 하지만 이들에게도 영양분을 얻는 것은 매우 복잡한 작업이다.

원료 식물은 엽록소라는 초록색 색소를 통해 광합성을 한다. 이 색소는 햇빛이 비칠 때, 태양 에너지를 흡수하는 성질이 있다. 식물에서 엽록소는 잎의 세포에 있는 세포 소기관인 엽록체 속에 있다.

잎이 초록색으로 보이는 것은 엽록소 때문이다. 가을이 되어 낙엽수 잎이 엽록소 생산을 중단하면, 그 밑에 있던 숨겨져 있던 붉은색과 노란색이 드러나게 된다.

식물의 잎은 햇빛을 이용해 영양분을 생산하는 일종의 공장이다. 이 때문에 잎은 공장처럼 원료들을 지속적으로 공급받아야 한다. 광합성에 필요한 원료들은 이산화 탄소와 물이다. 공기 중에 있는 이산화 탄소는 기공을 통해 잎 안으로 흡수된다. 토양에 있는 물은 뿌리에서 흡수되어 물관부 xylem라는 특수한 조직을 통해 줄기를 타고 위로 올라오게 된다.

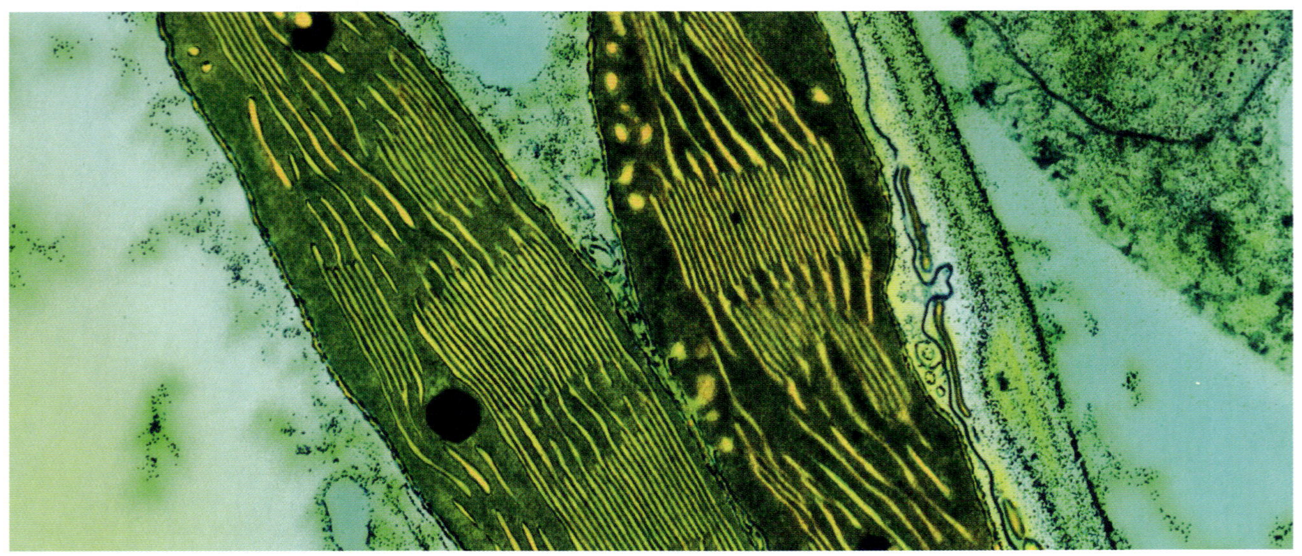

위 녹조류
아래 엽록체
식물과 조류는 엽록소를 통해 광합성 작용을 할 수 있다. 엽록소는 식물 세포의 엽록체 속에 있으며, 엽록소로 인해 식물이 초록색을 띤다.

끝까지 올라온 물은 각 잎에 퍼져 있는 수송관인 잎맥을 통해 잎 전체로 퍼진다.

생산 잎에 충분한 원료가 공급되면 광합성이 시작된다. 잎이 햇볕을 쬐게 되면 세포 내에 있는 엽록소가 빛 에너지를 흡수한다. 빛 에너지는 물 분자를 수소와 산소 분자로 분해한다. 노폐물인 산소는 기공을 통해 밖으로 빠져나가게 된다. 수소는 이산화 탄소와 결합하여 식물의 기본 영양분인 단당류, 즉 포도당glucose을 합성한다. 화학식 $C_6H_{12}O_6$를 보면 포도당이 6개의 탄소 원자와 12개의 수소 원자와 6개의 산소 원자로 구성되어 있다는 것을 알 수 있다.

광합성으로 만들어진 포도당은 체관부phloem를 통해 식물 전체로 퍼져나간다. 포도당은 연소되어 식물 활동에 쓰이거나, 지방 및 녹말로 전

꿀이 들어있는 벌집. 일벌은 식물로부터 꿀의 형태로 있는 당분을 수집한 후, 이를 벌꿀로 만든다. 벌들은 다음 수확기까지 벌집에 벌꿀을 저장한다.

환된다. 또 포도당은 여러 무기질과 결합하여 단백질, 비타민과 같은 주요 물질을 형성하기도 한다. 여기서 무기질은 뿌리에서 흡수한 물에 용해되어 있는 것들을 의미한다.

광합성의 유용성 광합성으로 만들어진 영양분은 식물이 생존하는 데 근간을 이룰 뿐만 아니라, 그 외 거의 모든 생명체들의 생존에도 매우 중요하다. 포도당은 광합성을 통해 만들어지는 매우 중요한 영양분 중 하나로, 식물은 포도당을 이용하여, 녹말과 같은 복잡한 탄수화물에서 세포의 기본 구성 단위인 단백질까지 다른 여러 가지 영양분을 합성한다. 영양학적인 측면에서 초식 동물이나 초식 동물을 사냥하는 육식 동물들은 결국 식물에 의존하는 셈이다.

광합성이 지구 생태계에 유익한 점은 하나 더 있다. 광합성이 일어나는 동안 노폐물인 산소가 지속적으로 공기 중에 배출된다. 그러나 산소는 유기 호흡을 하는 동물과 식물 모두의 물질 대사에 매우 중요하다. 생명에 꼭 필요한 산소를 자연에 끊임없이 공급하는 것이 바로 광합성의 역할이다.

파리지옥은 곤충을 잡아먹어 질소를 섭취하는 식물이다.

식충 식물들

대부분의 식물은 사냥감을 유인하고 잡아먹지 않는다. 하지만 영양분이 충분하지 않은 환경에 사는 식물들은 육식성을 갖도록 진화하게 되었다. 그 중 한 예로는 파리지옥(venus flytrap)을 들 수 있다. 이 식물은 키가 약 30 cm이며, 습지대에 번성한다. 습지대에는 질소가 충분하지 않기 때문에, 파리지옥은 잎을 통해 곤충을 포획하고 소화시킴으로써 질소를 섭취한다.

파리지옥의 하얀 꽃은 뻣뻣한 털이 나있는, 접히는 두 개의 잎자루와 곤충을 유혹하는 끈끈한 물질을 담고 있는 꼬투리로 구성되어 있다. 곤충이 아무런 의심 없이 이 아름다운 식물 위에 오르게 되면 끈끈한 잎에 갇히게 된다. 식물은 잎샘에 있는 액체를 분비하여 곤충의 부드러운 부분을 소화시킨다. 이후 식물이 영양분을 섭취하는 동안 잎은 다시 열린다. 끈끈이주걱과 낭상엽 식물 등과 같은 식충 식물들도 마찬가지로 곤충을 유인하고 포획하는 잎이 있다.

산소의 획득

여러 동물과 식물을 포함하는 유기 호흡 생명체들은 산소를 필요로 한다. 산소는 몸이 섭취한 영양분과 반응하여 생물학적 활동에 필요한 에너지를 방출하고, 이산화 탄소를 노폐물로 배출한다. 대기 중 산소는 21 %를 차지할 정도로 풍부하고 물속에 용해된 산소도 많다. 그러나 육상 생물이나 수중 생물이 모두 봉착하는 난점은 주위로부터 산소를 받아들이고 이산화 탄소를 내보내는 것이다.

일부 생물체들은 체표면에 있는 작은 구멍을 통해 산소를 받아들이는데, 이는 식물에서 기공으로, 곤충에서는 기문spiracles으로 나타난다. 척추동물은 보다 복잡한 메커니즘을 통해 산소를 받아들이는데, 육지 동물에서는 폐로, 수중 동물에서는 아가미로 나타난다.

폐 파충류나 새, 포유류와 같은 육지 척추동물들은 폐lungs라는 기관을 통해 산소를 받아들인다. 이는 호흡이라는 근육 운동을 통해 규칙적으로 공기를 폐 안으로 끌어들인다흡기. 포유류의 경우, 호흡은 폐 밑에 있는 횡격막이라는 근육으로된 막에서 시작한다. 횡격막은 늑골로 둘러싸인 흉곽과 연결되어 있는데 흉강에는 심장과 폐가 있으며, 복강에는 위와 내장이 있다.

뇌에서 오는 정기적인 신호에 의해 횡격막은 수축하여 납작해지고, 갈비뼈는 바깥으로 벌어진다. 이로 인해 흉강이 넓어지고 폐의 부피가 커지면서 약간의 진공이 발생한다. 그로 인해 폐의 내부는 외부 대기보다 기압이 낮아지는데, 이 기압차가 공기를 폐로 끌어들이게 된다. 공기는 코와 입을 통해 몸 안으로 유입되며 인두와 호흡관을 따라 들어와 폐를 채운다. 그 후 횡격막은 이완되면서 흉강은 작아지고 공기는 몸 밖으로 다시 나오게 된다.

코와 입을 통해 내쉰 공기는 들이 마셨던 공기와 성분이 다르다. 들이 마신 공기에는 산소가 풍부한 반면, 내쉰 공기에는 산소가 적고 이산화 탄소가 많

위 조깅하는 사람이 숨을 가쁘게 쉬고 있다.
아래 기공(짙은 녹색)
동물과 식물은 생존에 산소가 필요하다. 사람이 격렬한 활동을 할 때, 몸에서 필요로 하는 산소의 양이 증가하기 때문에 폐는 더 바쁘게 움직인다. 식물의 경우 산소는 기공을 통해 출입한다.

다. 기체 교환은 폐 안에 있는 수백만 개의 공기 주머니 폐포alveoli에서
일어난다. 각 폐포에는 얇고 습한 벽이 있고, 여기에는 폐 모세 혈관이라
는 미세한 혈관들이 분포해 있다. 폐포벽은 매우 얇기 때문에, 분자들이
쉽게 드나들 수 있다. 온몸을 돌고 온 혈액이 폐 모세 혈관에 흐르면, 혈
액은 이산화 탄소를 배출하고 산소를 얻는다. 이 혈액은 산소를 온몸으
로 운반하게 된다.

아가미 수중 척추동물인 어류는 머리 양쪽에 있는 호흡 기관인 아가미
gills를 통해 산소를 받아들인다. 산소가 용해되어 있는 물은 물고기의 입
안으로 들어가 인두를 지난 후 유선 형태를 가진 아가미를 통해 배출된
다. 아가미에는 새엽鰓葉이라는 곡선 형태의 실이 있다. 물이 아가미 새
엽을 지나면 물속의 산소는 해리되어 모세 혈관으로 들어간다. 동시에
이산화 탄소는 모세 혈관에서 분해되어 물속으로 들어간다. 대부분의 갑
각류를 비롯한 기타 수중 생물들도 아가미가 있다. 양서류는 성장한 후
육지에 살면서 폐를 통해 호흡을 하지만, 발생 초기의 수중 단계에 있을
때는 아가미를 통해 호흡한다.

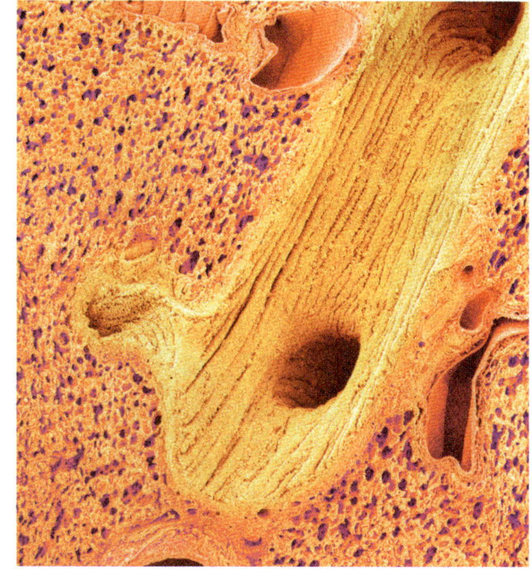

위 지느러미 앞쪽으로 상어의 아가미가 있다.
아래 폐 속에 있는 세기관지(노란색)와 폐포(분홍색)
물속에 사는 생물들은 아가미로 호흡하고, 육지에 사는 생물들
은 폐로 호흡한다. 상어는 대부분의 어류와 달리, 아가미를 가리
는 아가미 덮개가 없기 때문에 아가미 틈이 겉으로 드러나 있
다. 폐 속에서 세기관지는 공기를 기체 교환이 일어나는 폐포로
운반한다.

음식물 소화

음식을 섭취하는 모든 생명체는 음식물을 세포가 사용할 수 있는 간단한 분자로 분해하는 소화 과정을 거친다. 보통 동물의 경우 음식은 입을 통해 몸 안으로 들어가지만, 이는 소화 과정의 시작에 불과하다. 그 후에는 여러 기관들이 복잡한 소화 과정을 분담한다.

음식물 씹기 단단한 음식물의 경우, 소화 작용의 첫 단계는 음식을 씹어서 잘게 부수는 것이다. 흰개미, 메뚜기, 딱정벌레와 같은 씹는 입 곤충들은 입 주변에 있는 큰턱을 이용해 단단한 음식을 찢거나 씹는다. 하지만 액체 상태의 음식을 섭취하는 데에 적응한 곤충들은 바늘 모양의 찌르는 입을 통해 영양분을 얻는다. 예를 들어 나비는 이러한 입 모양으로 꿀을, 빈대는 피를 빨아 들인다.

많은 동물들은 입 속에 있는 뼈와 같은 구조체인 이빨을 통해 음식을 씹는다. 하지만 조류와 같은 동물들은 모래주머니gizzard라는 근육 기관을 이용하여 음식물을 잘게 부순다.

화학 물질 효소와 다른 여러 화학 물질도 소화 과정에 매우 중요하다. 효소는 촉매의 일종으로 자신은 변하지 않으면서 화학 반응을 촉진시키는 물질이다. 효소는 입에서부터 사용되는데, 많은 동물들은 입에서 침이라는 투명하고 끈적끈적한 액체를 분비한다. 인간을 비롯한 여러 동물들의 침에는 프티알린ptyalin이나 아밀라아제amylase라는 효소가 들어 있다. 이 효소는 복잡한 형태의 녹말을 간단한 당분으로 분해한다. 이빨로 씹는 운동은 음식을 기계적으로 소화시키며, 침은 음식과 섞여 화학적 분해를 촉진한다.

척추동물의 경우 음식은 식도를 통해 위로 이동한다. 위에서는 입에 비해 더 많은 효소들이 소화에 관여한다. 주머니 모양을 한 위에서는 위액을 분비하며 강한 연동 운동으로 위액이 음식과 골고루 섞이도록 한다. 위액에는 펩신pepsin이라는 효소가 들어 있는데, 이는 단백질을 폴리펩티드라는 작은 분자들로 분해한다. 위액에는 또 염산이 포함되어 음식

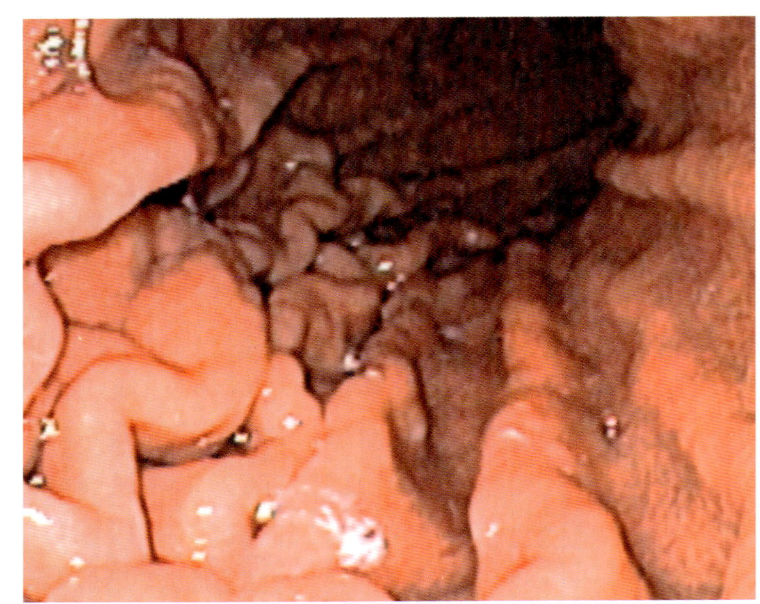

위 방목 중인 양
아래 위의 아랫부분(인간)
양과 같은 반추 동물의 위는 4개이다. 이에 비해 인간의 위는 단 1개이다.

물에 들어 있는 여러 미생물을 죽이고, 단백질의 소화를 돕는다. 염산 hydrochloric acid은 강산성 물질이기 때문에 위를 손상시킬 수 있으므로 이를 방지하기 위해 위는 여러 방법을 이용한다. 이중 가장 중요한 것은 위벽에 알칼리성 염기성 점액질로 둘러싸 염산을 중화시키는 것이다.

위에서 소화된 음식물이 소장으로 이동하면 더 많은 화학 물질이 소화 과정에 참여한다. 여기서는 여러 개의 기관이 협력한다. 먼저 간은 일종의 세제와 같은 물질인 쓸개즙을 분비하여 거대한 지방 덩어리를 작은 방울로 유화시킨다. 이자는 탄산수소 나트륨과 다양한 효소가 들어 있는 이자액을 분비한다. 이자액 속의 아밀라아제는 녹말을, 리파아제는 지방을, 프로테아제는 단백질을 각각 분해한다. 소장의 벽에서도 소화를 돕는 장액을 분비한다. 완전히 소화된 영양분은 소장 벽에 있는 혈관과 림프관을 통해 흡수되고 순환계로 들어간다.

미생물 몸집이 큰 생명체 안에서 미생물이 음식의 소화를 돕는 경우도 흔히 볼 수 있다. 서로 다른 두 종이 밀접한 관련을 맺으면서 살아가는 이런 관계를 가리켜 공생symbiosis이라고 한다. 인간의 소장에 있는 세균

사슴벌레를 비롯하여, 큰턱을 가진 씹는 입 곤충은 돌출된 어금니를 통해 음식을 잡고 있거나 무는 데에 사용한다. 수컷은 어금니를 무기로 사용하기도 한다. 큰턱은 다양한 무척추 동물에서 나타난다.

은 소화를 돕고, 대장에 있는 세균은 노폐물을 생성하는 과정을 돕는다. 소나 양, 사슴과 같은 반추 동물의 경우, 식물의 섬유소를 소화시키는 데는 4개로 이루어진 복잡한 위에 공생하는 미생물의 역할이 크다.

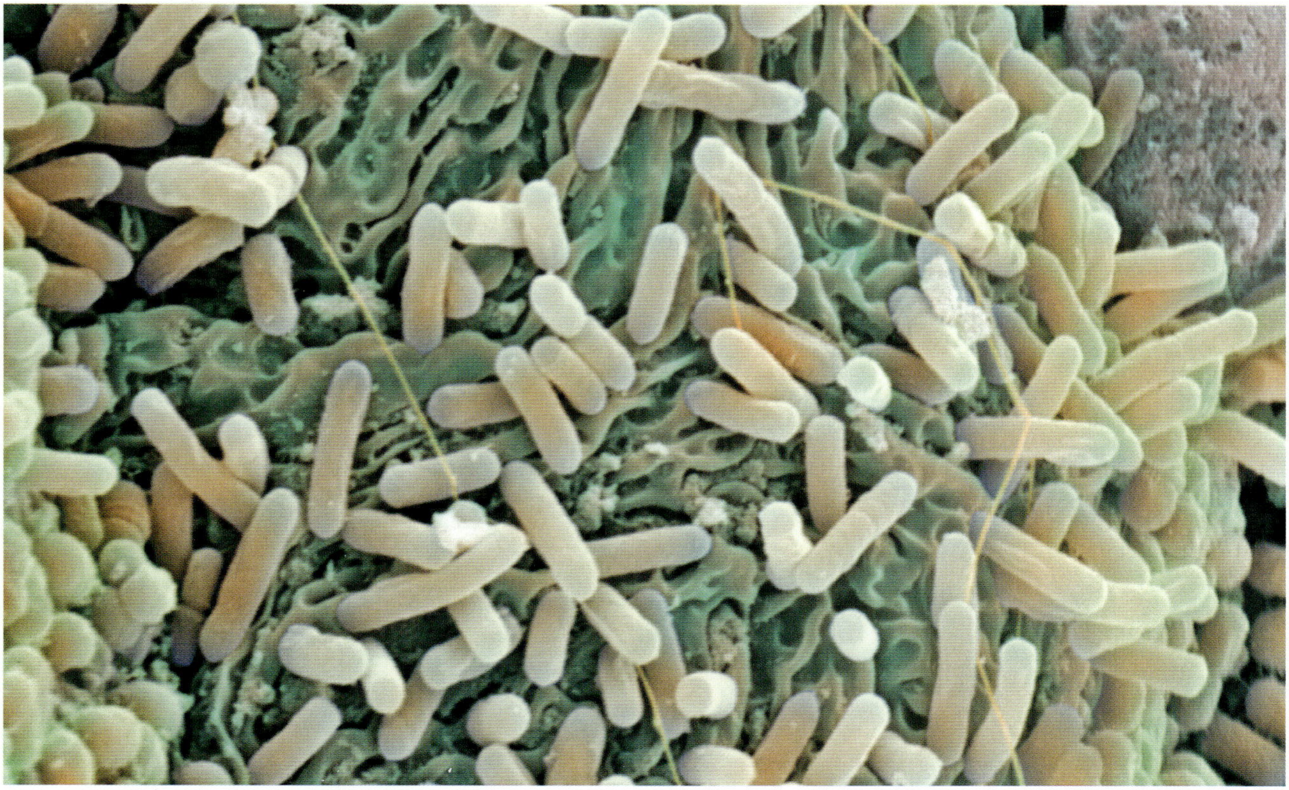

쥐의 위에 있는 대장균. 대장균은 인간을 비롯한 여러 동물의 소화계에 산다. 하지만 대부분의 대장균은 몸에 무해하다.

몸속 구석구석까지

생명체의 몸속에서 일어나는 여러 과정 중 일부는 끊임없이 일어나는 반면, 일시적으로 활동을 중단되는 것들도 있다. 예를 들어 인간이 호흡을 몇 분 이상 멈추게 되면 죽음을 피할 수 없다. 하지만 며칠 동안 식사를 중단해도 배가 고픈 고통을 겪을 뿐이다. 이런 맥락에서 영양분이나 산소와 같은 주요 물질을 온몸에 퍼트리는 순환은 음식을 섭취하는 행위라기보다는 호흡에 더 가깝다. 물질의 순환이 멈추게 되면 생명체는 결국 죽기 때문이다. 순환은 또 몸에 있는 모든 조직에 도달해야 하며, 그렇지 않은 조직은 곧 죽게 된다.

생명체에 따라 순환은 여러 방식으로 나타난다. 식물은 물관부와 체관부를 통해 중요한 물질을 체내에 퍼트린다. 곤충과 같은 무척추동물의 순환계는 개방 혈관계로 혈액이 혈관 속에 흐르는 것이 아니라 개방강에 들어 있다. 반면 지렁

이와 같은 동물은 피가 혈관 속에 흐르는 폐쇄 혈관계이지만 심장이 없다. 대신 혈관이 수축하여 혈액이 흐르게 된다. 이에 비해 척추동물은 심장이 순환의 시작점이다. 혈액이 지속적으로 흐르는 것은 심장이 수축하면서 펌프와 같은 역할을 하기 때문이다. 심장의 박동음은 지속적인 펌프질로 인해 발생하는 것이다.

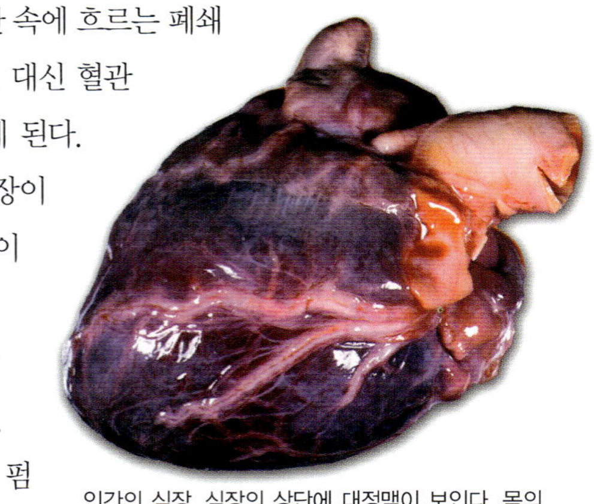

인간의 심장. 심장의 상단에 대정맥이 보인다. 몸의 조직에서 되돌아온 혈액은 이를 통해 심장으로 유입된다.

심장 심장 heart은 뇌의 신호에 반응하여 박동한다. 예를 들어 동물이 놀라면 도망치기 위해 다리에 더 많은 산소가 필요하기 때문에 심장 박동은 빨라지고, 동물이 잠들면 박동이 느려진다. 심장 박동음은 심장의 근섬유가 수축과 이완의 2단계 활동을 할 때 발생한다. 심장은 이완되면서 순환을 마치고 돌아오는 혈액을 받아들인다. 그리고 수축하면서 혈액을 온몸으로 내보낸다.

심장은 심방이라는 부위를 통해 혈액을 받는다. 심방 atria은 심장 위쪽에 있는 방으로 왼쪽과 오른쪽에 각각 1개씩 있다. 아래에도 두 개의 방이 양쪽에 각각 한 개씩 있는데, 혈액은 이 부위를 통해 밖으로 내보낸다. 이 부위가 심실 ventricle이다. 각 심방과 심실 사이에는 판막이 있는데, 심장에서 혈액이 섞이는 것을 방지하는 역할을 한다. 각 심실이 수축하면 판막이 열리면서 혈액을 심장 밖으로 내보내지만, 판막이

위 금련화 잎의 물관부와 체관부
아래 지렁이는 심장이 없는 동물이다.

닫히면 혈액이 다시 심방으로 유입되지 못한다. 심장이 다시 확장하면 판막이 열리면서 혈액이 심방에서 심실로 이동하게 된다.

인간의 심장에는 서로 인접한 두 개의 심실이 있다. 이중 좌심실은 더 강한 힘을 낼 수 있으며, 산소가 풍부한 동맥혈을 폐로부터 받는다. 그리고 이 혈액을 몸의 여러 장기와 조직에 공급되도록 방출한다. 우심실은 좌심실보다 힘이 약하며 산소가 적은 정맥혈을 몸의 조직으로부터 받은 다음 이 혈액이 산소를 공급받을 수 있도록 폐로 내보낸다.

혈관 혈액은 동맥arteries을 통해 심장 밖으로 흐르게 된다. 동맥 중에서 가장 길고 굵은 것이 대동맥aorta이다. 대동맥은 좌심실에서 시작하여 몸 속 구석구석까지 연결되어 온몸에 산소를 전달하게 된다. 몸에 있는 조직은 동맥혈로부터 산소를 받고, 정맥veins을 통해 산소가 적은 혈액은 되돌려 보낸다. 산소가 풍부한 혈액은 혈중에 있는 산소 때문에 밝은 빨간색을 띤다. 반면 산소가 부족한 피는 산소가 적기 때문에 적갈색을 띤다. 동맥에 산소가 적은 혈액이 흐르고 정맥에 산소가 풍부한 혈액이 흐르는 경우도 있는데, 이는 정맥혈이 폐동맥을 통해 심장에서 폐로 이동하고, 동맥혈이 폐정맥을 통해 폐에서 심장으로 이동하는 순환을 할 때이다.

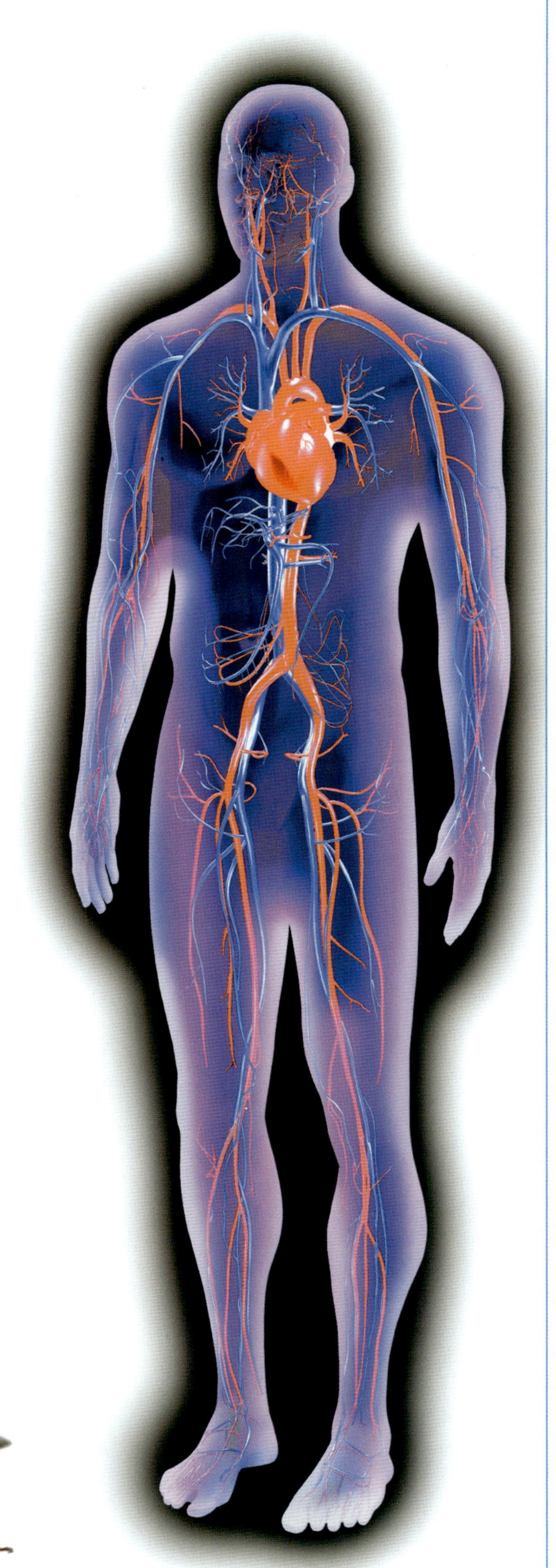

인간의 순환계를 컴퓨터로 나타낸 그림. 몸의 주요 동맥(빨간색)과 정맥(파란색)은 심장을 시작으로 온몸에 퍼져 있다. 대동맥은 산소를 심장에서 몸의 조직으로 보내고, 정맥은 산소가 적은 혈액을 다시 심장으로 보낸다.

곤충의 피

곤충을 손으로 잡아본 적이 있다면 피가 빨간색이 아니라는 것을 알 수 있다. 곤충과 같은 무척추동물의 몸에도 피가 흘러 보통은 초록색이거나 노란색을 띠거나, 색이 없는 경우도 있지만 빨간색을 띠는 경우는 없다. 이는 혈액이 산소를 세포로 운반하는 기능을 수행하지 않기 때문이다. 곤충은 혈액 대신에 몸 옆에 있는 기문이라는 호흡관을 통해 산소를 받아들인다. 게다가 포유류와는 달리 혈액이 혈관을 통해 순환하지 않는다. 이 때문에 개방 혈관계를 가진 곤충의 내부 장기는 마치 혈액 속에 떠 있는 것처럼 존재한다.

벌과 같은 곤충들의 혈액은 빨간색을 띠지 않으며 혈액 순환도 혈관을 통해 일어나지 않는다.

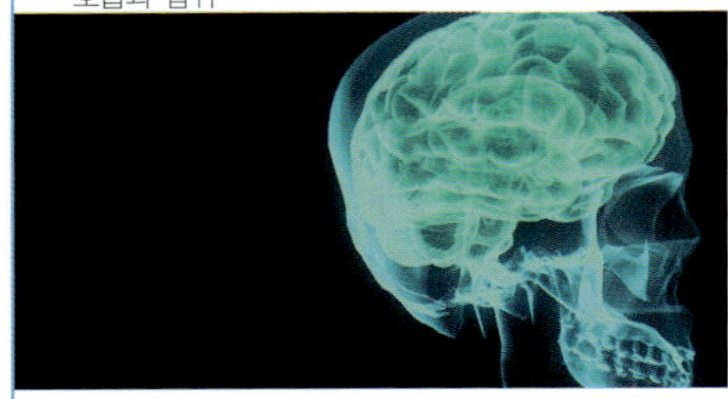

질서의 유지

일부 생명체들의 구조는 매우 단순하기 때문에 정교한 통제 체계가 필요 없지만, 척추동물과 더불어 복잡한 구조를 가진 무척추동물에게 이는 매우 중요하다. 이런 동물에서 통제 체계는 호흡과 심장 박동을 조절하고, 주요 체계의 기관들의 상호 작용을 관장하고, 전진 운동을 하도록 다리를 움직이고, 감각을 인식하며, 위협에 대해 대응하고, 체온을 일정하게 유지하는 등 다양한 활동을 가능하게 한다. 척추동물의 경우, 뇌가 1차적인 통제를 담당한다. 뇌는 몸에 있는 화학적 전달자인 호르몬hormones을 분비하는 선으로 구성된 내분비계와, 신경이 서로 얽혀 망을 형성한 신경계를 통해 몸을 통제한다.

뇌의 구조 인간의 뇌는 크게 뇌 무게의 85 %를 차지하는 대뇌와, 대뇌 뒷부분 밑에 위치한 소뇌, 그리고 뇌와 척수를 연결하는 뇌간으로 나눌 수 있다. 대뇌cerebrum는 사고, 기억 그리고 감각 정보의 통합과 해독을 담당한다. 소뇌cerebellum는 평형 감각, 자세, 운동 기능을 관장한다. 뇌간brain stem은 호흡, 심장 박동과 같은 기본적인 주요 기능을 통제한다. 뇌간은 또 척수와 연결되어 있어 뇌를 나머지 신경계와 연결하는 역할도 수행한다. 뇌는 여러 경로를 통해 특정한 신체 부위와 직접적으로 연결되기도 한다. 예를 들어 뇌와 눈은 두 개의 시신경을 통해 연결되어 있다.

일부 척추동물 중에는 인간과 뇌 구조가 유사한 것들도 있지만, 인간의 뇌는 다른 동물에 비해 매우 발달했다. 인간은 다른 동물에 비해 복잡한 뇌를 가졌기 때문에 지적 용량이 더 크다.

뇌의 작동 원리 뇌는 신경계로부터 받은 신호를 해독하고 명령을 내리는 역할을 한다. 신호를 제대로 해독하기 위해서는, 뇌의 적절한 부위에 신호가 전달되어야 한다. 예를 들어 자동차가 사람을 향해 돌진할 때, 시각 정보는 인간의 눈에 포착되고 시신경을 통해 대뇌의 시각령에 도달하여야 한다. 뇌에 있는 뉴런은 정보를 분석하고 해독하여 적절한 신호를 생성한다. 이 경우에는 "이 자리를 벗어나라"와

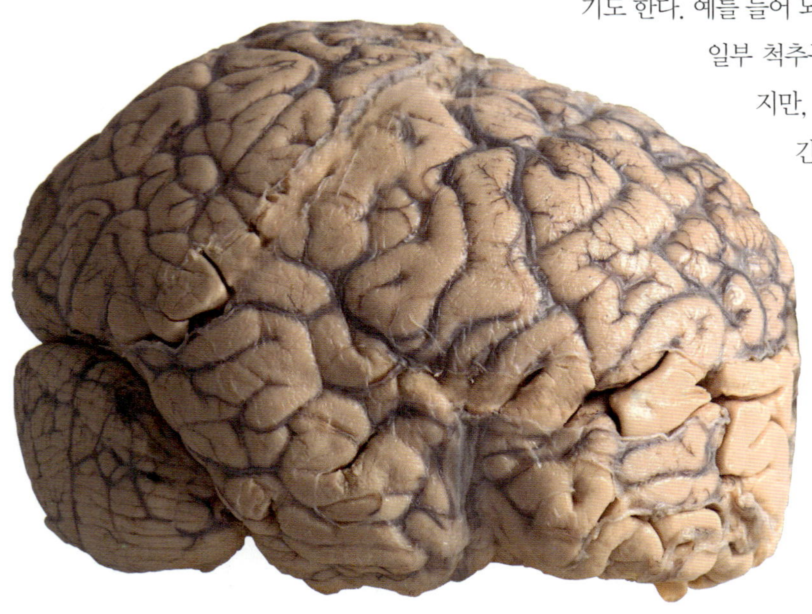

위 인간의 뇌를 찍은 X선 사진
아래 인간의 뇌
척추동물의 경우, 뇌는 몸의 1차적 통제 기관이다. 여기서 대뇌는 정신적 작용을 관장한다.

홀로 떨어진 야생 동물이 배고픈 사자에게 쫓기고 있다. 여러 동물에는 부신이라는 내분비선이 있는데, 아드레날린(에피네프린)이나 노르아드레날린(노르에피네프린)이라는 스트레스 호르몬을 분비한다. 이 호르몬은 포식자로부터 도망치는 등의 스트레스에 대해 몸을 준비시킨다. 뇌가 부신에 신호를 보내면, 부신은 호르몬을 분비시켜 심장 박동수, 호흡 그리고 근육 내에서 영양분이 에너지로 전환되는 작업의 속도를 빠르게 한다.

같은 신호가 될 것이다. 이 신호는 몸의 다른 부위에 지시를 전달하는 운동 뉴런을 통해 이동한다. 이 경우에 명령은 다리 근육으로 이동하여 인간이 즉시 자리를 피할 수 있게 한다.

뇌는 또 부신에 신호를 보내어 아드레날린이나 노르아드레날린과 같은 호르몬을 분비하도록 한다. 이 호르몬은 심장 박동수를 증가시키고, 호흡과 근력을 증가시켜 다리 근육이 신속하게 대응하도록 한다.

정보의 전달 신경 사이에 전달되는 신호를 신경 자극nerve impulse이라고 한다. 각 신경 자극에는 전기 및 화학 작용이 포함된다.

신경 자극은 신경 세포뉴런에서 전기 신호가 화학적 전달자의 역할을 하는 분자인 신경 전달 물질이 방출되도록 하면서 발생한다. 분비된 신경 전달 물질은 뉴런 사이에 있는 공간인 시냅스synapse를 건너 다른 뉴런 표면에 있는 수용체에 붙는다. 신경 전달 물

질을 받은 뉴런은 새로운 신경 자극을 생산하거나 억제한다. 신경 전달 물질에 들어 있는 정보에 의해 신경 자극은 여러 개의 뉴런으로 구성된 신경을 타고 이동하거나 차단된다.

개들이 싸우고 있다. '맞서거나 도망치는' 것 중 하나를 선택해야 하는 상황에 대처하여 몸을 준비시키는 스트레스 호르몬은 동물이 도망쳐야 할 때만 분비되는 것이 아니라, 그림에 나타난 강아지들처럼 싸워야 하는 상황에서도 분비된다.

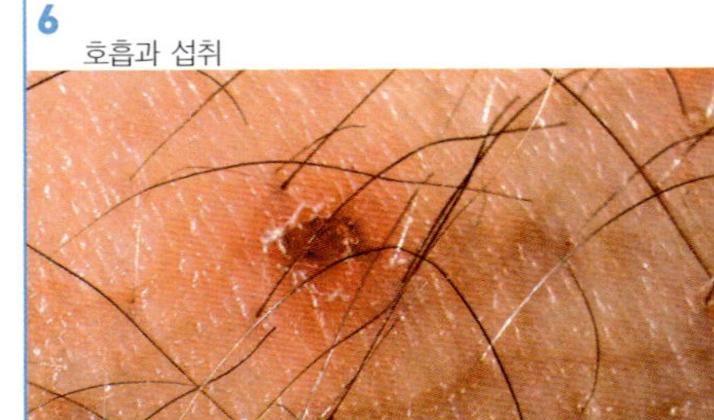

침입자와의 싸움

외부 침입에 대해 스스로를 방어하는 것은 모든 생명체가 수행해야 하는 작업 중 하나이다. 단세포 동물이든 다세포 동물이든, 광합성을 하든 하지 않든, 생명체들은 감염되지 않도록 미생물의 공격으로부터 스스로를 보호해야 한다. 다세포 생물을 감염시키는 세균조차 바이러스라는 미세입자의 공격에 대한 위험에 노출되어 있다. 생명체의 면역 체계는 자신과 다른 존재를 인식하여 침입자들을 제거한다. 침입자를 인식하면 면역 체계는 이를 파괴하거나 중화시킨다.

면역 체계 다세포 생물의 면역 체계는 생명체마다 복잡함에 차이가 있다. 식물 중에는 표피에 미끈미끈한 분비물을 분비하여 수분을 유지하고 미생물의 침입을 막는다. 식물의 열매에는 비타민 C와 바이오 플라보노이드가 풍부한데, 이들에는 항균성과 항바이러스성이 있다. 하지만 동물은 식물보다 더 다양하고 정교한 면역 방어 체계를 가진다.

인간을 비롯한 여러 동물의 면역 체계에서 중심적인 역할을 하는 것은 백혈구이다. 백혈구 leukocyte는 피의 구성 요소 중 하나로 일정한 모양이 없으며 색깔을 띠지 않는다. 백혈구는 침입한 미생물과 유해 물질을 식별하고 이에 저항하도록 특수하게 분화되어 있다. 그중 일부는 세균

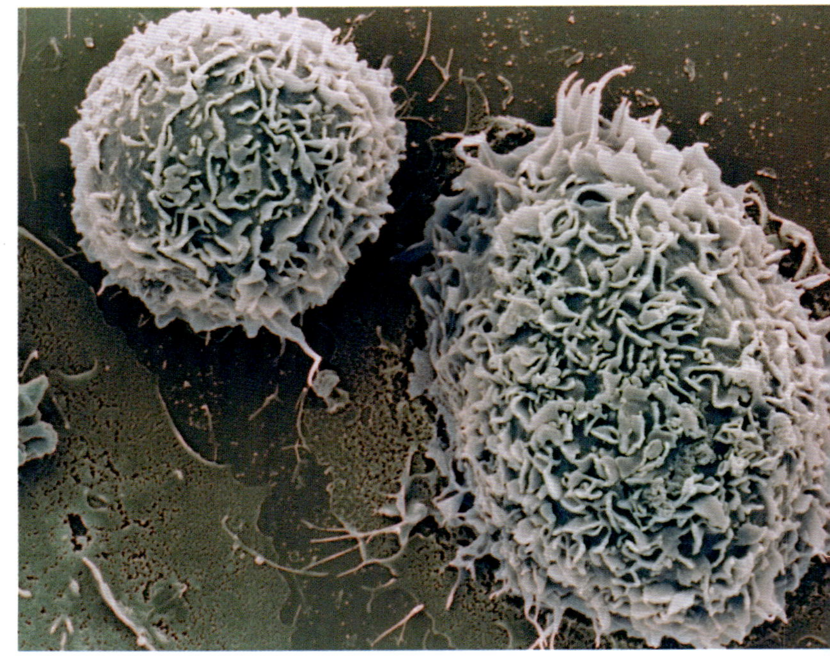

위 벌레에 물린 상처
아래 백혈구
벌레에게 물렸을 때와 같이, 몸에 외부 입자가 유입되면 염증과 같은 반응이 나타난다. 그 부위에 혈관이 확장되면서, 백혈구가 모여든다.

을 둘러싸고 분해하여 죽인다. 다른 백혈구들은 미생물 침입자를 무력화시키는 항체를 생산한다. 항체는 몸이 침입자로 인식하는 항원과 결합하여, 백혈구가 파괴할 수 있도록 함으로써 몸을 보호한다. 조직에서 혈관으로 조직액을 운반하는 림프관들이 얽혀 있는 림프계 또한 면역 체계에 매우 중요하다. 림프계에는 세균과 항원을 식별하여, 혈관에 침투하는 것을 막는 림프절이 있다. 림프절은 또 백혈구의 일종인 림프구를 생산한다. 편도, 비장, 흉선에도 림프 조직이 들어 있어 더 많은 림프구가 생산되어 몸이 항원과 벌이는 싸움을 돕는다.

면역 체계의 결점 몸의 면역 반응이 언제나 생명체에게 편안한 것은 아니다. 면역 반응은 조직에 상처, 감염, 흥분 등이 생길 때 염증으로 나타날 수 있다. 혈관은 더 많은 백혈구를 끌어들이기 위해 상처가 있는 곳의 혈관을 확장시켜 혈액의 유입량을 증가시킨다. 이 과정을 통해 침입자를 파괴할 수 있지만, 조직이 확장하여 감각 신경을 누르게 되면 수포, 두드러기, 열, 고통 등과 같은 현상이 나타나기도 한다.

면역 체계에 이상이 생기는 경우도 있다. 전신성 홍반성 루푸스와 같은 자기 면역 질환의 경우, 면역 체계는 자신의 조직을 항원으로 오인하고 공격하여 심각한 피해를 입힐 수 있다. 보통 알레르기는 면역 체계가 꽃가루나 먼지와 같이 무해한 외부 물질에 대해 과민 반응하여 재채기나 기침, 가려움증과 같은 불필요한 면역 반응을 보이는 것이다.

이외에도 면역 체계는 의학의 도움을 받아야 하는 경우도 있다. 일례로 백신을 들 수 있다. 몸이 특정한 세균이나 바이러스에 대한 항체를 생산하려면 미생물에 노출이 되어야 한다. 하지만 이에 노출되면 디프테리아나 소아마비와 같이 장애를 일으키는 질병이 발병할 위험이 있다. 특정한 질병을 예방하기 위해 제작된 백신은 죽었거나 독성이 약해진 미생물을 몸에 투입함으로써 질병이 발병하지 않고도 항체가 만들어지도록 유도한다. 이런 항체가 몸에 지속적으로 존재하게 되면, 그 질병에 대한 면역성을 얻게 되는 것이다.

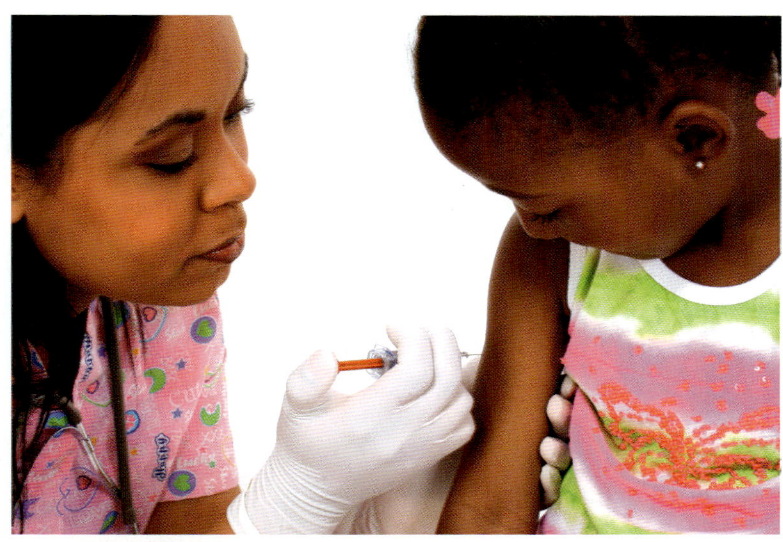

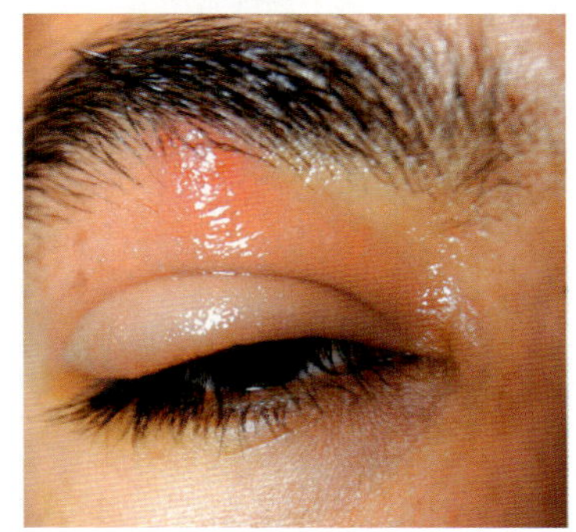

위 한 아이가 예방 접종을 받고 있다.
아래 눈꺼풀이 모기 교상에 대한 알레르기 반응으로 부어올랐다. 특정한 세균이나 바이러스에 대한 항체를 만드는 백신을 통해 면역 체계는 강화된다. 하지만 흔한 자극제에 대해 면역 체계가 과잉 반응을 보이는 것은 일종의 알레르기 반응이다.

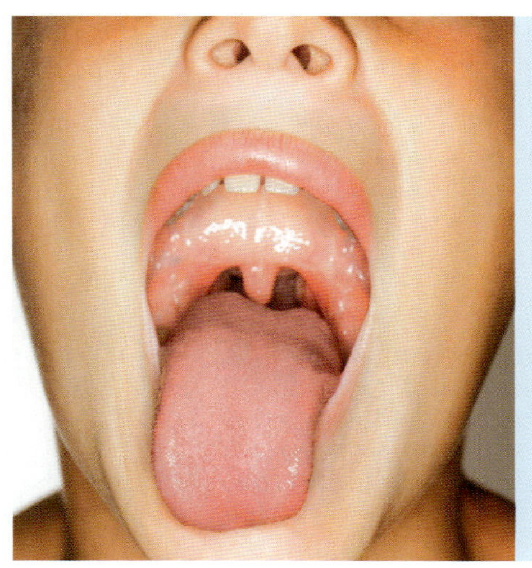

남자 아이가 편도를 보이고 있다. 편도염으로 편도는 부어오를 수 있다.

편도 과부하

편도는 목 뒤에 있는 림프 조직으로, 보통 편도선이라고 한다. 편도는 면역 체계의 일부로 몸을 감염으로부터 보호하지만, 그 한계는 분명히 있다.

상대적으로 더 진화한 유인원의 편도에는 공기 중에 있는 세균이나 바이러스와 같은 외부 침입자를 파괴하는 백혈구가 들어 있다. 사람의 경우, 편도에는 구개 근처에 있는 구개 편도와 인두 편도 그리고 혀뿌리에 있는 두 개의 혀편도가 있다. 하지만 감염으로부터 몸을 보호하는 편도가 편도염과 같은 질병에 의해 너무 심하게 부풀면 수술을 통해 제거해야 한다. 그 이유는 무엇일까? 이는 편도가 너무 많은 세균이나 바이러스에게 전복된 것이다. 컴퓨터와 마찬가지로 편도는 고장을 일으킬 수 있다.

감각과 운동

고양이가 쥐를 발견하면 쥐를 향해 달려든다. 고양이의 사냥에 성공 여부는 두 가지 변수에 따라 결정된다. 고양이가 쥐를 얼마나 빨리 발견하는가와 얼마나 빨리 달려드는가이다. 고양이의 눈은 쥐에 대한 위치 정보를 환경으로부터 얻는다. 고양이의 다리 근육은 이 정보를 토대로 행동을 취하는 것이다.

생명체는 여러 가지 방법으로 환경을 지각하고 그에 따라 움직인다. 히드라와 같이 크기가 작은 수중 생물은 표면에 감각 세포가 분포되어 있다. 단세포 생물 아메바의 경우, 세포막을 밀어 일종의 발과 같은 기관인 위족을 만들면 신체가 이를 따라 움직인다. 하지만 척추동물의 감각은 굉장히 복잡한 형태로 발달해 있다. 이들은 환경으로부터 훨씬 많은 정보를 얻을 수 있다. 척추동물의 근골격계는 근육이 골격에 붙어 있어 몸집이 큰 육지 동물들이 쉽게 움직일 수 있다.

감각 기관 감각은 신체 외부에 있는 세계에 대한 정보를 받는 외부 감각과, 신체 내부에 대한 정보를 얻는 내부 감각으로 나뉜다. 우리가 흔히 알고 있는 오감, 즉 시각, 청각, 후각, 미각, 촉각은 인간의 주요 외부 감각에 해당한다. 다른 동물들도 이런 감각을 가지고 있지만, 그 감각의 민감도에는 다소 차이가 있다. 예를 들어 개는 인간보다 후각이나 청각이 크게

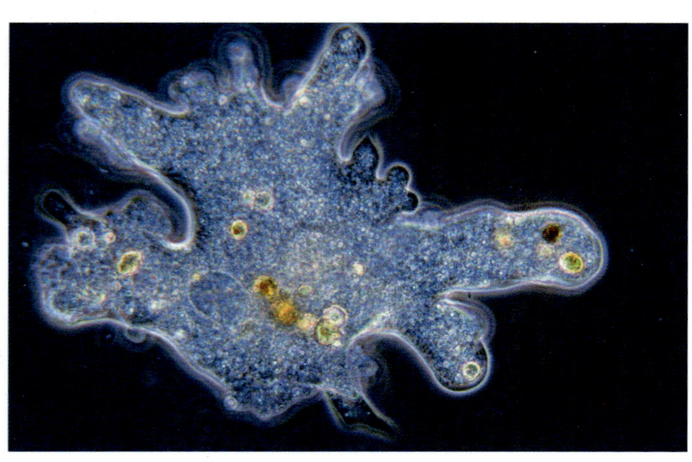

위 낚아채는 고양이
아래 왼쪽 아메바
고양이는 쥐를 잡기 위해서는 예리한 감각 기관과 강한 근육이 필요하며, 이 둘이 정교하게 연계되어야 한다. 단세포 생물의 경우에서도 운동은 생존에 필수이다. 아메바는 위족을 늘이면서 이동한다.

오른쪽 게르만 셰퍼드. 이 종은 사냥 본성을 가진 늑대를 오늘날 가축화한 것이다. 개의 청각과 후각은 인간보다 매우 뛰어나다. 개는 색을 구분하는 시각이 발달하지 않았지만, 운동을 감지하는 능력이 뛰어나며 어두운 환경에서도 물체를 잘 볼 수 있다.

발달했지만, 인간과 같은 색을 구별하는 시력이 발달하지 않았다. 일부 동물들은 인간에게 없는 외부 감각이 있다. 일부 조류와 곤충들은 지구의 자기장 방향을 감지할 수 있는 것으로 추정된다. 방울뱀은 얼굴에 있는 열감지 기관pit organ을 통해 온혈 동물의 체온을 감지함으로써 사냥감을 찾을 수 있다.

내부 감각은 배고픔, 목마름, 피로, 고통을 느낄 수 있게 하는 기관이다. 내부 감각은 소화계나 순환계, 호흡계, 신경계 등 몸의 여러 체계에서 보내는 자극에 반응한다.

감각은 수용체에 크게 의지하는데, 수용체는 특정한 자극을 감지하도록 특수하게 분화된 세포들을 말한다. 수용체가 자극을 감지하면 이들은 감각 신경을 통해 중추 신경으로 신호를 전달하고, 중추 신경은 운동 신경을 통해 명령을 내린다. 예를 들어 눈에 있는 망막에서 빛을 감지하는 세포는 광선을 흡수한 후 전기 신호로 전환하여 시신경에 따라 뇌로 보낸다. 몸 안에 일어나는 화학적 변화에 반응하는 수용체를 화학 수용기라고 한다.

근골격계 근육 조직은 수축 능력을 가진 근육 세포에 의해 움직인다. 근육 세포는 신경으로부터 온 전기 자극에 의해 수축하면서 운동을 일으킨다. 인간과 같이 내골격을 가진 동물들은 이런 근육 수축 운동에 의해 움직이게 된다. 근육 조직은 수축할 때 뼈를 지렛대로, 관절을 지렛목으로 이용한다. 이 지레들은 몸을 일으키거나, 앞으로 걷거나, 물건을 들어 올리거나, 쥐를 향해 달려드는 등의 운동에 이용된다.

근육은 또 사용하는 정도에 따라 적응하기 때문에 운동하는 데 있어 더욱 중요하다. 예를 들어 한 근육을 지속적으로 사용하게 되면 근육은 더 커지면서 강해진다. 근육의 이런 성질 때문에 보디빌딩과 같은 스포츠가 가능하다. 아령을 반복적으로 들어 올리면 선수의 근육은 점점 커지게 된다.

치타는 육지 동물 중 가장 빠르며 최고 속도가 시속 96 km에 달한다.

치타는 왜 빠를까?

육지 동물 중에서 단거리에서 가장 빠른 포유류는 치타이다. 고양잇과 동물로 몸집이 큰 치타는 동부와 남부 아프리카의 관목이 우거진 평원에 살고 있으며, 최고 속도가 시속 96 km에 달한다. 치타가 이렇게 뛰어난 운동 능력을 가진 것은 모두 해부학 및 생리학적 구조 때문이다. 치타의 일부 노출된 발톱(발톱을 감추는 공간이 불완전하게 발달했다)과 마루가 돌출된 발바닥은 질주할 때 마찰력을 증가시킨다. 치타의 머리는 몸에 비해 크기가 작기 때문에 공기 저항이 적고, 다리는 상체에 비해 매우 길다. 또 척추는 거대한 스프링 역할을 하며, 심장과 폐 그리고 간의 크기가 몸집에 비해 매우 커서 산소와 에너지를 온몸에 효율적으로 공급할 수 있다. 스포츠카와 같이 치타는 빠른 속력을 내기 위한 구조를 갖추고 있다.

보디빌더들이 포즈를 취하고 있다. 근육 조직이 반복적으로 사용되면 크기가 커지고 강해지기 때문에 보디빌딩이라는 스포츠가 가능한 것이다.

새로운 세대

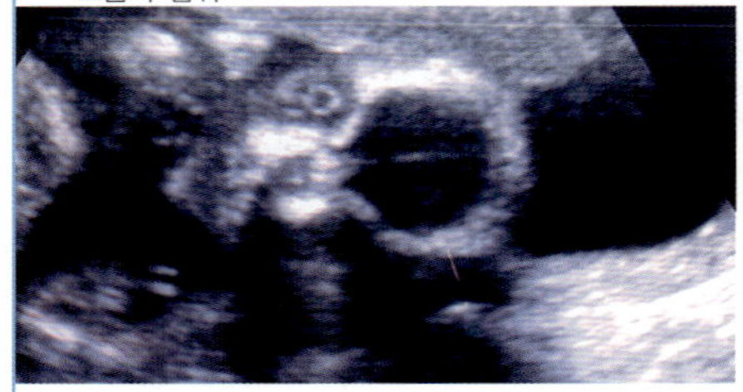

수컷의 정자와 암컷의 난자가 만나 수정란을 형성하고, 이는 새로운 개체로 발달한다. 이런 과정은 유성 생식을 하는 식물에서부터 고릴라 등 모든 종에서 공통적으로 나타난다. 하지만 유성 생식과 생장의 생리학적 세부 사항은 종에 따라 매우 다양한 모습으로 나타난다.

생식 많은 종은 짝을 찾고 구애하는 정교한 교미 의식을 거쳐서 생식을 한다. 수컷 개구리와 수컷 새는 큰 소리를 내어 암컷에게 구애하면서 다른 수컷이 자신의 영역을 침범하지 않도록 경고한다. 이 소리를 통해 암컷은 자신과 같은 종의 수컷을 식별하게 된다. 수컷 반딧불은 빛을 발산하는 기관을 통해 암컷 반딧불에게 신호를 보내고, 암컷도 빛을 발함으로써 이에 응답한다. 동물들이 짝에게 구애하는 방식은 이외에도 다양하게 나타난다. 수컷 공작새는 화려한 깃털을 부채처럼 활짝 펼쳐 암컷 앞을 거닌다. 또 말코손바닥사슴은 서로 뿔을 부딪치면서 암컷을 누가 차지할지를 결정한다.

동물들이 짝을 구하는 데에 성공하면 수정을 시작한다. 이 과정은 종에 따라 수컷의 신체 부위를 암컷의 몸에 삽입하는 성교를 통해 이루어진다. 이때 수컷은 정자를 방출하여 암컷의 몸속에서 난자와 결합할 수 있게 한다. 하지만 수정은 암컷의 몸 밖에서도 일어날 수 있다. 어류와 같은 수중 동물들은 물속에 정자와 난자를 모두 방출하여 물속에서 수정을 일으킨다.

발달 하나의 수정란 세포가 완전한 식물이나 동물로 발달하기 위해서 기나긴 과정을 거친다. 먼저 수정란은 수차례에 걸친 분열을 통해 여러 개의 세포를 생성한다. 이렇게 발생한 생명체를 배아embryo라고 한다. 배아의 세포들은 지속적으로 분열하면서, 식물이든 동물이든 자신이 속한 종에 적합한 여러 조직과 기관으로 분화된다. 이러한 과정은 생명체 자신이 가진 유전자와 부모로부터 받은 유전자의 지시에 따라 일어난다. 유전자는 형태 형성 인자morphogen라는 조절 물질에 의해 개체가 발달하

위 모체의 자궁 속에 있는 태아의 초음파 사진
아래 공작새가 화려한 깃털을 펼치고 있다.
유성 생식은 짝을 찾고 구애하는 데에서 시작한다. 공작새의 경우, 화려한 깃털을 펼쳐 보이는 것과 같은 행동을 통해 나타난다. 수정이 일어나고 개체가 발달하게 되면, 새로운 생명이 탄생하면서 생식 과정은 끝이 난다.

는 데 필요한 지시를 내리게 된다. 예를 들어 초파리에서 이 물질은 어떤 부분이 머리로 분화하고 어떤 부분이 항문으로 분화할지를 결정하고, 배아의 특정한 부위에 있는 유전자를 활성화시켜 어느 부분이 다리나 더듬이 또는 날개가 될지를 결정한다.

배아의 발생은 포유류의 자궁과 같이 암컷의 몸속에서 일어날 수도 있고, 조류와 같이 알속에서 일어날 수도 있다. 자궁이나 알과 같은 환경은 일반적으로 외부 세계에 비해 안전하기 때문이다. 또 배아는 자궁에서 모체의 혈액으로부터 영양분을 공급받으며, 암컷의 내부 체온을 이용해 일정한 체온을 유지한다. 알의 경우, 영양분은 노른자에서 받고 새가 알을 품는 행위를 통해 온도를 유지할 수 있게 된다.

개체가 외부 세계에서 생존할 수 있을 만큼 생장하면, 새끼는 보호를 받던 환경에서 나온다. 새끼는 암컷 자궁의 수축 작용을 통해 밖으로 밀려나오거나, 알의 껍데기를 깨고 부화한다. 외부로 나온 새끼는 생장하면서 몸을 더욱 발달시킨다.

곤충과 여러 수중 생물들은 유충 단계를 거치는데, 이 시기에 나타나는 형체는 성체와 많이 다르다. 이들은 올챙이가 개구리로 변하거나 유충이 나비로 변하는

것처럼 변태라는 과정을 통해 훗날 성체로 성장하게 된다. 인간도 아동기에서 청년기를 거친 다음 성년기에 들어서는 성장 단계를 밟는다. 이런 과정을 통해 여러 종의 새로운 세대가 나타난다.

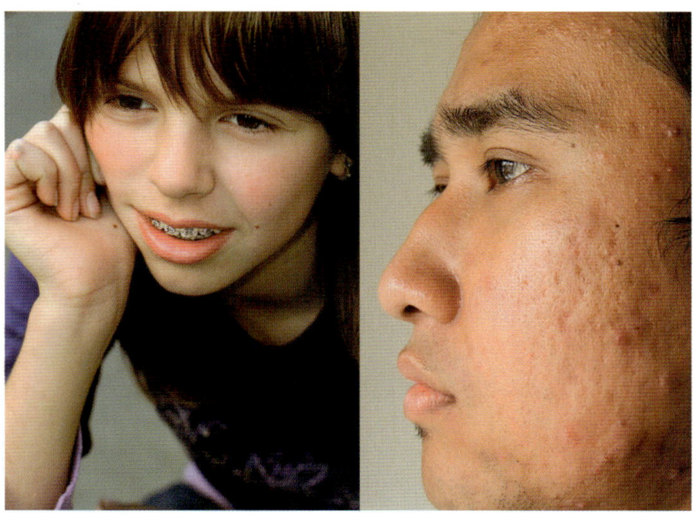

위 임신한 셰틀랜드 조랑말
아래 청년기에서 일어나는 변화; 치열 교정(왼쪽)과 여드름(오른쪽)
새로운 개체가 탄생하여 성체로 성장할 때까지 발달 과정은 길다. 말을 비롯한 여러 포유류에서 새로운 개체는 어미 자궁에서 상당 부분 발달한다. 새로운 개체로 태어난 인간도 다른 종들과 마찬가지로 태어난 후에 여러 성장기를 거치게 된다. 인간이 아동기를 거쳐 성인으로 발육하는 과정은 매우 길며, 때로는 청년기에 고통스러운 변화를 겪기도 한다.

유명한 생물학자들

매리 애닝
Mary Anning, 1799–1847
영국 고생물학자. 독학으로 고생물학을 공부했으며, 어룡, 익룡 등을 포함한 여러 화석을 발굴했다. 최초의 장경룡 화석을 발견했다.

아리스토텔레스
Aristotle, 기원전 384–322
그리스 철학자이자 과학자. 그가 남긴 동물학, 식물학 등에 대한 관점은 중세기 동안 유럽에서 지배적인 의견으로 받아들여졌다.

클로드 베르나르
Claude Bernard, 1813–78
프랑스 생리학자이자 실험생리학의 창시자. 간, 이자, 신경계의 작용에 관한 여러 사실들을 발견했다.

스탠리 코헨
Stanley Cohen, 1922–
미국 생물학자로 미국 생화학자인 허버트 보이어(Herbert Boyer)와의 공동 연구를 통해 유전자 재조합을 이용한 유전공학을 개발했다.

프랜시스 크릭
Francis Crick, 1916–2004
영국 생물학자. 제임스 왓슨(James Watson)과 모리스 윌킨스(Maurice Wilkins)와 함께, 유전 정보를 전달하는 분자인 DNA의 구조를 밝혀냈다.

조르주 퀴비에
Georges Cuvier, 1769–1832
프랑스 자연주의자로 비교해부학을 공부했다. 그는 원시 동물을 연구하여 고생물학을 정립했다.

찰스 다윈
Charles Darwin, 1809–82
영국 자연주의자. 자연 선택에 따른 진화론을 창시했다. 진화론은 모든 생물학의 분야를 통합하는 중심 학문이다.

로잘린드 프랭클린
Rosalind Franklin, 1920–58
영국 화학자이자 분자생물학자. 그녀의 X선 회절을 이용한 DNA 연구는 DNA 분자 구조를 밝히는 작업에 크게 기여했다.

갈레노스
Galen, 약 130–200
로마에서 활동했던 그리스의 의사. 해부학과 생리학에 크게 기여했다. 그의 관점은 르네상스 시대에 유럽인들에게 널리 받아들여졌다.

윌리엄 하비
William Harvey, 1578–1657
영국의 의사. 포유류에서 혈액이 어떻게 순환하는지를 발견했다. 심장이 펌프 기능을 하는 근육 기관이라는 사실을 밝혔다.

히포크라테스
Hippocrates,
기원전 460–370년경
그리스의 의사로, 의학의 아버지라고 불린다. 질병이 자연적으로 발생한다고 주장했으며, 환자에 대한 세밀한 관찰을 강조했다.

로버트 후크
Robert Hooke, 1635–1703
영국 과학자. 현미경을 통해 식물 세포를 발견했다. 1665년에 ≪마이크로그래피아(Micro-graphia)≫라는 저서를 통해 세포를 표현한 최초의 그림을 발표했다.

로베르트 코흐
Robert Koch, 1843–1910
독일의 의사. 특정한 세균이 특정한 질병을 발병시킨다는 것을 발견했다. 결핵의 원인을 밝혀냈고 세균을 배양하는 기술을 개발했다.

카를 란트슈타이너
Karl Landsteiner,
1868–1943
오스트리아 태생 미국 병리학자. 인간의 주요 혈액형을 발견했다. 필립 레빈(Philip Levine)과 알렉산더 바이너(Alexander Wiener)와 함께 RH 인자를 발견했다.

앙투안 라부아지에
Antoine Lavoisier, 1743–94
프랑스 화학자로 화학의 기술을 생리학에 적용했다. 동물과 식물의 호흡에서 산소의 역할을 설명했다.

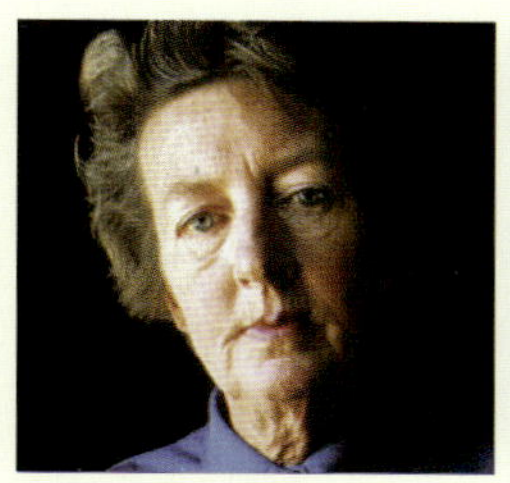

메리 리키
Mary Leakey, 1913–96
영국 고고학자이자 인류학자. 남편 루이스 리키와 함께 아프리카에서 오스트랄로피테쿠스를 비롯한 원시 인류가 존재했었다는 증거를 발견했다.

안톤 반 레벤후크
Anton van Leeuwenhoek, 1632–1723
네덜란드 과학자. 세균과 같은 미생물을 자세히 관찰할 수 있는 현미경을 발명했다.

칼 폰 린네
Carl von Linné, 1797–78
스웨덴 자연주의자이자 식물학자. 식물에 대한 전문가로 생명체를 분류하고 과학적인 종의 명명법을 정립했다.

바바라 맥클린톡
Barbara McClintock, 1902–92
미국 유전공학자로 염색체에서 위치를 바꿀 수 있는 이동성 유전자를 발견했다.

마르셀로 말피기
Marcello Malpighi,1628–94
이탈리아 해부학자. 현미경을 이용하여 모세 혈관을 통한 혈액 순환을 최초로 관찰했다. 인간 해부학에 대해 중요한 사실들을 발견했다.

그레고르 멘델
Gregor Mendel, 1822–84
오스트리아 식물학자로 유전의 기본 법칙을 정립했다. 형질이 기본적인 유전 인자에 의해 전달된다는 사실을 발견했다. 이 유전 인자들은 훗날 유전자라는 이름을 얻었다.

토마스 헌트 모건
Thomas Hunt Morgan, 1866–1945
미국 유전학자. 과일파리를 이용한 실험에서 유전자가 염색체의 일정한 위치에 순서대로 일렬로 위치해 있다는 사실을 발견했다.

루이 파스퇴르
Louis Pasteur, 1822–95
프랑스 화학자로 질병의 세균 이론에 크게 공헌했다. 파스퇴르 살균법을 개발했고 탄저균과 광견병에 대한 백신을 개발했다.

마티아스 슈레이덴
Matthias Schleiden, 1804–81
독일 식물학자. 생리학자 테오도르 슈반(Theodor Schwann)과 함께 세포 이론을 개발했다. 생명의 가장 기초적인 단위가 세포라고 주장했다.

안드레아스 베살리우스
Andreas Vesalius, 1514–64
플랑드르 해부학자로 인간해부학의 아버지라고 불린다. 시체를 직접 해부하여 여러 가지 해부학적 사실들을 발견했다.

레오나르도 다 빈치
Leonardo da Vinci, 1452–1519
이탈리아 화가로 인간 시체에 기초하여 수백 점에 달하는 해부도를 그려 인간에 대한 연구를 크게 발전시켰다.

루돌프 피르호
Rudolf Virchow, 1821–1902
독일 병리학자로 세포 기능에 이상이 생길 때 질병이 나타난다고 주장했다. 세포병리학이라는 생물학 세부 분야의 창시자다.

제임스 왓슨
James Watson, 1928–
미국 생물학자로, 프랜시스 크릭과 함께 DNA의 구조를 밝혀냈다. 그 이후에 인간 게놈 프로젝트에 참여했다.

이안 윌무트
Ian Wilmut, 1944–
영국 과학자로 1996년에 생장이 끝난 동물의 체세포를 이용해 포유류를 복제하는 데에 성공했다. 당시 복제된 동물은 돌리라는 암양이었다.

에드워드 O. 윌슨
Edward O. Wilson, 1929–
미국 곤충학자이자 사회생물학자. 진화론을 인간의 사회 행동에 적용한 사회생물학의 창시자이다.

생물학적 발견들

기원전 28,000년경

프랑스와 스페인 지방에서 크로마뇽인이 곰, 물소, 소, 말, 매머드 등에 대한 동굴 벽화를 그렸다. 이를 통해 이들이 자연을 유심히 관찰했다는 사실을 알 수 있다.

기원전 12,000년경

메소포타미아 지역(오늘날 이라크)에서 늑대를 개로 가축화했다.

기원전 8,000년경

메소포타미아 북부지역에서 농업이 시작되었다. 이는 향후 2,000년 동안 멕시코, 중국, 일본 등지로 퍼지게 된다.

메소포타미아의 벽화

기원전 2,800년경

중국의 황제 센능이 약초에 관한 글을 모아 《펜차오》라는 책을 썼다. 그는 여러 정책을 통해 중국의 초기 생물학 발전에 기여했다.

기원전 500년경

그리스의 의사 알크마이온(Alcmaeon)이 연구 목적으로 인간 시체를 해부하기 시작했다.

기원전 400년경

그리스의 의사 히포크라테스는 질병이 자연적으로 발병한다는 사실을 주장했으며, 환자를 곁에서 면밀히 관찰함으로써 치료법을 개발할 수 있다고 주장했다.

기원전 375년경

히포크라테스는 4체액에 의한 질병 이론을 창안하여 체액의 균형이 무너질 때 질병이 발병한다고 주장했다. 4체액이란 혈액, 점액, 황담즙, 흑담즙을 말한다.

기원전 350년경

그리스 철학자 아리스토텔레스는 실증주의적 과학의 연구를 강조했다. 그는 노화, 동물, 기억, 식물, 잠 등을 연구하면서 '감각 경험'의 중요성을 강조했다.

아리스토텔레스

기원전 300년경

그리스 과학자 테오프라투스는 아리스토텔레스의 제자로, 500여 종에 달하는 식물을 관찰하여 특성을 정리했다. 훗날 식물학의 아버지라고 불린다.

기원전 180년경

그리스의 의사 갈레노스가 동물을 해부하면서 여러 사실들을 발견했다. 그가 의학에 대해 남긴 저서들은 수천 년 넘게 유럽에서 지배적인 이론으로 받아들여졌다.

1500년

이탈리아 화가 레오나르도 다 빈치가 인간의 사체를 통해 다수의 해부도를 작성하여 해부학의 과학적 접근법을 크게 발전시켰다.

1543년

플랑드르 해부학자 안드레아스 베살리우스가 인간 해부에 대한 논문 〈인체의 구조에 관 하 여 (*On the Structure of the Human Body*)〉를 발표했다. 인간해부학의 창시자라고 불린다.

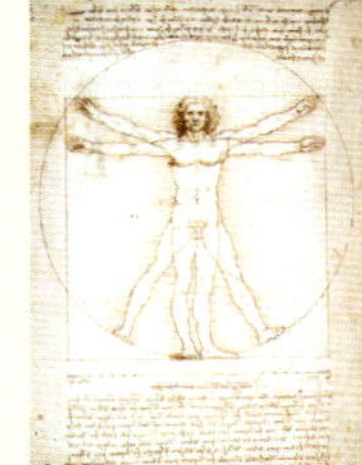

다빈치의 그림

1500–1700년

과학 혁명이 일어난 시기. 이 시기에 학자들은 생명체와 화학 물질 등을 연구할 때 실험을 하고 대상을 수량화하기 시작했다.

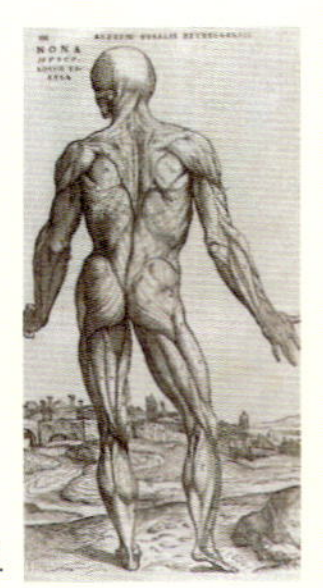

베살리우스의 해부도

1625년

프랑스 철학자 르네 데카르트가 반사 작용이라는 개념을 정립했다.

1628년

영국의 의사 윌리엄 하비가 심장은 펌프와 같은 역할을 하는 근육으로 주기적인 수축 운동을 한다는 사실을 밝혔다. 그의 연구는 포유류 몸 안에서 혈액이 어떻게 순환하는가를 밝혔다.

1665년

영국 과학자 로버트 후크는 식물 세포를 발견한 후, 이를 《마이크로그래피아(*Micrographia*)》라는 저서를 통해 발표했다. 이 책에는 세포에 대한 삽화가 수록되어 있다.

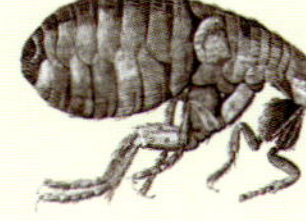

후크가 그린 벼룩

1668년

이탈리아 과학자 프란체스코 레디가 수차례의 실험에 걸쳐 자연 발생설이 틀렸음을 입증했다. 그는 생물이 무생물에서 발생할 수 없다는 사실을 밝혀냈다.

1674년

네덜란드 과학자 안톤 반 레벤후크가 최초로 적혈구를 정확하게 설명했다.

안톤 본 레벤후크가 그림으로 나타낸 정자

1694년

독일 식물학자 루돌프 야콥 카메라리우스가 식물이 유성 생식을 통해 번식한다는 사실을 밝혀냈다.

1750년경

스웨덴 자연주의자 칼 폰 린네가 생명체를 분류하고 과학적인 종의 명명법을 정립하였다.

칼 폰 린네

1780년경

영국의 의사 에드워드 제너가 천연두 백신을 개발했다.

에드워드 제너

1790년경

프랑스 자연주의자 조르주 퀴비에가 동물의 혈액형을 연구하면서 비교해부학을 정립했다. 퀴비에는 원시 동물의 화석을 연구하여 고생물학이 크게 발전할 수 있는 발판이 마련했다.

1790년경

프랑스 화학자 앙투안 라부아지에가 화학 기술들을 생리학에 적용했다. 산소를 발견하여 그 원소에 이름을 붙였다.

1800년경

프랑스 과학자 장 밥티스트 라마르크가 그리스어의 '바이오스(생명)'와 '로고스(연구)'를 합쳐 '바이올로지(생물학)'라는 용어를 정립했다.

1828년

독일 화학자 프리드리히 뵐러가 무기물을 이용해 최초로 유기물을 생성하는 데에 성공했다. 그는 실험실에서 포유류에서 만들어지는 요소를 합성해냈다.

1831년

스코틀랜드 자연주의자 로버트 브라운이 모든 식물 세포에 핵이 있다는 사실을 발견했다.

1834년

프랑스 화학자 앙셀므 페앵이 식물의 세포벽의 주요 구성 성분인 섬유소를 발견했다.

1835년

독일 식물학자 마티아스 슈레이덴과 생리학자 테오도르 슈반이 세포 이론을 주장했다. 생명의 기초적인 구조적, 기능적 단위가 세포라는 이론이다.

1840년경

영국 고생물학자 매리 애닝은 어룡, 익룡, 장경룡 등과 같은 종의 화석을 발견했다.

1847년

헝가리 물리학자 이그나즈 제멜바이스는 산부인과 의사들이 손을 씻는 것으로 산욕열의 확산을 막을 수 있다는 사실을 증명하여, 질병을 방지하는 데에 청결함이 필요하다는 사실을 주장했다.

이그나즈 제멜바이스

1852년

독일 물리학자 헤르만 폰 헬름홀츠는 물리학적 원리를 사용하여 신경 세포에서 자극이 이동하는 속도를 측정했다.

루돌프 피르호

1858년

독일 병리학자 루돌프 피르호는 질병이 세포에서 발생한다고 주장했다.

1859년

영국 자연주의자 찰스 다윈이 《종의 기원(The Origin of Species)》을 발표했다. 이 저서를 통해 다윈은 진화가 자연 선택에 의해 일어난다고 주장했다.

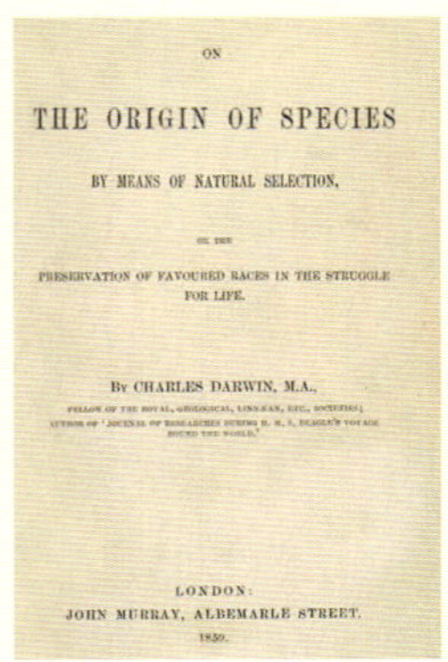

다윈의 《종의 기원》 표제지

1860년경

프랑스 생리학자 클로드 베르나르는 항온 동물의 체온이 신경계를 통해 유지된다는 사실을 밝혀냈다. 그는 현대 실험생리학의 창시자로 알려져 있다.

1860년대

질병의 세균 이론이 프랑스 화학자 루이 파스퇴르를 비롯한 과학자들로 인해 정립되었다.

그레고르 멘델

1865년

영국 외과의사 조셉 리스터는 수술 도구와 의사의 손에 살균제(석탄산)를 사용하기 시작했다. 석탄산의 이용으로 수술 사망률을 50 % 이상 감소되었다.

1866년

오스트리아 식물학자이자 수도사인 그레고르 멘델이 생명체의 형질이 유전 인자(훗날 유전자라 불린다)를 통해 다음 세대로 전달되는 사실을 발견했다.

1870년경

프랑스 화학자 루이 파스퇴르가 탄저균과 광견병 백신을 개발했다.

1882년

독일의 의사 로베르트 코흐가 결핵이 세균을 통해 발병한다는 사실을 발견했다. 그는 결핵을 비롯한 여러 질병이 세균을 통해 발병한다는 사실을 밝히면서, 세균학이라는 분야를 정립했다.

1898년

네덜란드 식물학자 마르티누스 바이예린크가 질병을 일으키는 입자인 여과성 바이러스를 발견했다. 바이러스는 크기가 매우 작기 때문에 세균을 거르는 여과기를 통과할 수 있다.

1900년

오스트리아 태생 미국 병리학자 카를 란트슈타이너는 인간의 주요 혈액형(O, A, B, AB형)을 발견했다.

1902년

미국 유전학자 월터 S. 서튼은 멘델이 제시했던 유전 인자가 염색체 속에 있을 가능성을 제기했다.

1909년

미국 유전학자 토마스 헌트 모건이 유전자가 염색체의 일정한 위치에 순서대로 위치한다는 사실을 발견했다.

1930년경

러시아 생리학자 이반 P. 파블로프가 조건반사를 인위적으로 만들어낼 수 있다는 것을 보였다.

1931년

미국 유전학자 바바라 맥클린톡이 난자나 정자가 형성하는 과정에서 염색체가 분리되거나 일부분을 서로 교환할 수 있다는 사실을 보였다.

1944년

캐나다 태생 미국 세균학자 오스월드 T.

에이버리는 DNA만이 유전 현상을 결정한다는 사실을 발견했다.

1952년

미국 화학자 스탠리 밀러와 해롤드 C. 유리는 아미노산이 상대적으로 더 단순한 화학 물질을 통해 발생했음을 증명했다.

1953년

미국 생물학자 제임스 왓슨과 영국 분자생물학자 프랜시스 크릭은 DNA 분자의 이중 나선 구조를 발견했다. 이 구조가 밝혀지면서 유전 현상을 지배하는 유전자의 정체가 풀렸다.

1955년 미국 미생물학자 조나스 솔크는 소아마비 백신을 개발했다.

조나스 솔크

1959년

영국 인류학자 메리 리키와 남편이자 동료인 루이스 리키는 원시 인류인 오스트랄로피테쿠스의 화석을 발견했다.

리키 부부

1968년

미국 고생물학자 로버트 배커는 공룡 온혈설을 제기했다.

콘라드 로렌츠

1970년경

오스트리아 태생 독일 동물학자 콘라드 로렌츠가 조류를 연구하여 각인이 일어나는 과정을 설명했다.

1973년

미국 곤충학자 에드워드 O. 윌슨이 인간을 포함한 동물의 사회적 행동을 연구하는 데

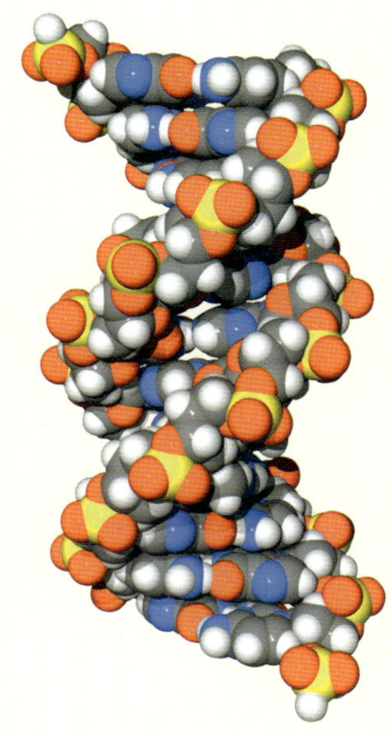
DNA 분자

에 진화론적 원리들을 도입했다. 이를 통해 사회생물학이 정립되었다.

1973년

미국의 생화학자 스탠리 코헨과 허버트 보이어가 유전자를 인위적으로 재조합하여 유전공학의 발판을 마련했다.

1996년

영국 과학자 이안 윌무트는 최초로 포유류를 복제하는 데에 성공했다. 복제된 동물은 돌리라는 암양이었다.

2003년

인간의 모든 유전적 염기 서열의 순서를 밝히는 인간 게놈 프로젝트가 완성되었다.

인간 게놈 프로젝트 연구소

생명의 역사

생명체에도 역사가 있으며, 이 역사는 지층과 동물 신체에 모두 기록된다. 생명체가 죽으면 시신이 남게 되고, 이 중 일부는 지층에 묻히면서 화석이 된다. 과학자들은 이 지층의 연대를 측정하고, 이를 연속적인 지질학적 간격으로 분류했다. 지층 속 화석에서 생명체의 진화 방식을 알 수 있다. 예를 들어 페름기(Permian period, 2억 9,000만 년에서 2억 4,800만 년 전까지)에 형성된 지층에는 공룡 화석이 없다. 이에 비해 그 다음으로 이어진 트라이아스기(Triassic period, 2억 4,800만 년–2억 600만 년 전까지)에서는 공룡 화석을 발견할 수 있다. 지질학적 시간 척도를 통해 각 지질학적 간격의 순서를 알 수 있다.

생명의 역사는 오늘날 살아 있는 생명체의 몸에서도 볼 수 있다. 모든 조류가 가진 깃털은 모두 공통된 조상으로부터 받은 형질이다. 또 게와 벌의 외골격을 비교하면, 비슷한 조상에서 두 종이 발생했다는 것을 알 수 있다. 이런 해부학적 연관성을 통해 과학자들은 진화 계통수를 정리할 수 있다.

지질학적 시간 척도
지질학적 시간 척도를 통해 지구의 역사를 시간적 단위로 나타낼 수 있다. 가장 오래된 단위일수록 아래쪽에, 가장 최근의 단위는 위쪽에 표시되어 있다. 각 시간 단위는 가장 큰 단위부터 이언, 대, 기, 세의 순서로 계층적으로 표기된다. 예를 들어 시신세는 현생이언에 있는 신생대의 제3기에 있는 세이다. 오른쪽 줄에 있는 숫자들은 이 시간 단위가 몇 백만 년 전에 시작되었는지를 나타낸다.

이언	대(代)
	신생대
	수각류는 발가락이 3개인 공룡으로, 조류의 조상으로 추정되며 트라이아스기 말에 살았던 것으로 알려져 있다.
현생이언	중생대
	고생대
	소철류는 페름기부터 살았던 것으로 추정되는 열대 식물이다. 특히 쥐라기에 번성했기 때문에 이 시기를 '소철류의 시기'라고도 한다.
원생이언	
시생이언	
하데스이언/프리스코안이언	

지구는 선캄브리아대에 형성되기 시작했다. 이때부터 태양 주변을 공전하는 물질들이 있었는데, 이들이 모여 행성을 형성하게 되었다.

기(紀)	세(世)	시작된 때 (백만 년 전)
제4기	홀로세	0.01
	플라이스토세	1.8
제3기	플라이오세	5.3
	마이오세	23.8
	올리고세	33.7
	에오세	54.8
	팔레오세	65
백악기		144
쥐라기		206
트라이아스기		248
페름기		290
석탄기/펜실베니아기		323
석탄기/미시시피기		354
데본기		417
실루리아기		443
오르도비스기		490
캄브리아기		543
		2500
		3800
		4600

진화 계통수의 한 가지로 에오세의 육지 유제 포유류인 파키세투스(위)에서 '걸어 다니는 고래'를 의미하는 암블로케투스(가운데)로 이어진다. 결국 이 가지는 곧 향유고래(아래)와 같은 현대의 고래에까지 이어진다.

진화 계통수

현존하는 동물과 과거에 살았던 동물들은 모두 같은 뿌리에서 발생했으며, 동물들의 상호 유연 관계는 진화 계통수에 나타나 있다. 생명의 기원은 계통수의 가장 아래쪽에 있으며, 계통수의 각 가지는 생명체의 큰 갈래를 나타낸다. 계통수 위로 올라갈수록 시간은 현재와 가까워진다. 가지를 따라가면 원핵생물(세균)이 먼저 나타나고, 그 다음 진핵생물이 새로운 가지로 뻗어나간다. 진핵생물은 또 원생생물, 식물, 동물, 진균류와 같은 가지로 나뉜다. 중간에서 멈춘 일부 가지는 삼엽충과 같이 후손을 남기지 못하고 멸종되었음을 의미한다.

세계의 생물군계

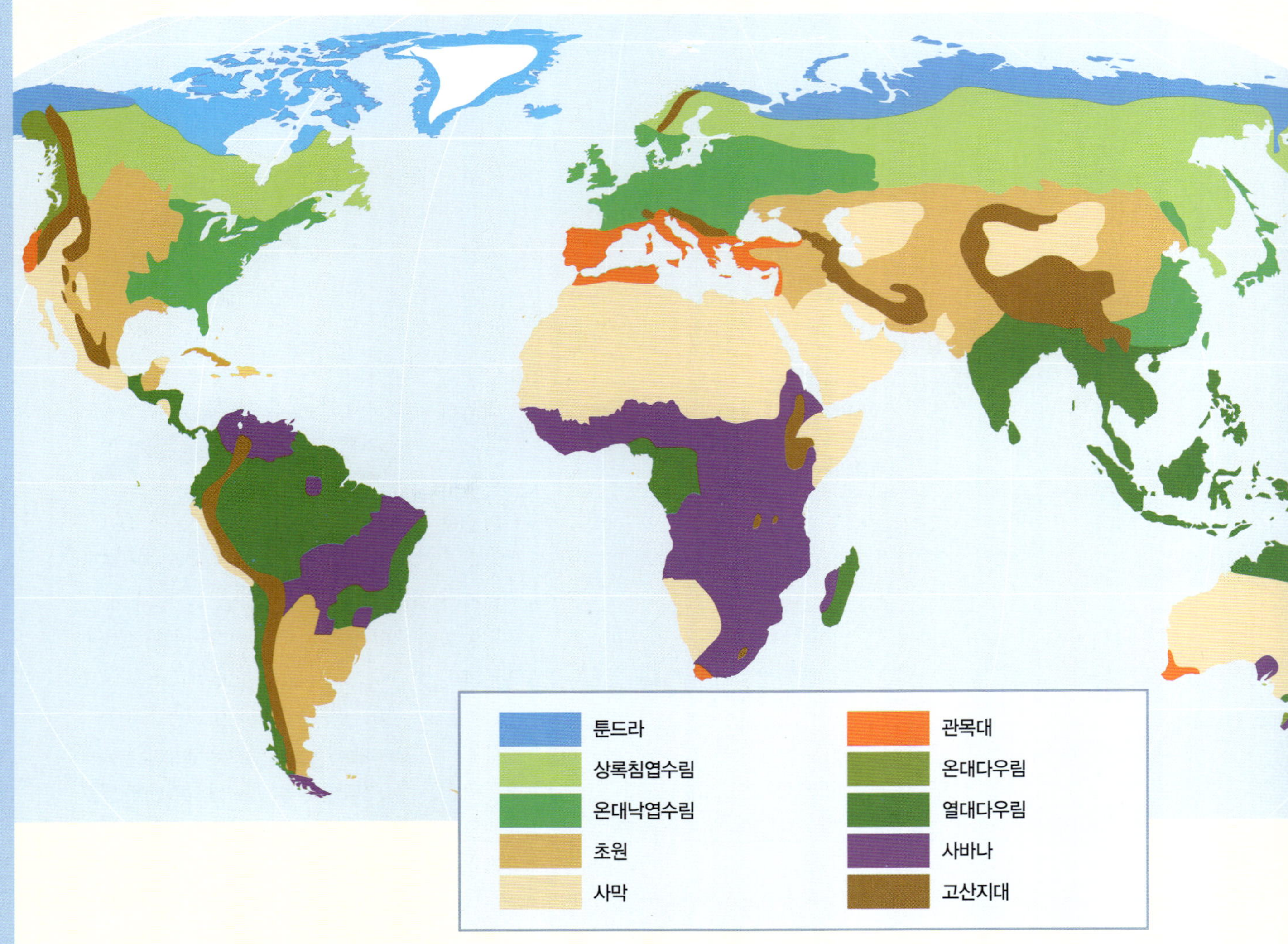

생물군계

생물학자들은 세계를 우점 동식물과 기후에 의해 구분되는 커다란 지리학적 지역인 생물군계로 나눈다. 각 생태 지역에는 여러 생물체가 살고 있다. 예를 들어 온대낙엽수림에는 단풍나무와 울새가 살고, 열대림에는 야자수와 원숭이가 번성해 있다. 각 생물군계는 세계 각지에 나타난다. 예를 들어 북아메리카 평야와 남아메리카의 팜파스, 중앙아시아의 스텝 등은 모두 초원 생물군계에 해당한다. 각 지역에 나타나는 생물군계는 그 지역의 기후에 따라 결정된다. 지구 온난화가 지속되면서 과거에 몹시 추웠던 툰드라의 일부는 점차 침엽수림으로 변하고 있다.

세계의 생물군계를 분류하는 방식에 대한 전문가들의 의견은 서로 엇갈린다. 하지만 주요 육지 생물군계는 일반적으로 툰드라, 상록침엽수림, 온대낙엽수림, 열대다우림, 온대초원, 사막, 관목대, 열대사바나 및 삼림지대, 고산지대로 분류한다.

툰드라 캐나다의 북서지역. 생물군계 중에서 가장 추우며, 북극 툰드라지대는 토양이 영구히 얼어 있는 상태인 영구 동토대이다. 툰드라에는 관목과 이끼, 현화식물이 자란다.

상록침엽수림 미국 워싱턴 주. 상록침엽수림은 한대림이라고도 하며, 이 거대한 생물군계는 북부 유럽과 아시아의 대부분과 북부 북아메리카를 차지한다.

온대낙엽수림 중국 주자이거우. 이 생물군계는 4계절이 뚜렷하며, 북아메리카와 유럽, 동아시아에 나타난다. 가장 눈에 띄는 특징은 가을 단풍이다.

초원 세 대륙에 나타나는 초원지대를 통해 이 생물군계의 모습을 알아보자. 사진에는 중앙아시아(왼쪽), 북아메리카(가운데), 그리고 남아메리카의 아르헨티나 팜파스(오른쪽)가 나타나 있다.

사막 모로코의 사하라 사막. 사막은 세계에서 가장 메마른 생물군계이다. 이곳에는 지역의 적은 강우량에 적응한 다양한 식물과 동물들이 살고 있다.

관목대 캘리포니아의 피너클스 국립 천연기념물. 이 지역에는 가뭄에 강한 관목과 키가 작은 상록 참나무가 많은 것이 두드러진 특징이다. 이 지역은 아메리카 대륙, 호주, 남아프리카, 유럽 등에서 지중해성 기후가 나타나는 곳에 분포되어 있다.

다우림 온대다우림과 열대다우림으로 나뉘며 매년 높은 강우량을 보인다. 온대다우림이 좌측에, 열대다우림이 우측에 나타나 있다.

사바나 남아프리카 드라켄즈버그. 비교적 메마른 지역으로, 풀이 무성한 언덕에 나무와 관목이 퍼져 있다. 여름은 짧고 비가 많이 오며, 겨울은 길고 건조하다.

고산지대 미국 캘리포니아의 위트니 산. 고산지대 생물군계에는 다양한 동식물이 각 고도에 따라 분포한다. 고도가 높은 지역일수록, 살고 있는 동물 및 식물의 종수가 적다.

생명의 계통

생물학자들은 생물을 흔히 다섯 계로 나눈다. 계는 가장 큰 분류 단위로 원핵생물계, 원생생물계, 균계, 식물계, 동물계 다섯 가지가 있다. 하지만 일부 학자는 원핵생물계를 다시 고세균계와 진정세균계로 나누면서 여섯 가지 계가 있다고 주장하는 등, 이 분류법에 대한 논의는 계속되고 있다.

어찌됐든, 생물을 계로 분류하고 이를 다시 세부적으로 문, 강, 목, 과, 속 종으로 분류하는 것은 여러 면에서 유용하다. 이는 생물을 구별하는 데에 큰 도움이 된다. 예를 들어 거미와 파리는 같은 문(절지동물문)에 속하지만, 강이 다르다(거미는 거미강이고 파리는 곤충강에 속한다). 또 이 분류법은 동물 사이의 진화적인 상관 관계를 이해하는 데에도 도움이 된다. 참나무와 선인장이 함께 식물계에 속하는 것은 거미나 파리와 같은 동물에 비해 서로 더 유사성이 깊기 때문이다.

원핵생물계	원생생물계	균계

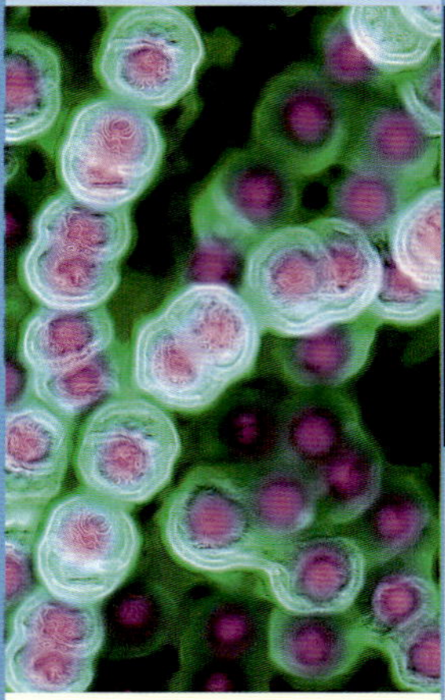

원생생물은 매우 넓은 의미로 정의하면, 핵을 가진 단세포 생물이다. 여기에는 광합성을 하는 식물과 닮은 생명체나 조류(위)와 같은 것들이 있다.

영양분을 외부에서 얻는 균류는 진핵생물이다. 이들은 광합성을 하지 않기 때문에 식물과는 기원이 다르다. 진균류 중에 일반인에게 친숙한 버섯(위), 이스트, 곰팡이 등이 있다.

원핵생물은 진핵생물로 알려진 생명체와는 매우 다르다. 원핵생물은 세포에 핵을 가지고 있지 않다. 대부분의 원핵생물은 세균들이다. 연쇄상 구균(위)은 둥근 형태의 세균으로, 대체로 인체에 해롭다. 성홍열, 수막염, 협심증, 폐렴 등의 질병을 일으킨다.

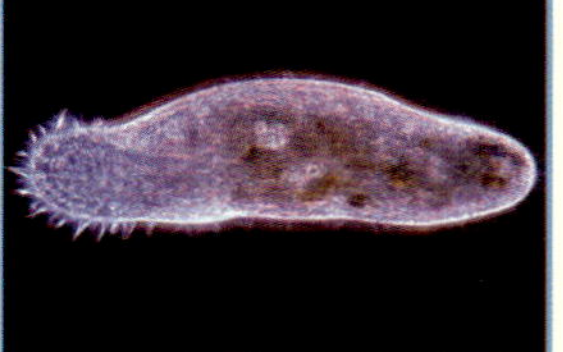

섬모충의 일종인 하이포트리치(위)는 조류에 비해 동물에 더 가깝다.

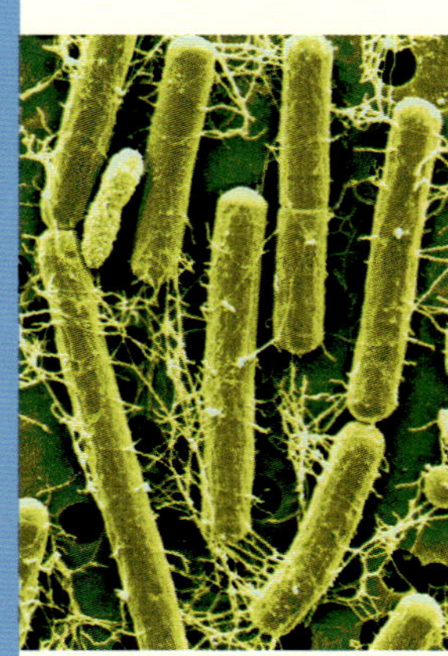

요거트에 있는 세균인 락토바실러스 아시도필루스는 인체에 유익하다. 이는 락토오스(유당)를 젖산으로 바꾼다.

람프로더마 큐컴버(*Lamproderma cucumber*)는 점균류로, 세균, 이스트, 진균류 등을 통해 영양분을 얻는다. 과거에 학자들은 이 생물이 균계에 속한다고 생각했지만, 오늘날 원생생물로 분류된다.

오렌지에 핀 곰팡이. 균류는 자연에서 몇 가지 기능을 한다. 그림과 같은 경우에는 분해자의 역할을 하고 있다. 자낭균 느릅나무병과 무좀은 기생성 균류에 의해 발생한다.

식물계	동물계

벼과 식물의 잎. 식물계에는 현재까지 258,000여 종이 발견되었다. 생물학자들은 90,000여 종이 아직 발견되지 않았을 것이라고 추정한다.

애리조나에 있는 사구아로 선인장(위)과 같은 식물들과 참나무(아래)와 같은 낙엽수 사이의 유사성은, 이 식물들이 다른 어떤 동물과 갖는 유사성보다 크다.

붉은아가미 갯민둥달팽이(red-gilled nudibranch)는 연체동물에 속하는 바다달팽이 중 하나로 등에 있는 복실한 털끝으로 호흡한다.

대서양바다오리는 유럽, 아이슬랜드를 비롯하여 동부 북아메리카의 해안에 서식하는 바닷새이다.

당나귀는 말과 같은 속에 포함된다. 당나귀는 기원전 4,000년경에 가축화되었다.

아리스토텔레스의 닮은꼴

오늘날의 분류학적 계통들은 진화론을 통해, 생명체들을 공통되는 조상으로 묶어서 분류한다. 하지만 과거 학자들은 그 기원에 상관없이 생명체를 물리적 유사성을 통해 분류했을 뿐이다. 예를 들어 그리스 철학자 아리스토텔레스는 식물과 동물의 겉모습을 관찰하여 엄니가 있는 동물끼리 묶고, 잎의 모양이 비슷한 식물끼리 묶었다. 아래 그림들은 유사한 특징을 가진 것처럼 보이지만, 각기 다른 계에 속하는 생물들이다. 이들은 중심이 원형이며 그 주변에 가시가 돌출되어 있어 서로 유사해 보이지만 선인장(아래)은 식물계에, 말미잘(가운데)은 동물계에, 그리고 버섯(위)은 진균계에 속한다.

세포에서 생명체까지

일반적으로 동물이나 식물의 표면 아래에는 매우 복잡한 내부 기관이 있다. 미시적인 관점에서 이들은 여러 개의 세포로 구성되어 있으며 각 세포는 분자를 분해하고 화학 물질을 조립하는 공장과도 같다. 거시적인 관점에서 생명체는 기관계로 구성되며, 각 기관계는 호흡, 순환, 소화와 같은 주요 기능을 수행한다. 기관계는 여러 조직으로 구성되고, 이 조직들은 또 개별적인 세포로 구성된다. 많은 생명체들은 몸을 지탱하는 단단한 뼈대를 가지고 있

다. 곤충은 외골격을, 척추동물은 내골격을 가지고 있다.

다음은 복잡한 인체를 3가지 관점에서 나타낸 그림이다. (1)은 동물 세포로 인체의 조직을 구성한다. (2)는 골격으로 인체를 지탱하는 뼈대이다. (3)은 인체의 주요 기관계이다.

세포의 각 부위

진핵 세포의 크기, 모양, 기능은 매우 다양하지만 여러 면에서 유사하기도 하다. 모

든 진핵 세포는 외부 원형질막으로 둘러싸여 있다. 이 막은 내부에 있는 젤리 같은 물질인 세포질을 세포 내에서 둘러싼다. 세포질 안에는 세포의 기능을 수행하는 세포 소기관이 있다. 식물이나 동물의 진핵 세포에는 핵이라는 핵심 세포 소기관이 세포의 기능을 관장한다. 이 그림은 동물 세포를 일반화시켜서 나타낸 것으로, 세포막과 핵을 비롯하여 미토콘드리아, 리보솜, 리소좀 등과 같은 세포 소기관 등이 나타나 있다. 식물 세포는 동물 세포에는 없는

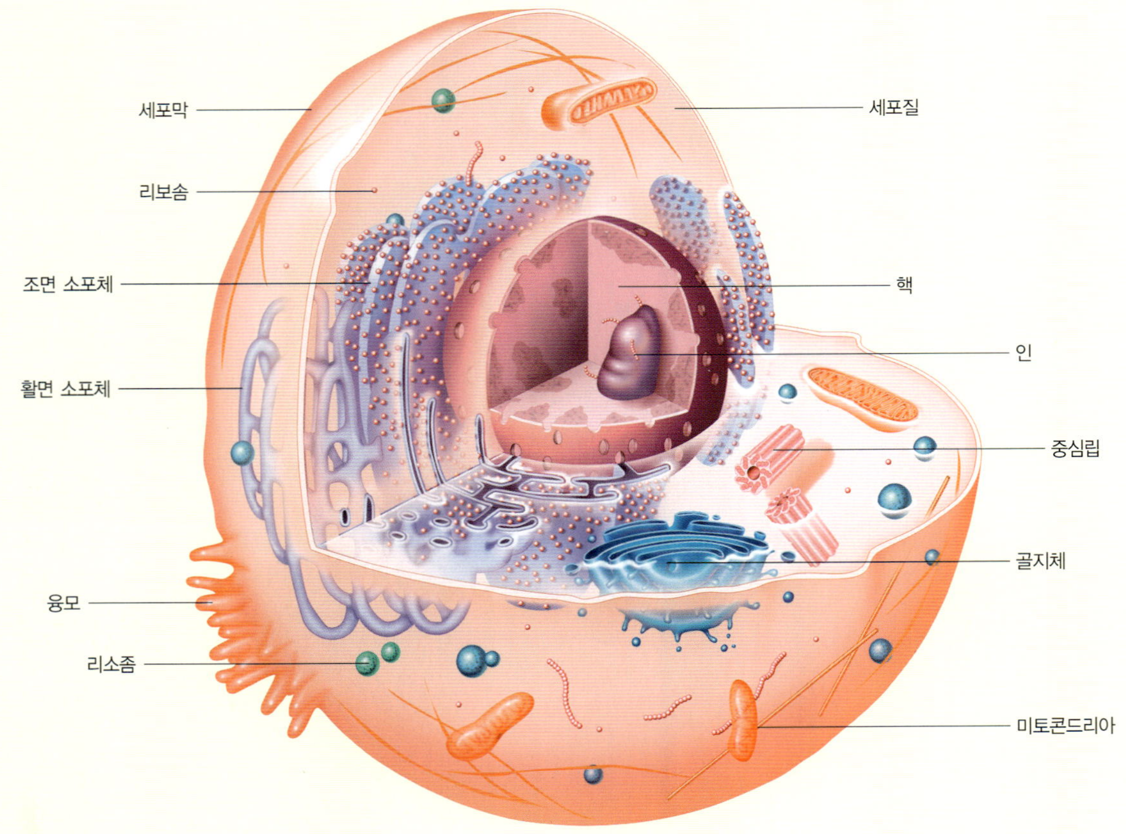

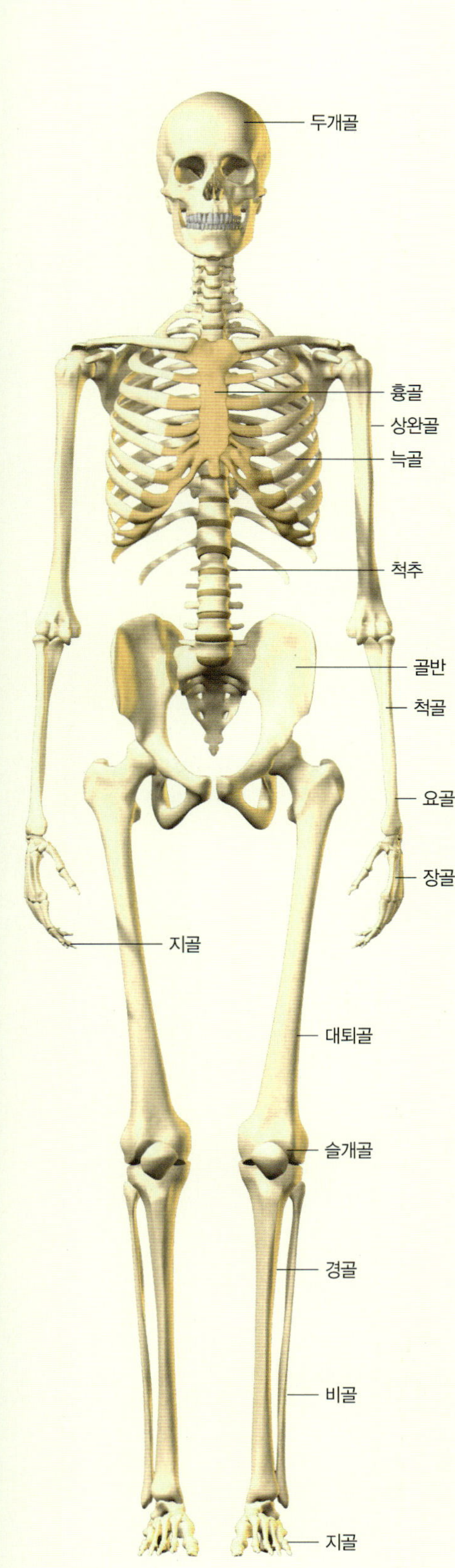

엽록체를 가지고 있다.

인체의 해부

인체는 단단한 부위와 부드러운 부위가 모여서 형성된다. 단단한 부위 중 하나는 골격으로, 이는 신체를 지탱하는 뼈대이며 관절로 연결된 206개의 뼈로 구성되어 있다. 두개골에 있는 일부 관절들은 움직일 수 없지만, 팔이나 다리에 있는 관절은 움직일 수 있다. 인간의 골격은 크게 중축 골격(두개골, 척주, 흉곽 등)과 부속지 골격(팔, 다리와 이를 지원하는 뼈들)으로 나뉜다.

부드러운 부위들은 대부분 기관계로 여러 기관이 협력하여 몸의 주요 기능을 수행하는 네트워크를 형성한다. 여기에는 소화, 호흡, 순환, 생식과 같은 주요 활동을 담당하는 기관계가 포함된다.

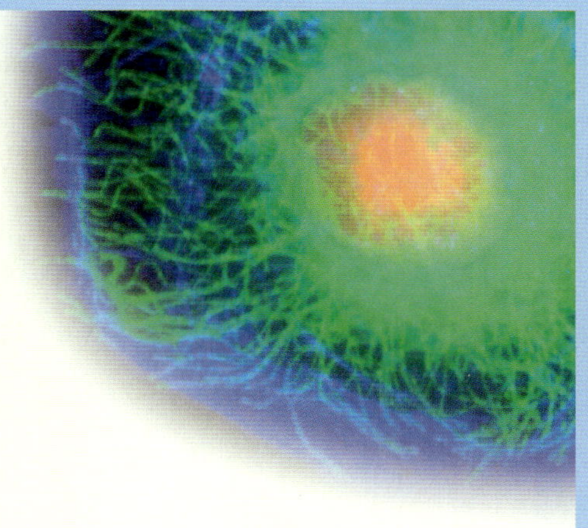

위 현미경으로 본 캥거루쥐의 세포. DNA가 들어 있는 핵은 주황색으로 나타나 있다.
가운데 여자의 골격으로 남자보다 골반이 약간 넓고 어깨가 약간 좁다.
아래 인간의 주요 기관으로, 폐, 심장, 위, 내장이 나타나 있다. 이 부드러운 부위들은 몸 중앙에 축을 이루고 있는 골격의 지지를 받는다.

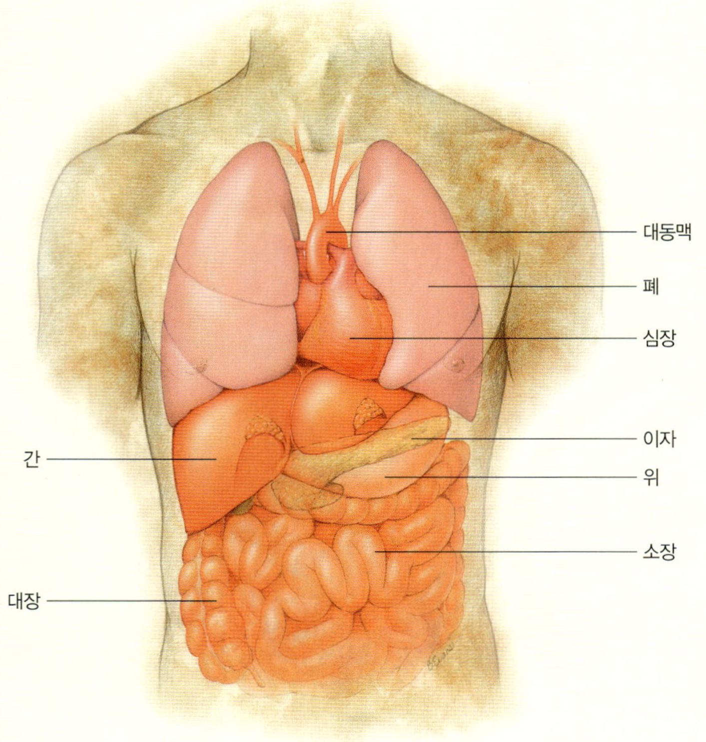

생명의 군집

왼쪽 그림에 나타난 온대다우림에는 몇 종의 식물만이 번성해 있다. 지의류와 양치식물 등이 나무 밑동과 바위를 모두 뒤덮고 있다. 이들은 자연의 최초 정착종이었던 것으로 알려져 있다. 이들은 토양이 쌓이게 하고, 다른 식물이 번성할 수 있도록 영양분을 공급한다.
위 햇빛이 구름 사이로 비친다.
아래 사자가 초원의 세 가지 유형 중 하나인 아프리카 사바나에서 풀 속을 걷고 있다. 나머지 유형은 스텝과 프레리이다.

생물과 무생물 사이에는 매일 역동적인 상호 작용이 일어난다. 햇빛이 비치고, 비가 오고, 바람이 불고, 나무는 성장하고, 곤충은 먹고, 생쥐는 도망치고, 새는 날고, 인간은 각자의 삶을 살아간다. 생물과 이들 사이의 상호 작용 그리고 이들이 살아가는 환경을 통틀어 생태계라고 한다. 이런 생태계를 연구하는 생태학자들은 끊임없이 생태계에 대한 의문을 품는다. 생명체는 어떤 환경에서 살아가는가? 생명체의 수는 얼마나 될까? 생명체는 얼마나 다양한가? 이와 같은 의문에 대한 답은 지구에서 우리와 더불어 사는 생물체의 생존과 결부되어 있다. 그리고 인간의 생존 역시 생태계에 의존하기 때문에, 이런 의문에 대한 답을 찾는 것은 우리 자신에게도 매우 중요하다.

지구에 있는 모든 생명체는 물, 공기를 비롯하여, 지구를 순환하는 모든 물질을 통해 연결되어 있다. 하지만 지구의 환경은 매우 다양하기 때문에 특정한 지역에 살 수 있는 생명체가 있는 반면, 그렇지 못한 것들도 있다. 각 종은 살아가면서 각자 생태학적 역할을 수행한다.

생물과 무생물 사이의 상관 관계는 고정된 것이 아니다. 자원이 풍부하면 개체수는 증가한다. 그리고 자연 재해가 발생하면 새로운 생명이 살아갈 수 있는 공간이 만들어진다. 생명체는 끊임없이 변화에 반응하고 적응하면서 살아가는 것이다.

복잡한 상호 작용

생명은 복잡한 상호 작용을 통해 살아간다. 예를 들어 미국 옐로우스톤국립공원에서 두더지는 일상적으로 땅굴을 파고, 풀을 먹고, 배설물을 배출하고, 다른 두더지들과 소통하고, 코요테의 공격으로부터 도망치며 산다. 이런 일들은 두더지 주변에 있는 생물 및 무생물 환경이 이루는 상호 작용을 나타낸다. 생태학자들은 이를 각 개체, 개체군, 군집, 생태계 그리고 생물군계를 통해 다양한 각도로 연구한다.

개체군 개체군 population은 한 지역에 사는 동일한 종의 생물들로 구성된다. 각 개체군에 따라 크기, 밀도, 지리학적 분포, 연령 분포 등이 차이가 난다. 각 개체들은 해양 요각류와 같이 서식지에 넓게 퍼져서 분포할 수도 있고, 버섯과 같이 밀집되어 서식할 수도 있다. 또 나이가 생식 연령에 있거나 그보다 많거나 적은 개체의 수도 크게 다를 수 있다. 예를 들어 이탈리아의 인구, 즉 인간 개체군은 13.9 %가 15살 이하인 반면, 말라위는 인구의 절반이 15세 이하이다.

개체군은 증가하고, 줄어들고, 일정한 상태를 유지하는 등 매우 역동적인 양상을 나타낸다. 이는 종의 출산, 죽음, 이주 정도에 따라 달라진다. 하지만 대부분의 개체군은 급격하게 증가하는 경우가 드물다. 물 부족과 포식자 등과 같은 제

위 꿀버섯은 주로 죽은 식물에 번식하는 균류이다.
아래 리카온이 얼룩말 무리를 공격하고 있다. 아프리카 사바나의 생태계에서 얼룩말은 사자나 하이에나와 같은 포식자의 중요한 먹이가 된다. 반면 얼룩말은 다른 동물을 사냥하지 않는다. 이들은 초식 동물로 생초나 건초를 먹이로 살아간다.

한 요인들이 개체군이 급격하게 증가하지 못하도록 통제하기 때문이다.

군집 동일한 서식지에 사는 여러 종의 개체군을 통틀어 군집 community이라고 한다. 군집 안에 있는 개체군 사이에는 다양한 관계가 형성된다. 이 중 하나는 포식 관계로, 예를 들어 캐나다 스라소니는 눈신토끼를 사냥하는데, 토끼의 개체수가 증가하면 스라소니도 번성하지만 토끼의 수가 줄어들면 스라소니의 생존도 위협을 받게 된다.

다른 하나는 기생 관계이다. 기생 parasitism이란 한 생명체가 다른 생명체를 영양분과 서식지로 사용하는 경우를 말한다. 예를 들어 일부 흡충류는 개구리 몸속에 기생하여 개구리를 쇠약한 상태의 기형으로 만든다. 사회적 기생은 또 다른 형태의 기생 관계이다. 예를 들어 유럽 뻐꾸기는 다른 종의 새 둥지에 알을 낳는다. 이때 숙주 새는 어리석게도 뻐꾸기 알을 품고, 부화한 새끼를 보육하게 된다. 때로는 뻐꾸기 새끼 때문에 숙

주 새의 새끼들이 죽는 경우도 발생
한다.

　개체군은 공간, 햇빛, 먹이, 물, 영
양분 등 자원에 대한 경쟁competition
을 통해 상호 작용한다. 경쟁이 불가
피한 상황은 흔히 관찰된다. 예를 들
어 목조르기무화과나무는 다른 나무
주변을 감싸면서 영역을 확보하기
때문에 다른 나무들이 죽는 경우도
발생한다. 하이에나와 사자는 신선

뻐꾸기와 같은 조류는 탁란을 한다. 이 새
들은 둥지를 틀지 않고 다른 새의 둥지에
알을 낳은 후에, 그 새로 하여금 자신의 새
끼를 키우게 한다.

한 가젤 고기를 놓고 싸우는 일이 잦다. 가끔 교묘한 수법을 이용하는 경
우도 있다. 흑호두나무와 유칼립투스는 토양에 화학 물질을 분비함으로
써 다른 식물들이 자기 주변에 번식하지 못하게 한다.

　군집 내에 있는 일부 종들은 군집 구조에 큰 영향력을 행사하기도 한
다. 이들을 핵심종keystone species이라고 하는데, 이는 마치 아치 꼭대기의
쐐기돌과 같은 역할을 하기 때문이다. 만약 쐐기돌을 빼내면 아치는 무너
지게 된다. 예를 들어 태평양의 다시마 숲에는 다양한 생명이 살고 있다.
이 복잡한 먹이 그물에는 해달이 주로 성게를 잡아먹으면서 꼭대기에 위
치해 있다. 만약 해달이 없어져 개체군을 통제할 수 없으면, 성게의 수가
걷잡을 수 없이 증가하여, 먹이인 다시마를 지나치게 많이 먹게 될 것이
다. 만약 다시마 개체군에 큰 피해가 생기면 같은 군집에 사는 다른 종들

도 위협을 받게 될 것이다. 이런 이유로 인해 해
달이 이 군집의 핵심종이 된다.

생태계와 생물군계 군집과 그 주변 환경을 통틀
어 생태계ecosystem라고 한다. 이는 생명체와 그
환경 사이에 순환하는 영양분과 물로 나타낸다.
비록 물리적 요인들로 인해 특정 지역에 사는 생
명체들이 결정되지만, 그곳에 사는 생명체들도
환경에 영향을 미친다. 예를 들어 강가에 있는
식물은 강이 일정한 방향으로 흐를 수 있도록 한
다. 만약 늑대가 강가에 서식하게 되면, 그 곳의
사슴들은 그 풀을 먹지 않게 된다. 그러나 늑대
가 강가에서 사라지고 오랫동안 사슴들이 그곳
의 풀을 먹게 되면, 강가의 형태가 망가지고 강
의 흐름이 바뀌면서 거기에 의존하는 생물들도
위협을 받게 된다.

　지리학적으로 가장 큰 생물 분류 단위인 군계
biome는 그 지역의 기후, 우점 군집 등에 의해 결
정된다. 군계는 지구상에서 오염 물질의 전파 방
식 등을 연구하는 데 유용하다.

생태계에 서식하는 생명체들은 복잡하게 얽힌 관계에 있다. 강가에 서식하는 늑대 무리는 사슴이 그곳의 풀을 먹지 못하게 함으로써 강둑을 안전하게 보호한다.

생물군계의 세계

지구에는 다양한 자연 경관이 있다. 일부 지역에는 생명이 활발하게 번성한 반면 일부 지역은 메마르고 거칠다. 햇빛과 물에 대한 접근성은 지리적 위치와 함께 그 지역에 어떤 생명체가 살지를 결정한다. 지리학적으로 거대한 생물군계는 동일한 기후, 군집, 토양을 통해 정의되며, 유사한 종은 유사한 지역에 사는 경향이 있다. 세계의 주요 군계는 일반적으로 열대다우림, 사막, 초원, 온대낙엽수림, 북부림, 툰드라를 포함한다.

다우림과 사막 열대다우림은 태양이 떠 있는 시간이 길고 빛의 강도가 강한 적도 근처에 발생한다. 고온 다습한 공기는 바다에서 물을 흡수하며, 수증기를 응집시킨다. 이로 인해 아마존과 콩고와 같은 다우림에는 매년 강우량이 10 m에 달한다. 그리고 식물이 밀집되면서 어두운 숲의 바닥으로부터 하늘에 이르기까지 겹겹이 우림이 만들어진다. 다우림에는 세계에서 발견된 종의 절반이 서식하고 있다.

열대다우림의 북쪽이나 남쪽에는 뜨거운 사막이 대륙에 걸쳐 나타나 있다. 사막지대는 매년 강우량이 25 cm에도 못 미친다. 아프리카 사하라와 칼라하리, 북아메리카의 소노라와 모자브, 중앙 동아랍 지역 그리고 호주의 거대한 사막지대에는 가뭄과 급격한 온도 변화를 견뎌내는 식물과 동물들이 살고 있다. 사막에 서식하는 캥거루쥐는 식물의 씨를 통해 필요한 물을 섭취한다. 프리클리페어선인장prickly pear cactus은 체표면에 미끈미끈한 점액을 분비하여 수분의 손실을 막으며, 효과적으로 물을 흡수하기 위해 뿌리가 굵고 얕다. 사막은 불모지로 보이지만, 그 속에는 다양한 생명이 살아가고 있다.

초원과 삼림 초원지대에서 나타나는 가장 두드러진 특징은 목초지이다. 초원지대는 스텝, 프레리, 사바나라는 하위 범주로 나뉜다. 이렇게 습기가 조금 밖에 없는 중앙 위도의 생물군계는 남극을 제외한 모든 대륙에서 볼 수 있다. 초원의 강우량은 사막보다 조금 높을 뿐이며, 매년 25-65 cm 밖에 오지 않는다. 이 지역에는 나무의 싹을 먹이로 하는 동물이 서식하기 때문에 나무의 분포는 적다. 또 주기적으로 불이 나기 때문에 나무가 쉽게 뿌리를 내리지 못한다. 높이가 5-15 cm까지 자라는 목초지가 초원지대의 대부분 덮고 있기 때문에 이 지대에 서식하는 다양한 생명체들을 간과하기 쉽다. 현재 농업을 주로

위 우거진 숲은 열대다우림의 특징이다.
아래 울버린은 북부림에 서식한다. 이와 같이 높은 위도에 있는 생물군계는 러시아와 캐나다에 넓게 분포한다.

북극곰은 툰드라지대에 사는 몇 안 되는 동물종이다. 툰드라지대에는 흰올빼미, 고니, 순록 등이
서식하고 있다.

하는 아메리카 프레리에는 살쾡이, 독수리, 골든로드 등이 서식하고 있
다. 아시아에 있는 스텝에는 검은꼬리가젤, 브릿지풀, 핸더슨그라운드
어치 등이 분포한다.

온대낙엽수림은 초원보다 조금 높은 위도에 있다. 온대낙엽수림은 지
구 곳곳에서 나타나며 특히 미국 동부에 많이 나타난다. 사계절이 뚜렷
하고 여름과 겨울의 온도가 눈에 띄게 차이 나는 특징이 있다. 이 지역에
서식하는 단풍나무, 참나무, 느릅나무, 박달나무 등은 낙엽이 져 겨울에
잎이 떨어진다. 이들 중에는 생산한 씨앗을 동물을 통해 퍼트리는 경우
도 있다. 너구리나 흑곰, 칠면조, 개구리를 비롯한 여러 동물들이 이런
나무를 통해 영양분을 얻는다.

한대림 생물군계는 이보다 더 높은 위·경도에서 나타난다. 한대림은
러시아와 캐나다에 주로 분포하고, 전나무, 가문비나무, 소나무와 같은
상록침엽수들이 이 지대 전역에서 자라고 있다. 시원한 기후 때문에 다
습하고 일부 지역에서는 산성 토탄 이끼가 자라는 등 습지대가 나타난
다. 한대림에 주로 서식하는 동물에는 콩새, 아비새, 말코손바닥사슴, 울
버린 등이 있다.

북극과 고산지대 그리고 툰드라
는 가장 높은 위도와 경도를 차지
하고 있다. 이 지대의 여름은 매우
짧고 겨울은 매우 춥다. 북극 토양
은 영구 동토대permafrost라고 하는
데, 실제 영구히 얼어 있는 상태이
다. 여름에는 얇은 표층만 녹기 때
문에 겨우 식물이 자라날 수 있는

알프스 산맥과 북극 툰드라 생물권의 땅은
연중 대부분 얼어 있다. 표면층만이 일시적으
로 녹으면, 그 위에 소수의 식물이 자란다.

정도이다. 이런 환경에 서식하는 황새풀과 같은
식물들은 짧은 시간 안에 성장과 생식을 해야 하
기 때문에 높이 자라지 않는다. 툰드라지대에 서
식하는 동물에는 흰올빼미, 고니, 순록, 북극곰
등이 있다.

해저의 산호. 심해는 수온이 매우 낮고 빛이 없기 때문에,
여기서 살 수 있는 동물과 식물은 극히 소수이다. 이런 환
경에는 지렁이와 시력이 없는 게들이 번성한다.

바닷속 세상

땅에 다양한 지대가 나타나지만, 지구는 사실 육지
로 이루어진 행성이 아니다. 지구의 약 3/4는 물
로 덮여 있으며, 와편모충과 같은 미생물에서 대포
오징어까지, 매우 다양한 생물들의 서식지를 제공
한다.

해양생물군계에는 바다와 큰 강어귀가 포함된다.
담수와 해수가 만나는 강어귀는 나무 뿌리나 바위
아래에 숨어 사는 어린 해양 생물들의 보금자리가
되는 경우가 많다. 심해에는 빛이 적고 온도가 낮
으며, 생물들은 그 환경에 따라 층을 이루며 서식
한다. 바다에 사는 상어, 참치, 고래 등과 같은 종
들은 바다의 상위층 1,000 m를 차지하고 있다. 반
면 해저에는 지렁이나 눈이 퇴화한 게 등이 서식
한다. 해저에서 아주 뜨거운 물을 분출하는 열수
분출공 주변에도 매우 복잡한 생태계가 형성되어
있다.

담수생물군계에는 호수, 강, 습지 등 있다. 지구상
에서 흐르는 담수는 1 %에 지나지 않다. 하지만 송
어와 부들개지, 녹조류, 갑각류, 잠자리 유충 그리
고 인간을 비롯한 무수한 생명체가 여기에 의존하
여 살고 있다.

먹고 먹히는 관계

포식자–피식자의 관계, 즉 동물들이 서로 먹고 먹히는 관계를 알아보는 것은 한 생태계에 살고 있는 여러 동물의 관계를 알 수 있는 좋은 방법이다. 이러한 관계들은 먹이 사슬food chain이나 먹이 그물food web과 같은 도식을 통해 나타낼 수 있다. 풀씨를 쥐가 먹고, 쥐를 독수리가 잡아먹는 먹이 사슬은 이 관계를 단순화시킨 도식이다.

현실에서 이러한 관계는 매우 복잡한 형태로 나타나기 때문에 먹이 사슬보다 복잡한 먹이 그물로 나타내는 것이 더 정확하다. 먹이 그물은 먹고 먹히는 다양한 생명체들의 관계를 보여줄 수 있기 때문이다. 예를 들어 독수리는 쥐를 잡아먹지만, 여우, 매와 같은 여러 포식자들도 쥐를 잡아먹는다. 또 생명체가 생장하면서 이 관계는 변할 수도 있다. 올챙이와 개구리는 각각 먹이 그물에서 고유한 위치를 차지한다.

먹이 그물의 단계 모든 먹이 그물의 밑바닥에는 햇빛을 영양분으로 전환시키는 식물이나 조류와 같은 광합성 생산자들이 있다. 그 위에는 메뚜기나 다람쥐, 사슴과 같은 초식 동물들이 있다. 또 그 위에는 2차, 3차, 4차, 5차 소비자들이 있다. 여기에는 코요테, 뱀, 까마귀, 독수리 등과 같은 동물들이 포함된다. 호수나 바다도 이와 비슷한 양상이 보이는데, 식물성 플랑크톤이 생산자의 역할을 한다. 식물성 플랑크톤을 먹는 물벼룩이 1차 소비자가 되고, 새우, 블루피쉬, 참치, 상어들이 그보다 상위층 소비자들로 살아간다. 일부 먹이 그물들은 육지와 수중의 경계선을 넘기도 한다. 예를 들어 갈매기는 하늘을 날다가 물고기를 사냥하고, 일부 물고기는 날아 다니는 곤충을 잡아먹기 위해 물속에서 뛰어오르기도 한다. 먹이 사슬은 이러한 먹이 그물을 5개 이하의 단계로 단순화시킨 것이다. 또 상위 단계로 올라갈수록 생명체의 종류도 줄어든다.

위 식물성 플랑크톤은 호수나 바다 먹이 그물에서 가장 밑바닥에 있는 생산자이다.
가운데 쥐는 먹이 그물에서 거의 밑바닥에 있는 동물로 씨앗을 먹고 산다.
아래 독수리가 먹이 사슬에서 차지하는 역할은 쥐를 사냥하는 것이다. 하지만 독수리뿐만 아니라 다른 동물들도 쥐를 사냥한다. 먹이 사슬의 위쪽으로 갈수록 개체수는 줄어든다.

옥수수 찌꺼기에 파리가 모여 있다. 파리는 배설물과 죽은 생명체를 분해하는 데에 일조하기 때문에 분해자로 분류되기도 한다.

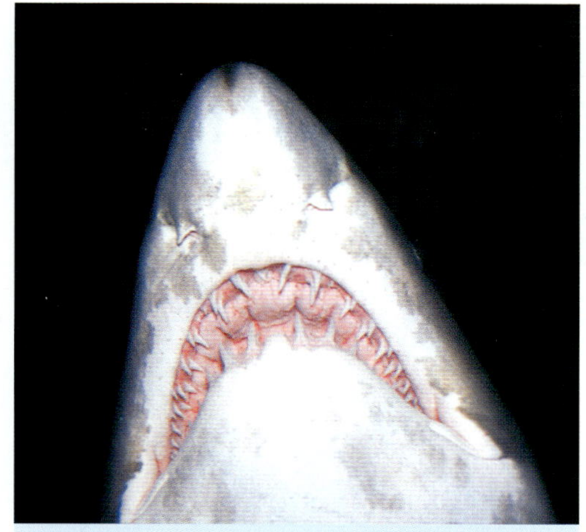

백상어는 날카로운 이빨 덕분에 여러 동물들 사이에서 가장 무서운 포식자 중 하나로 알려져 있다.

에너지와 오염 물질의 이동 먹이 그물은 동물들 사이의 먹고 먹히는 관계뿐만 아니라 생태계에서 에너지가 이동되는 방식을 보여주기도 한다. 지구는 어마어마한 양의 에너지를 태양으로부터 받지만, 식물은 그중에서 매우 적은 양만 에너지로 전환하여 사용한다. 또 그 에너지 중 일부는 식물 몸에 저장되고 1차 소비자가 이를 섭취한다. 2차 소비자는 1차 소비자를, 3차 소비자는 2차 소비자를 잡아먹으면서 먹이 그물은 확산되지만, 각 단계에서 에너지의 손실이 일어난다. 그렇기 때문에 생태계에서 식물은 1차 소비자보다 더 많은 에너지를 가지고, 이들은 또 2차 소비자보다 많은 에너지를 가진다. 따라서 보통 상위 단계에 있는 포식자들의 개체수가 더 적다.

에너지와는 달리 각 단계에서 손실되지 않는 화합물들이 있다. DDT나 수은과 같은 화학 물질은 먹이 사슬 위로 오를수록 점차 축적되면서 상위 단계에 있는 소비자들의 몸에 농축된다. 예를 들어 참치와 같이 먹이그물의 정점에 있는 포식자들은 천적이 적기 때문에 수은 수치가 상대적으로 높게 나타난다. 반면 같은 수역에 서식하는 정어리의 오염 수치는 참치에 비해 매우 낮게 나타날 것이다. 모든 생물체는 무엇을 먹느냐에 따라 좋은 방식으로든 나쁜 방식으로든 영향을 받을 수밖에 없다.

분해 분해자는 이와 같은 구조 속에서 어디에 들어갈까? 세균과 균류는 배설물과 죽은 유기 물질을 분해한다. 이들은 먹이 그물에서 흔히 정점에 있는 포식자와 생산자 사이의 연결 고리이며, 영양분의 순환에 중요한 역할을 한다.

포식자의 출현

포식자은 강력한 턱이나 발톱 그리고 민첩한 공격이나 지능적인 행동을 통해 먹이 그물의 상위층을 차지한다. 그중 일부는 단독으로 사냥을 하고, 일부는 무리를 지어서 사냥을 한다. 하지만 먹이가 되는 동물의 입장에서는 모든 포식자가 무시무시하다.

송골매는 날카로운 발톱을 이용하여 쥐나 작은 새의 몸을 찢을 수 있고, 먹이를 사냥할 때는 시속 110 km에 가까운 속도로 날 수 있다. 퓨마는 순식간에 시속 50 km의 속도를 내면서 붉은사슴과 같은 동물을 사냥한다. 또 사냥감의 목을 400 kg의 힘으로 물어서 부러뜨린다.

백상어는 날카로운 이빨을 이용해 먹이를 잡아먹는다. 이들은 이빨이 떨어져 나가도 뒤에 대기하고 있는 예비 이빨들이 앞으로 나오는 특성이 있다. 백상어는 또 물속에서 최고 시속 40 km까지 이동할 수 있기 때문에 먹이가 이들로부터 도망치는 일은 쉽지 않다.

보통 분해자는 먹이 그물에서 소비자로 간주된다. 간혹 이들은 먹이 그물에 포함되지 않는 경우도 있는데, 이는 분해자의 역할을 간과한 것이다. 왜냐하면 분해자도 다른 생명체들이 섭취할 수 있는 영양분을 만드는 데, 중요한 역할을 하기 때문이다.

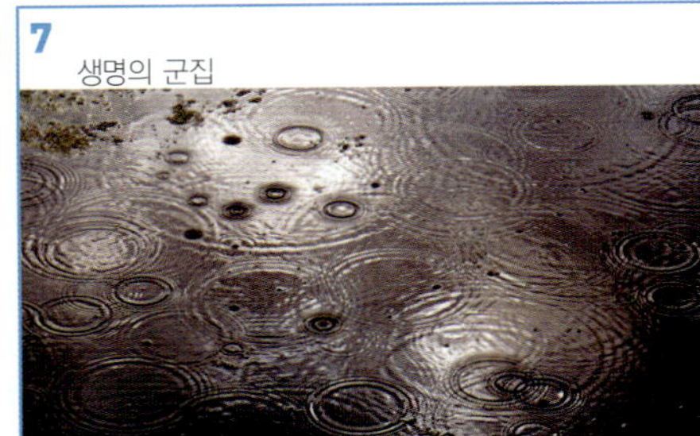

끊임없는 순환

자연계에서 버려지는 것은 없다. 모든 것은 재활용된다. 산소나 칼륨 같은 물질은 환경에서 생물체로 이동하고, 다시 환경으로 돌아온다. 이런 물질의 순환은 여러 도식에서 간단하게 표현되지만, 실제로는 물질이 여러 지점을 통해 출입하기 때문에 매우 복잡한 양상을 보인다. 물과 탄소, 질소의 순환은 생명체에 많은 영향을 끼친다. 이 세 물질은 생명이 존재하는 데에 매우 중요하며 생명체의 몸을 드나들면서 끊임없이 순환한다.

물의 순환 물의 순환은 먼저 바닷물과 육상 식물에서 물이 증발하는 것으로 시작한다. 이렇게 증발한 수증기는 결국 비나 눈의 형태로 지표면으로 다시 내려온다. 지상에 떨어지는 강수는 땅속으로 스며들거나, 중력에 의해 강, 천, 계곡 등과 같은 물길을 통해 흐른다. 한 지역에 있는 물은 결과적으로 하나의 강이나 천에 모여든다. 이

런 유역은 몇 km²에 그칠 수도 있지만, 때로는 미시시피 강유역과 같이 미국의 1/3을 차지할 만큼 클 수도 있다.

생명이 존재하기 위해 물이 필요하다. 물은 칼슘과 같은 근육 수축이나 신경 전달, 혈액 응고, 골격과 치아의 성장 등에 필요한 물질을 운반한다는 점에서 매우 중요하다. 인간은 마실 수 있는 수원을 얻기 위해서 물의 순환을 관리해야 한다. 즉, 계절적 유입 및 유출에 상관없이 충분한 양을 확보할 수 있어야 한다.

탄소의 순환 물의 순환과 함께 탄소의 순환도 생명체에 매우 중요하다. 왜냐하면 탄소는 모든 생물체의 기초 구성 단위이기 때문이다. 탄소는

위 비가 와서 물이 고여 있다.
아래 지구에 존재하는 물은 다양한 과정을 통해 재분배된다. 물은 바다에서 증발하여, 강수의 형태로 땅으로 다시 떨어진다(왼쪽 아래, 위). 물은 식물의 증산 작용(식물이 수분을 잃는 것)과 증발을 통해 지표면에서 대기로 이동한다. 물은 강이나 천 등을 통해 다시 바다로 이동한다(가운데). 또 지하수의 형태로 토양과 바위 사이에 흐르기도 한다. 땅속의 담수의 양은 호수나 강, 지중해의 30배 이상이다.

트럭이 배기관에서 연기를 분출하고 있다. 이 연기는 화석 연료가 탈 때 발생하는 탄소 부산물이다. 많은 과학자들은 화석 연료의 연소가 지구 온난화의 주된 원인이라고 생각한다.

DNA, 단백질, 탄수화물과 지방 등을 구성한다. 탄소는 대부분 세포 호흡, 화산 폭발 그리고 화석 연료나 나무를 태울 때 발생하는 이산화 탄소의 형태로 대기권에 유입된다. 바다에서는 주로 탄산 염과 중탄산 염의 상태로 용해되어 있다. 광합성 식물 및 조류는 탄소를 흡수하여 자신의 몸을 구성하는 분자로 합성한다. 동물이 식물을 먹으면, 탄소는 먹이 그물 사이를 이동하면서 다른 생명체로 전달된다. 식물과 동물이 죽으면 사체가 분해되면서 탄소는 환경으로 돌아가 재활용된다.

화석 연료를 태우고 산림 개간 등으로 숲이 파괴되면, 생명체에서 탄소가 환경으로 돌아가는 것보다 더 빠른 속도로 대기에 퍼지게 된다. 이는 대기 중에 있는 탄소 중 이산화 탄소로 존재하는 비율을 높이게 된다. 이산화 탄소는 대기에서 온실 기체와 같은 역할을 하여 태양열을 지표면에 가두게 된다. 대기를 연구하는 대부분의 과학자들은 인간 활동이 없을 때에 비해 지구에 이상 온난화가 벌어지는 것은 이산화 탄소와 같은 온실 기체 때문이라는 데에 이견이 없다.

조류가 정체된 웅덩이에 피어 있다. 조류는 빛 에너지를 이용하여 이산화 탄소를 유기물로 전환시키면서 탄소 순환에서 중요한 역할을 한다.

질소의 순환 질소는 단백질을 구성하는 아미노산의 구성 요소이다. 질소도 생명에 반드시 필요한 원소이며, 대기의 80 %를 구성하기 때문에 매우 흔한 자원이라고 생각하기 쉽다. 하지만 생태계에서 질소는 가장 귀한 영양분 중의 하나이다. 질소는 식물과 동물이 사용할 수 있는 분자 형태로 고정되어야 하며, 이는 번개나 화산 활동 그리고 일부 세균을 통해서만 일어난다. 식물은 질소를 고정하는 세균에게 당분을 나눠주면서, 뿌리 근처에 살게 한다. 세균이 질소를 암모니아와 암모늄으로 합성하고 난 후에야 생명체들은 이를 사용할 수 있다. 식물과 동물이 죽으면, 세균은 사체를 분해하여 기체 질소를 다시 대기로 방출한다.

질소는 비료의 주요 구성 성분으로 미국에서만 매년 5,000만 톤의 비료가 사용되고 있다. 비록 비료에 사용되는 질소가 식물을 통해 순환되어 대기로 돌아가긴 하지만, 삼림 파괴는 생태계에서 질소를 완전히 없애는 결과를 초래할 수 있다.

생태계의 구성원에게 주어진 역할

각 종은 생태계에서 고유한 역할을 수행하며, 이 역할을 생태적 지위라고 한다. 생태적 지위 niche란 생물이 살아가는 방식으로 각 종이 주변 환경 속에서 생존하고 번식할 때, 각각의 고유한 특징과 능력을 사용하는 방식을 말한다. 이런 특징과 능력은 종이 환경에 적응하면서 나타난다. 생태학자 유진 오덤Eugene Odum은 생태적 지위가 생태계에서 종의 역할과 직결된다고 설명한다.

위 삿갓조개가 바위에 서식하고 있다. 생태학자들은 모든 삿갓조개가 건조한 바위와 젖은 바위 모두에 살 수 있는 것이 아니라는 사실을 발견했다.
아래 펭귄은 추운 환경에 적응하기 위해 두꺼운 지방층이 발달했다.

적응 각 종은 물리적, 화학적 환경에 적응하면서 살아간다. 펭귄은 차가운 물속에서 물고기를 사냥하는 생태적 지위에 적응하기 위해 두꺼운 피부 지방층이 발달했다. 거대한 개미핥기는 생태적 지위에 따라 50 cm가 넘는 긴 혀를 이용하여, 둥지 속에 있는 개미를 잡아먹는다.

때로는 생명체가 생태적 지위를 갖는 이유가 눈에 확연하게 보이지 않을 수 있다. 예를 들어 서로 다른 종의 삿갓조개가 해안에 만조와 간조 사이의 공간인 조간대에 살고 있다. 하지만 높은 위치에 있는 건조한 바위와 낮은 위치에 있는 젖은 바위에는 서로 다른 종이 살고 있다. 반면 이 두 종의 삿갓조개 유충은 물에 여기저기 고르게 흩어져 떠다니는 것을 볼 수 있다. 두 삿갓조개가 서로 다른 서식지를 선택하는 이유를 알아보기 위해 생태학자들은 낮은 위치에 있는 촉촉한 바위에 서식하는 삿갓조개 종을 제거하고 해안을 관찰했다. 그러자 높은 위치에 있는 건조한 바위에 서식하던 삿갓조개 종이 새로 생긴 공간으로 이주하는 것을 발견했다. 하지만 생태학자들이 위쪽 바위에 서식하는 삿갓조개 종을 제거했을 때는, 아래쪽 바위의 삿갓조개 종은 건조한 바위에서 생존할 수 없기 때문에 이주하지 않는 사실을 알아냈다.

이 실험은 위쪽 바위에 사는 종은 공간이 허락하는 한 모든 바위에 서식할 수 있다는 사실을 시사한다. 이상적인 조건 하에서는 이 종은 모든 바위에 살 수 있는 것이다. 이를 근본 생태적 지위라고 한다. 하지만 경쟁종이 아래쪽 바위를 차지하고 있기 때문에 이들은 위쪽 바위에만 살게 된다. 이를 삿갓조개의 실제 생태적 지위라고 한다. 이와 같은 현상을 경쟁적 배제competitive exclusion라고 한다.

천이 군집은 천이라는 과정을 통해 변화를 겪게 된다. 천이succession는 생태적 지위가 발달하면서 일어나는 현상이다. 화산 폭발이나 빙하의 소실 등 가벼운 지각 변동이 일어나게 되면, 새로운 생명이 살 수 있는 공간이 생기면서 비교적 예측할 수 있는 방식으로 새로운 군집들이 나타난다. 황무지에 아무런 생물도 살고 있지 않으면, 이곳을 가장 먼저 터전으로 삼는 것은 지의류이다. 지의류 moss 는 황무지에 살면서 토양의 축적을 돕는다. 토양이 생기면 식물은 바위에 자라난 지의류를 밀쳐내고 정착한다. 이와 같은 과정은 여러 번 반복적으로 일어난다. 천이는 또 폐가나 버려진 밭에서도 일어날 수 있다. 이런 환경에도 시간이 지나면서 원래의 군집이 다시 나타난다.

알래스카에서 빙하가 사라지면 노출된 황무지에 지의류가 금방 나타난다. 그 다음에는 쇠뜨기와 분홍바늘꽃 등이 자라게 된다. 시간이 더 지나면 오리나무와 미루나무 그리고 버드나무 등이 자라게 된다. 이들은 수십 년 동안 황무지에 살면서 식물 덤불을 만든다. 한 세기쯤 지나면 가문비나무와 솔송나무가 번성하게 된다. 이런 천이는 지금 현재도 일어나고 있다.

천이가 일어나는 이유 천이는 군집 내에 있는 자원에 대한 접근성이 변하면서 일어난다. 지의류가 번성하면 황무지는 더 이상 단순한 땅이 아니다. 예를 들어 축축한 토양이 축적되면 씨앗이 자라는 데에 필요한 자원이 생기게 되는 셈이다. 또 이곳에 키가 큰 나무가 자라게 되면 그 아래에는 그늘이 생긴다. 생명체는 환경의 물리적 속성에 따라 다양한 방식으로 나타나는 것이다. 천이의 각 단계마다 새로운 생태적 지위들이 발생한다.

따라서 흔히 천이를 하나의 선형적인 과정으로 표현하지만, 언제나 한 방향으로만 진행되는 것은 아니다. 군집들은 폭풍이나 산사태, 홍수와 같은 다양한 강도의 변동을 겪는 일이 빈번하다. 따라서 천이도 다양한 방식으로 나타난다. 이런 지각 변동으로 인해 그 지역에 살던 개체군이

왼쪽 분홍바늘꽃의 꽃송이는 나무가 적은 삼림지역이나 불모지에서 흔히 볼 수 있다.
오른쪽 이끼와 버섯이 나뭇가지에서 자라고 있다. 새로운 군집이 발생할 때 가장 먼저 자라는 식물들이다.

나 종이 사라지면, 생존한 생명체가 돌아오거나 타 지역에 살던 생명체들이 이주해 들어올 수도 있다.

큰 산불이 일어나 많은 나무가 타버리면, 다른 종들이 빈 공간으로 이주해 들어오게 된다. 숲에 있던 일부 나무 종들은 땅속에 내렸던 뿌리가 남아있기 때문에 얼마 지나지 않아 다시 자라기도 한다.

불속에서 태어나다

불이라는 현상은 굉장한 파괴력을 가지고 있다. 마른 솔잎이나 나뭇잎, 나뭇가지 또는 죽은 나무 조각이 벼락을 맞으면 자연 화재가 일어날 수도 있다. 이렇게 시작한 불은 넓은 지역을 훑고 지나갈 수도 있고, 때로는 천천히 타면서 한 지역을 완전히 파괴할 수도 있다.

하지만 이렇게 큰 지역이 파괴되면, 새로운 생태계가 돋아나기 시작한다. 불로 인해 일종의 개척지가 발생하면, 새로운 종들이 이주해올 수 있는 터전이 생기면서 천이가 '재시작' 된다. 미국 서부에 많이 서식하는 산쑥, 미루나무, 버드나무 등은 땅속에 뿌리가 남아있기 때문에, 산불이 지나간 후에 다시 자라기 시작한다.

또 일부는 불에 적응하기도 했다. 미국 소나무는 두꺼운 나무 껍질층을 가지고 있기 때문에 고열에 강하다. 롯치풀소나무(lodgepole pine) 중에는 송진이 솔방울을 감싸기 때문에 화재가 발생하면 송진이 녹으면서 자신을 보호하는 종들도 있다. 화재로 인해서 솔방울이 터지면서 나온 씨앗들은 풍부해진 햇빛 속에서 새싹으로 자라난다. 숲이 번성하면 주변이 어둡기 때문에 이런 새싹들은 화재가 일어나지 않으면 자라기 힘들다.

생존을 위한 파트너

여러 종의 상호 작용에는 둘 중 한 종의 희생을 대가로 다른 한 종이 이득을 보는 경우가 있다. 포식 관계나 경쟁 관계 등이 여기에 해당한다. 하지만 서로 협동하여 살아가는 경우도 있다. 이들은 상리 공생이라는 관계를 통해 서로 이득을 보는 관계로 얽혀 있는 생물들이다. 이러한 공생 관계는 두 종 모두가 생존을 위해 필요하거나 한 종이 생존하는 데만 필요할 수도 있다.

상리 공생mutualism은 공생의 한 종류이다. 공생symbiosis이란 서로 다른 종이 밀접한 관계를 가지고 살 때, 한쪽 이상이 이득을 보는 상호 작용으로 정의된다. 상리 공생처럼 두 종 모두 이득을 보는 것도 있지만, 기생parasitism관계처럼 한쪽이 해를 보는 경우도 있다. 기생 동물은 다른 생명체 숙주에게 피해를 주면서 이득을 본다. 예를 들어 인간을 비롯한 여러 동물의 내장에 사는 기생충은 숙주의 피를 빨아먹으면서 숙주를 병들게 만든다. 앞에서 본 두 경우와는 다르게 공생 중에는 편리 공생이라는 것이 있다. 이는 한쪽이 이득을 보는 동안 나머지 한쪽은 아무런 영향도 받지 않는 경우를 말한다.

상리 공생 유카식물과 유카나방은 상리 공생 관계이다. 유카나방은 특정한 유카식물에 알을 낳는다. 유카식물의 꽃은 알을 보호하고, 유충이 부화한 후에는 씨앗을 통해 영양분을 공급한다. 그 대신 나방은 꽃을 수분시키는 역할을 한다.

이 외에 상리 공생은 여러 곳에서 나타난다. 아프리카 악어새는 악어의 이빨에 있는 기생충을 제거해주는 동시에 그 기생충을 먹이로 삼는다. 그리고 아카시아나무는 달콤한 수액을 분비하여 개미를 불러들이고, 개미는 다른 곤충들로부터 나무를 보호해준다. 흰개미는 위 속에 사는 원생동물 덕분에 목질만 소화시킬 수 있다. 지의류는 실제 하나의 생명체가 아니라 균류와 조류가 공생 관계에 있는 상태를 말한다. 조류는 균류에게 영양분을 공급해주는 대신 서식지를 얻는다.

위 아카시아나무는 개미와 상리 공생 관계를 유지하면서 산다. 아카시아나무는 개미에게 달콤한 수액을 제공하고, 개미는 다른 곤충들로부터 나무를 보호한다.
아래 유카나방 두 마리가 유카식물 꽃을 수분시키고 있다. 대신 유카식물은 나방의 알을 보호하므로, 둘은 서로 이득을 보는 관계이다. 자연에는 다른 두 종이 서로의 생존을 위해 협력하는 경우가 많다.

클라운피쉬가 말미잘의 보호를 받고 있다. 이들은 한쪽만 이득을 보는 편리 공생에 해당하는 관계이다. 이 경우, 말미잘이 클라운피쉬로부터 얻는 이득은 분명하지 않다.

편리 공생 편리 공생commensalism이란 한쪽만이 이득을 보는 동안 나머지 한쪽은 아무런 영향도 받지 않는 상태를 말한다. 예를 들어 아프리카 해오라기는 풀을 먹는 소 근처에서 곤충을 사냥하면서 살아간다. 소가 풀을 먹고 있는 동안 곤충은 소 주위를 이리저리 날아다니고, 해오라기는 이를 먹이로 먹는데, 소는 여기서 아무런 득도 보지 않고 피해도 입지 않는다.

공생 관계에 있는 두 종 사이에 이득이 돌아가는 방식은 언제나 분명히 보이는 것은 아니다. 예를 들어 산호초에서 사는 클라운피쉬는 말미잘의 보호를 받으면서 살아간다. 말미잘이 클라운피쉬를 보호하면서 얻는 이득이 명확하지는 않지만, 클라운피쉬가 말미잘의 먹이를 유인한다고 추정할 수는 있다.

인간의 공생 관계 인간은 여러 세균과 공생 관계를 이루며 살고 있다. 우리는 세균에게 서식지와 영양분을 제공하는 대신 세균들도 우리가 필요로 하는 서비스를 제공한다. 예를 들어 우리의 입과 코에는 유용한 세균들이 공간을 차지하고 있기 때문에 병원균이 서식할 수 없도록 만든다. 그리고 대장 속에는 위장에서 충분히 소화되지 않은 탄수화물, 단백질, 지방 등을 분해하는 세균들이 살고 있다. 세균이 영양분을 분해하면 몸은 이를 흡수하는 것이다.

여자의 몸속에 사는 유익한 세균들은 질 내 산도를 pH 4.5로 유지시켜 효모균의 감염을 예방한다. 하지만 현대 의학의 의도와는 달리, 질병을 치료하기 위해 투여한 항생제가 유익한 세균까지 제거하면서 감염이 일어날 가능성을 높이기도 한다.

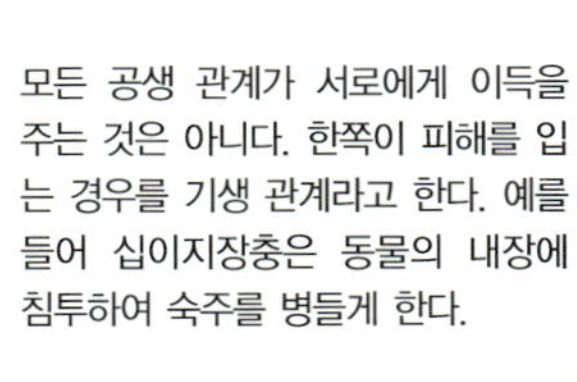

모든 공생 관계가 서로에게 이득을 주는 것은 아니다. 한쪽이 피해를 입는 경우를 기생 관계라고 한다. 예를 들어 십이지장충은 동물의 내장에 침투하여 숙주를 병들게 한다.

인간의 발자취

인간은 지구상에 어떤 흔적을 남기는 것일까? 또 우리가 생태계에 어떤 변화를 가져오는 것일까? 인간 발자취 지수란, 우리가 지구에 끼치는 영향에 대한 개념이다. 이를 계산하는 방법에는 표준적인 삶의 방식을 가진 인구가 살아가는 데에 필요한 땅의 면적과 물의 양을 따지는 것이 있다.

모든 생명체는 그 환경에 변화를 가져온다. 비버들은 댐을 건설하여 물의 흐름에 변화를 준다. 또 코끼리들은 나무를 쓰러뜨리고 바닷새들은 조분석을 만든다. 인간들도 환경에 변화를 가져오지만, 그 크기와 빈도는 다른 야생 동물과 비교할 수 없다.

물리적, 화학적 변화 인간은 환경을 여러 가지

위 공장에서 방출되는 이산화 황은 대기에 축적되면서 산성비를 일으킨다.
가운데 살충제, 비료 및 농업 폐기물은 지하수에 쉽게 스며들 수 있어 식수원을 오염시킬 위험이 있다.
아래 지나친 방목이나 농경지 확장은 환경에 지대한 영향을 미쳐, 비옥한 토지를 사막화시킨다.

물리적, 화학적, 생물학적 방법으로 변화시킨다. 물리적인 측면으로는 숲을 벌목함으로써 야생 동물의 서식지를 파괴하고, 토양의 지지대를 없애 침식이 일어나게 된다. 또 숲이 파괴되면 토양에서 일어나는 질소의 순환이 없어진다. 이 외에도 동물의 서식지를 쪼개는 고속도로의 건설은 포유류, 조류, 양서류, 곤충들의 통상적 이주 경로를 차단한다. 강의 방향을 바꾸거나 댐을 건설하여 태평양의 연어나 흰철갑상어와 같은 물고기의 산란을 막기도 한다. 또 수자원을 과다하게 사용함으로써 지하수 자원이 부족하게 되고, 지나친 방목이나 농경지 확장은 비옥한 땅을 사막화시킨다. 이런 현상은 1930년대에 오클라호마의 먼지 황반 지대와 서아프리카 사헬 지역의 사막화를 통해 실제로 일어나고 있음을 알 수 있다.

화학적인 측면으로는 살충제, 비료, 농업 폐기물 등이 지하수로 유입되는 것을 들 수 있다. 공장에서는 이산화 황을 대기에 분출하고 있으며, 이로 인해 산성비가 발생한다. 미국 뉴욕 주에서는 산성비로 인해 200개 이상의 호수에서 물고기가 사라졌다. 화석 연료의 연소는 대기에 지구 온난화의 원인으로 꼽히는 이산화 탄소를 방출한다.

생물학적 변화 인간의 활동으로 인해 멸종되는 생물들이 점차 많아지고 있다. 1800년대에 북아메리카에서 가장 흔한 새 중에 하나로 여행비둘기가 있었다. 당시 이들의 개체수는 수억에 이르렀다. 하지만 1914년에 들어서 지나친 사냥으로 인해 이들은 멸종되었다. 1800년대 말에는 포경선에 의해 마지막 스텔러바다소까지 사냥되고 말았다. 2000년에는 피레네 야생 염소와 아프리카의 붉은 콜로부스원숭이는 공식적으로 멸종된 것으로 지정되었다.

인간은 지구상에서 의도적으로, 때로는 의도하지 않게 여러 종의 서식지를 옮기게도 한다. 예를 들어 얼룩말홍합은 화물선의 균형과 안정을 유지하기 위해 실은 바닥짐에 섞여서 이주하여 새로운 서식지에 큰 변화를 일으키기도 했다. 또 미국 남부에 걷잡을 수 없이 번성하는 칡은 처음에 원예의 일환으로 미국으로 건너간 것이다. 이와 같은 새로운 군집에 번성하면서 기존의 생태계를 파괴하는 외래종은 서식지 파괴 다음으로 생명체의 멸종을 촉진하는 원인으로 꼽힌다.

인간 발자취의 효과

생태계 변화들을 각각 따져보면 그다지 심각하게 느껴지지 않을 수 있다. 하지만 종의 멸종과 외래종의 침입 그리고 기타 물리적 변화는 총체적으로 생태계를 크게 동요시키면서 그 주변을 넘어서 전 세계에 파급력을 미친다. 영국에서 토끼의 개체수를 의도적으로 줄일 때, 어느 누구도 이로 인한 연쇄 반응으로 특정 나비종이 사라지리라고 예상하지 못했다. 토끼가 줄어들자 그 토끼가 먹던 풀이 번성하면서, 개미가 집을 짓는 데에 필요한 흙밭이 줄어들었다. 이로 인해 개미의

무차별적인 벌목은 동물의 서식지를 파괴하고 토양 침식을 야기한다. 또 벌목은 토양으로부터 질소 자원을 없앤다.

개체수가 줄어들게 되었고, 개미집의 보호를 받으며 살아가던 나비 유충들이 사라지게 된 것이다.

인간이 생태계로부터 받는 혜택은 간과하기 쉽고 수량화하기 어려우며 때로는 평가절하 되기도 한다. 하지만 우리가 생태계로부터 받는 것들은 생각보다 많다. 생태계는 이산화 탄소를 흡수하고, 산소를 방출하고, 물을 여과하고, 태양 에너지를 영양분으로 전환하고, 질소를 고정하고, 강수량을 조절하고, 해안을 폭풍으로부터 지켜주고, 의약품에 쓰일 수 있는 자원을 공급하고, 레크리에이션 및 관광 산업을 발전시키는 등 다양한 측면에서 우리에게 도움을 준다.

도도새와의 작별

도도새는 1600년대에 인도양의 모리셔스(Mauritius) 섬을 방문한 탐험가들이 이름을 지어주었다. 칠면조 만한 몸집을 가진 이 새는 부리가 굽었고 날개가 땅딸막했고, 행동거지는 우스꽝스러웠으며 하늘을 날 수도 없었다. 탐험가들은 이러한 기이한 모습을 재밌게 여겼다. 도도새는 또 탐험가들을 전혀 두려워하지 않는 눈치였으나 이는 도도새의 착오였다.

탐험가들은 아마도 식용으로 도도새를 죽이기 시작한 것으로 보인다. 그리고 살아남은 새들의 둥지는 탐험가들이 데려온 돼지와 같은 가축들이 차지하기 시작했다. 이런 일이 반복되면서, 도도새는 1680년경에 멸종되었다. 이는 인간 발자취 지수가 가지는 파괴력을 실감하는 비극적인 사건이었다.

그로부터 몇 세기가 지나자 그 섬에 서식하던 칼바리아 마요르(*Calvaria major*)라는 거목이 희귀해지기 시작했다. 과학자들은 그 원인을 도도새의 멸종에서 찾았다. 즉, 도도새가 이 나무의 열매를 먹고 씨앗을 배설물과 섞어서 배설하지 않으면 씨앗이 발아할 수 없는 것이다. 오늘날에는 칠면조나 젬스톤 폴리셔와 같은 새들이 이 작업을 대신하고 있다.

도도새는 1680년경에 멸종되었다.

CHAPTER 8

진화의 역사

왼쪽 그림에 나타난 시조새 화석은 1억 5,000만 년 전 쥐라기 시대에 형성된 것으로 추정된다. 고대 생명체가 화석으로 남아 있는 것에서 과학자들은 원시 시대에 대한 기록을 추론할 수 있다. 과학자들은 고대에 살았던 파충류적 특징들을 가진 이 새가 공룡이 새로 진화했다는 사실을 밝히는 연결 고리인 것으로 보고 있다.
위 노란 장미. 유전자 변형을 통해 장미나무에서 미묘하게 색이 다른 노란 장미들이 자랄 수 있다.
아래 어미 캥거루와 새끼 캥거루. 공룡이 멸종하면서, 포유류는 진화를 통해 몸집이 커지고 지능이 높아졌다. 이들이 한때 공룡이 차지했던 생태적 지위를 채우게 된 것이다.

생명에는 역사가 있다. 오늘날 보이는 생명체의 경관은 태초부터 그런 모양을 하고 있던 것이 아니다. 한때는 숨을 쉬는 동물이나 꽃을 피우는 식물도 없었고, 조류의 조상은 하늘을 날지 못했다. 집채 만한 파충류들이 지상을 거닐었으며, 호모 사피엔스가 등장하기 전에는 인간과 유사한 동물이 직립 보행을 했다. 또 석회석과 유사한 방해석으로 만들어진 수정체를 가진 갑각류도 존재했다.

이런 생명체들의 과거 형태를 연구하는 학문이 바로 고생물학 paleontology이다. 또 한 생명체의 형태가 어떻게 다른 형태로 바뀌어 가는지를 연구하는 학문은 진화생물학 evolutionary biology이다. 진화는 생물학적 변화를 일으키는 엔진이며, 생명의 역사를 기술하는 원동력이다. 진화 evolution란 변형을 일으켜 조상과는 다른 특징을 가진 세대의 자손이 나타나는 것을 의미한다. 이렇게 생겨난 다른 특징이 충분한 변화를 겪게 되면 전혀 새로운 종이 탄생하는 것이다.

진화는 부모로부터 자손에게 전달되는 유전자에 의존한다. 유전자의 전달 과정에서 자연 선택이나 유전적 부동과 같은 메커니즘은 유전자를 변형시킨다. 진화의 결과는 선캄브리아대의 생명체에서 최초의 인류에 이르기까지 모두 화석에 기록된다.

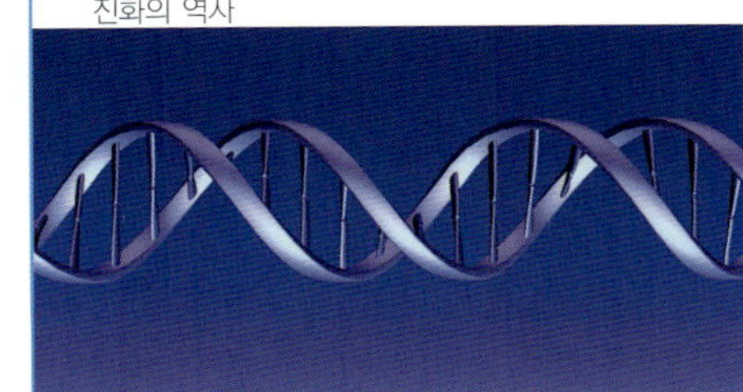

진화의 재료, 유전

생물학적 진화의 기초는 유전자에 있다. 유전자gene는 부모에게서 자손으로 전달되며, 자손의 특징적 모습을 형성하도록 유도하는 지시 사항을 담은 유전의 단위이다. 부모에서 자손으로 전달되며, 자손에게 나타나는 특징을 형성하는 일종의 지시 사항과 같은 것이다. 생물학적 유전 단위는 디옥시리보핵산, 즉 DNA이다. 동식물과 같은 진핵생물의 경우, 유전자는 핵에 들어 있는 염색체에 정렬되어 있다.

유전자가 만약 부모의 정보를 완벽하게 전달하면 진화는 일어날 수 없다. 30억 년이 지나도, 태초에 존재했던 유기체의 DNA 외에는 아무것도 존재할 수 없는 것이다. 하지만 유전자는 완벽한 정보 전달자가 아니다. 이들은 오차를 보이면서 복제되고 새롭게 재조합되기도 한다. 30억 년이 지나면서, 이런 불완전성은 지구에 세균으로부터 물고기, 나무, 개미, 코끼리, 인간 그리고 무수하게 다양한 생물들을 탄생시켰다. 유전자를 통해 불완전하게 유전되는 특징들이 바로 진화를 일으킨 재료인 것이다.

분자 수준에서의 유전자 유전자는 염색체 속에 있는 DNA 분자의 일부분이다. 이는 DNA 구조를 통해 유전 정보를 전달할 수 있는 능력을 얻게 된다. DNA 분자의 구조는 사다리를 꼬아 놓은 것과 비슷한 모양을 하고 있다. 사다리의 각 발판은 두 개의 염기로 되어 있다. 염기는 아데

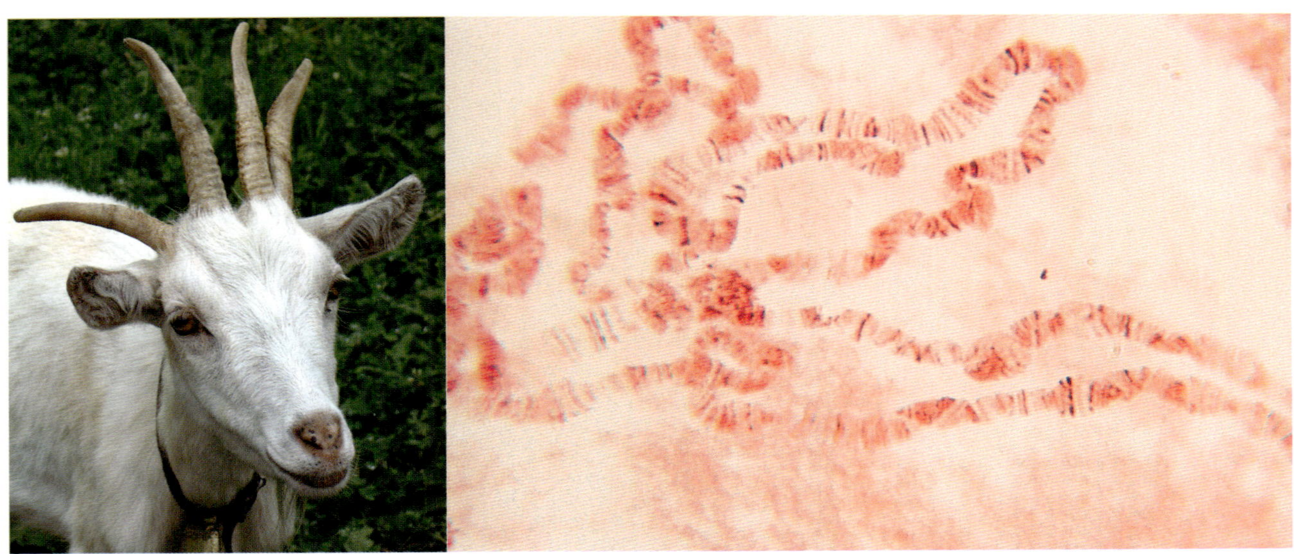

위 컴퓨터로 표현한 DNA 이중 나선 분자. 염색체에는 DNA가 포함되어 있어 유전 정보를 전달할 수 있다.
아래 왼쪽 그림에 나타난 염소가 뿔이 네 개인 것은 유전적 변이를 통해 설명할 수 있다. 유전의 단위인 유전자는 생물학적 진화의 원동력이다.
아래 오른쪽 모든 식물과 동물은 각각 1개의 DNA 분자로 구성된 염색체를 가진다.

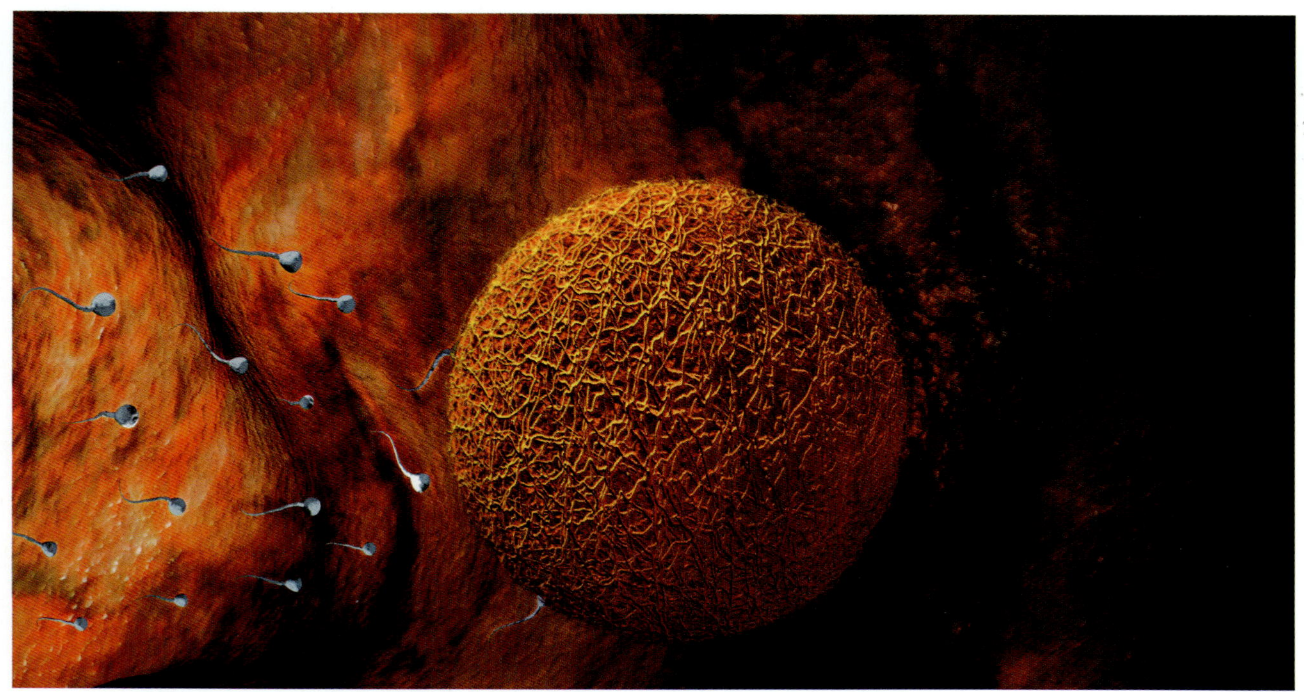

정자가 난자와 수정하는 모습을 표현한 그림. 유전의 법칙은 부모의 유전 형질이 자손에게 전달되는 방식을 설명한다. 이 과정은 무작위로 일어나는 것이 아니라 유성 생식이 일어날 때 유전자는 오히려 일정한 패턴을 통해 전달된다. 이로 인해 유전자는 전달되는 과정에서 복잡하게 뒤섞이면서 고유한 형질을 가진 개체가 발생하게 된다. 유전자가 뒤섞이는 과정은 예측할 수 없는 방식으로 일어난다.

닌, 구아닌, 티민, 시토신 4종류로 이루어져 있다. 이 염기들은 특정한 양상으로 짝을 이룬다. 즉, 아데닌은 티민, 구아닌은 시토신하고만 짝을 이루게 된다.

세포 분열이 일어나는 동안 짝을 이룬 염기쌍들이 떨어지면서 DNA 분자는 반으로 나뉜다. 이렇게 나뉜 DNA 분자 조각의 염기들은 다시 이중 나선 구조를 완성하기 위해 자기 짝을 찾는다. 시토신 염기는 처음 짝을 이루고 있었던 것과 같은 구아닌에만 이끌린다. 이런 과정을 통해 처음에는 1개였던 DNA 분자는 2개의 완벽한 복제본으로 늘어난다.

DNA는 스스로를 복제할 수 있을 뿐만 아니라, 생명체의 구성 단위인 단백질의 생성을 지시하기도 한다. 이런 일이 가능한 것은 DNA의 트리플렛 코드triplet code라는 부분이 단백질에 들어 있는 20종류의 아미노산 중 하나에만 부합하기 때문이다. 따라서 DNA는 특정한 단백질을 구성하는 아미노산들의 서열을 지정하는 암호를 가진 긴 띠로 볼 수 있다. 또 DNA는 단백질을 직접 생성하는 부위로 암호를 전달할 수 있다.

이런 식으로 자손의 DNA는 부모로부터 받은 유전자를 재생산할 뿐만 아니라, 자손의 생장을 지시한다. 이 모든 과정에서 오차가 일어날 가능성은 미약하지만 전혀 없는 것이 아니다. 이 가능성이 엄청나게 긴 시간에 걸쳐 진화를 유도한다.

유전의 법칙　유전이 일어날 때 유전자는 유전의 법칙에 따라 결정된 패턴을 보인다. 제1법칙은 분리의 법칙으로 유전 형질을 결정하는 두 개의 유전자는 정자와 난자가 만들어질 때 분리되어 각각의 생식 세포로 들어간다는 것이다. 제2법칙은 독립의 법칙으로 각 생식 세포에 유전되는 유전자의 조합이 예측할 수 없도록 서로 다른 유전자의 쌍이 독립적으로 분리된다는 것이다. 유성 생식이 일어날 때 남성이 제공하는 유전자와 여성이 제공하는 유전자는 서로 만나 새로운 유전자 조합을 만든다.

유전의 법칙을 통한 유전의 결과는 아주 복잡하게 나타난다. 그로 인해 각 개체는 부모로부터 받은 유전자는 예측할 수 없는 방식으로 조합되고, 자신만의 고유한 형질을 갖는다.

진화의 도구

진화는 여러 도구를 통해 생명체를 변화시킨다. 그중 하나는 유전적 변이로 생명체가 다른 형태로 진화되는 데 필요한 조건이다. 또 이외에는 자연 선택이 있다. 이는 찰스 다윈Charles Darwin이 처음으로 발견했던 원리로 개체군이 환경에 적응하는 방식을 설명한다. 마지막으로는 유전적 부동이 있다. 이는 적응력을 개선하지 않는 유전

자의 빈도가 무작위로 변화하는 상태를 말한다.

유전적 변이

유전적 변이genetic variation가 일어나지 않는다면 진화라는 것 자체가 불가능하다. 유전적 변이는 기본적으로 3가지 사건을 통해 일어난다. 첫째는 돌연 변이mutation로 생명체의 DNA에 변화가 생기는 것을 말한다. 이 현상은 DNA가 자기 복제에 실패할 때 일어나는 것으로 매우 드물게 나타난다. 돌연 변이는 방사능이나 특정한 화학 물질의 영향을 받으면 자연적인 조건에서보다 일어날 가능성이 높아진다. 만약 정자나 난자 세포에 유전적 변이가 일어나면, 이는 다음 세대로 유전된다. 미미한 돌연 변이라도 시간이 지남에 따라 축적되면서 종의 생존에 큰 영향을 미칠 수 있다.

유전적 변이는 또 유전자 흐름을 통해 발생하기도 한다. 유전자 흐름이란 개체군 사이에 유전자가 이동하는 것을 말한다. 이를 유전자 이주라고도 하는데, 여기에는 장소를 옮겨 다니는 꽃가루나 이주 지역을 바꾸는 사람 등이 포함된다. 이주가 일어나지 않는 개체군에서도 유성 생식을 통해 유전적 변이가 일어날 수 있다. 수정란이 형성될 때 새로운 유전자 조합도 발생하는 것이다.

자연 선택

유전적 변이 자체가 생명체로 하여금 환경에 적응하도록 돕는 것은 아니다. 이를 수행하는 것은 바로 자연 선택이다. 자연 선택natural selection이 일어나기 위해서는 생명체의 표현형, 즉 몸집이 크거나 작고, 색이 검거나 흰 경우 등과 같이 겉으로 나타나는 형질을 결정하는

위 강물을 따라 나무의 꽃가루가 퍼져나가고 있다.
아래 흰올빼미는 하얀 깃털로 인해 포식자를 피하거나 먹이를 사냥하는 데에 유리해진다. 즉, 자연 선택은 흰올빼미가 생존하고 생식하는 데에 유용한 도구를 마련해 준 셈이다.

유전자의 힘이 중요하다.

　유전자는 개체군 내에서도 다양하게 나타나므로 생명체의 표현형도 다양하게 나타난다. 하지만 모든 형질이 생명체에게 이로운 것은 아니다. 먹이의 희소성, 포식자의 위험 등을 비롯한 여러 요인들로 인해, 생명체의 형질 중에서 생존에 이롭지 않은 것들은 제거된다. 반대로 환경에 적합한 형질을 가진 개체들, 즉 환경에 더 적응한 개체들은 살아남아 번식한다. 예를 들어 눈밭에서 흰토끼에 비해 어두운 색 토끼가 눈에 띄기 쉽기 때문에, 부엉이와 같은 포식자들이 어두운 색 토끼를 사냥할 가능성이 높아진다.

　이와 같은 생존 싸움의 승리자 흰토끼 들은 환경에 적응한 유전자를 자손에게 전달하고, 생식을 하기 전에 죽은 패배자 어두운 색 토끼 들의 유전자는 제거된다. 이런 과정을 통해 적응도가 높은 형질이 개체군에 더 흔하게 퍼지게 된다. 시간이 지나면서 이와 같은 방식으로 생존에 이로운 형질이 계속 축적되면 전혀 새로운 종이 발생하게 된다. 포식자의 눈에 띄지 않기 위해 겨울에 흰색 털이 자라는 눈신토끼는 이런 자연 선택을 통해 진화한 동물 중 하나이다.

　자연 선택은 또 자웅 선택을 통해 일어나기도 한다. 이 과정은 반대 성의 선택을 받는 데 유리한 형질을 가진 생명체들이 구애에 성공할 가능성이 높아지며, 자손에게 유전자를 물려줄 가능성도 높아지면서 나타난다. 그 결과 공작새의 꼬리와 같이 유리한 형질을 형성하는 유전자들이 개체군 내에 더 널리 퍼지게 된다.

공작새는 구애를 하기 위해 다채로운 색의 꼬리깃털을 부채처럼 펼친다. 공작새는 자연 선택에 의해 자웅 선택이라는 독특한 형질을 얻었다.

유전적 부동 자연 선택과 마찬가지로 유전적 부동 genetic drift 에서는 유전자가 다음 세대로 넘어가면서 더 흔하게 나타나거나 줄어들게 된다. 하지만 자연 선택과는 달리, 여기서 유전자 빈도에 나타난 변화는 개체군의 환경에 대한 적응도와는 관련이 없다. 일부 개체들이 상대적으로 더 많은 자손을 남길 수 있지만 이는 우연의 결과이다. 이 개체들의 유전자는 개체군에 퍼지게 된다. 섬과 육지에 분포한 개체군을 비교할 때, 섬의 개체군이 더 작기 때문에 유전적 부동을 통한 변화의 가능성이 더 크다.

용암이 분출하는 것은 대륙판의 활동으로 인해 일어나며, 종이 진화하는 데에 중요한 메커니즘으로 작동한다.

판 구조론과 진화

진화가 일어나는 방식 중에는, 여러 개체들이 지리학적으로 같은 종의 다른 개체들과 격리되어 일어나는 경우도 있다. 이렇게 분리된 두 무리는 서로 전혀 다른 종으로 진화할 수 있다. 여기서 주요하게 작동하는 메커니즘 중 하나가 바로 대륙판 활동이다.

지구 표면은 여러 개의 대륙판으로 구성되어 있다. 이 거대한 지층 위에 세계의 각 대륙이 얹혀있으며, 이들은 그 아래에 있는 뜨거운 바위층인 맨틀 위에서 끊임없이 움직이고 있다. 엄청나게 오랜 세월 동안 떠다니던 판들은 쪼개지면서 여러 대륙을 형성하고, 산맥과 화산섬을 형성하고, 열곡을 만들어 왔다.

대륙판 활동으로 개체군을 격리시키면서, 끊임없는 진화가 촉진되어 왔다. 오스트레일리아 대륙은 남아메리카와 분리된 후에 캥거루, 코알라와 같이 독특한 유대 동물을 발달시켰다. 태평양에서 발생한 화산 활동으로 갈라파고스 섬이 형성되었을 때, 육지에서 조류나 이구아나 등과 같은 동물들이 이주하여 서식했다. 그로 인해 이 섬에는 지구 어디서도 볼 수 없는 독특한 동물들이 진화를 통해 나타나게 되었다.

진화의 증거

생명체가 진화해 왔다는 증거는 곳곳에 나타나 있다. 이들 중 일부는 더 이상 현존하지 않지만, 원시 시대에 살았던 생명체의 화석을 통해 많은 사실을 알 수 있다. 반면 오늘날 살아 있는 생명체의 몸속에 진화에 대한 증거가 발견되기도 한다. 예를 들어 서로 다른 종 사이에 존재하는 유사한 DNA가 이에 해당한다. 진화에 대한 다양한 실험은 자연적이든 인위적이든 진화 메커니즘이 가진 힘을 증명한다.

화석 오래 전에 죽은 식물이나 동물의 몸을 직접 볼 수는 없지만, 그 형체가 바위에 새겨져서 화석으로 보존되어 있다면, 그 잔해를 분석하는 것이 가능하다. 화석의 연대는 바위 속에 있는 방사성 원자가 붕괴한 양을 측정하는 방사성 연대 측정법을 통해 알아볼 수 있다. 방사성 붕괴는 일정한 비율로 일어나기 때문에 이를 통해 바위가 얼마나 오래된 것인지를 알 수 있다.

과학자들이 발견하고 연대를 측정한 화석들은 어떤 생명체가 언제 존재했었는지에 대해 불완전하지만 유용한 기록을 제공한다. 또 이런 기록들은 생물체들이 진화 과정을 거쳤다는 의견을 증명한다. 화석을 통해 과학자들은 한때 단순한 형태의 세균만 존재했으며, 그 후에 점점 더 다양한 형태의 생물체들이 발생했다는 사실을 알게 되었다. 태초에 살았던 생명체들은 멸종했지만, 이들은 마치 현존하는 생명체의 조상인 것처럼 현존 생명체들과 많은 유사성을 보인다.

몸속 진화의 증거 진화에 대한 증거는 생명체의 몸속 DNA에 암호로 저장되어 있다. DNA 염기 서열의 무작위적인 변화는 시간의 흐름에 따라 일정한 비율로 나타난다. 예를 들어 인간과 침팬지의 DNA 두 생명체가 공통적으로 가지고 있는 DNA와 같이 염기 서열의 차이를 측정함으로써, 언제 동일한 조상이 두 개의 다른 종으로 진화했는지를 알 수 있다.

발생 초기 단계에 있는 생명체가 생장하는 방식을 연구하는 배아학 또한 진화론을 지지한다. 여러 종의 배아는 마치 서로가 공통적인 조상으로부터 발생한 것처럼 유사한 단계를 거쳐 발달하게 된다. 예를 들어

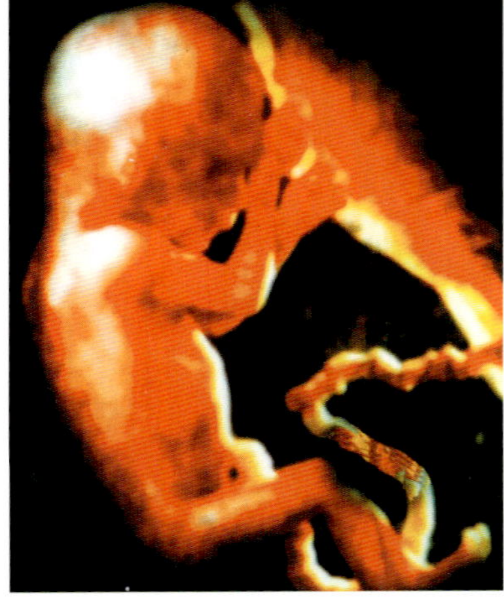

위 화석을 조심스럽게 발굴하고 있다.
가운데 인간의 맹장은 아무런 기능도 수행하지 않는다.
아래 인간 태아의 몸에는 출산 후에 없어지는 솜털이 나 있다. 유인원들도 이와 유사한 털이 자라지만, 이 털은 출산된 후에도 사라지지 않는다.

다리가 달린 고래

화석 중에 진화에 대한 가장 확실한 증거는 두 생명체의 형질이 함께 나타나는 과도기적 형태를 가진 것들이다. 이들은 두 생명체의 중간체라고 할 수 있다. 예를 들어 특정 시간대에 형성된 화석 중에는 포유류가 한 마리도 나타나지 않는 반면, 이후 시대에는 포유류와 유사한 형태를 가진 파충류 화석이 발견된다. 점차 시간을 현대로 진행시키면 파충류와 포유류 사이의 유사성이 더욱 뚜렷해진다. 마지막으로, 그보다 현대에 가까운 시대의 화석을 보면, 포유류의 화석이 발견되기 시작한다.

과도기에 대한 예로는 또 고래의 경우를 들 수 있다. 과학자들은 오랫동안 고래가 육지 포유류의 자손이라고 생각했지만, 육지 포유류와 고래의 중간체가 존재했다는 증거는 오랫동안 발견되지 않았다. 그러던 중 1994년 파키스탄에서 고생물학자들은 5,000만 년 전에 살았던 고래의 화석을 발견했다. 엠블로케투스 나탄스(*Ambulocetus natans*)라고 하는 이 고래 화석에는 육지와 물속 모두에서 사용할 수 있는 뒷다리가 있다. 이 화석에 있는 생명체가 바로 과학자들이 오랫동안 찾던 과도기 형태의 고래이다.

엠블로케투스 나탄스는 고래의 조상으로, 약 5,000만 년 전에 살았다. 발가락이 달린 커다란 뒷다리는 육지와 물속 모두에서 유용하게 사용되었다.

인간의 태아는 솜털이 촘촘하게 나 있는데, 이는 출산 전후로 사라지게 된다. 유인원의 태아에서도 이와 유사한 털이 나타나는데, 이들은 출산 후에도 털이 남아 있다.

일부의 경우에 이런 잔재는 일시적이지 않다. 생명체들은 아무런 기능을 가지고 있지 않거나 오히려 생명체에게 해로운 기관을 가지는 경우도 있다. 예를 들어 인간의 대장에 연결된 맹장은 소화관이 진화가 일어나기 전의 조상들 몸 구조에서는 유용했던, 퇴화 기관이라고 생각하면 현재 몸속에 존재하는 이유를 쉽게 설명할 수 있다. 오랑우탄과 같은 유인원들의 몸속에서 맹장은 오늘날까지 식물을 소화하는 데에 도움을 주는 주머니로 작용한다.

진화에 대한 실험 진화 과정은 오랜 세월에 걸쳐 매우 느리게 진행되기 때문에, 실험을 통해 직접 관찰하기란 어렵다. 그럼에도 불구하고 과학자들은 여러 자연 실험과 인위 실험을 통해 진화에 대한 증거를 발견했다.

생물의 지리적 분포에 관해 연구하는 생물지리학은 과거에 행해진 자연 실험에 의한 증거로 사용된다. 예를 들어 하와이나 갈라파고스 섬 등은 해양 화산이 폭발하면서 형성되었기 때문에 대륙과 연결된 적이 없다. 이런 섬들에 서식하는 종들은 박쥐나 새 또는 물에 떠다니는 나뭇조각을 타고 유입되었을 가능성이 있는 몸집이 작은 동물들이 대부분이다. 이 동물들은 독특한 형태를 갖는 경우가 많기 때문에 과학자들은 이들이 섬에 도착한 후 진화한 증거라고 추정한다.

과학자들은 진화에 대한 자연 실험을 인위적으로 되풀이 해보기 시작했다. 한 연구는 도마뱀이 서식하지 않는 14개에 섬에 도마뱀을 이주시켜 관찰하였다. 10년이 채 지나지도 않아서 섬에 서식하는 도마뱀들은 다리 길이가 차이 나는 등 진화를 통해 환경에 적응하는 양상을 보이기 시작했다.

해양 이구아나는 갈라파고스 섬에 도착한 후 진화하기 시작했다.

대멸종

진화는 매순간 일어나고 있지만 언제나 같은 방식으로 진행되는 것은 아니다. 진화는 환경에 적응하기 위한 작은 차이들이 자연에 의해 선택되면서 느리고 신중하게 진행되고, 가끔 일어나는 유전적 부동의 영향을 받기도 한다. 빠르게 진행되는 진화의 하나로 대멸종을 들 수 있다.

대멸종mass extinction이란 짧은 시간 안에 다수의 종들이 멸종하는 것을 말한다. '짧다'는 표현은 상대적인 것으로 지질학적 연대에서 보면 이 시간은 몇 백만 년에 해당한다. 하지만 일반적으로 지구상에서 종이 발생하고 사라지는 속도와 비교하면 매우 짧은 시간이라고 할 수 있다. 지구상에서 사라진 종의 입장에서 대멸종은 하나의 재해이다. 하지만 여기서 생존한 종들에게는 진화할 수 있는 절호의 기회가 될 수도 있다.

대멸종의 원인 지구의 역사에서 일어난 대부분의 대멸종은 자연적인 원인에 의해 발생했다. 여기에는 기후 변화가 끼치는 영향도 매우 크다. 빙하가 지구 면적을 대부분 차지한 빙하기가 찾아오면서, 여러 지역의 환경은 갑자기 추워졌다. 그로 인해 기후 변화에 적응하지 못한 많은 종이 사라졌다. 이런 빙하기가 4억 4,300만 년 전 오르도비스기 말에 일어나면서 대멸종이 일어났다.

지구에 가끔 운석이 떨어졌는데, 이로 인해 큰 참사가 발생했을 가능성도 있다. 때로는 지구에서 일어나는 대륙판 활동이 대멸종을 일으키기도 했다. 2억 4,800만 년 전 페름기 말 지구 역사상 가장 거대한 멸종이

위 물이 고인 분화구
아래 남대서양에 있는 빙산
대멸종의 원인으로 운석과 빙하기가 지목된다.

공룡의 죽음

6,500만 년 전 백악기 말에, 지름이 약 10 km 정도인 운석이 지구에 충돌하여 멕시코의 유카탄 반도에는 지름이 수백 킬로미터에 이르는 분화구가 생겼다. 이로 인해 1억 메가톤의 에너지(핵폭탄의 힘이 20메가톤 정도 된다)가 방출되어 해일, 지진, 태풍, 산성비 등을 비롯하여, 전 지구에 화재를 일으켰을 것으로 추정되는 열이 발생하였다.

하지만 가장 심각한 효과는 먼지 구름이 대기에 퍼진 것이었다. 이 구름으로 인해 몇 주에서 몇 달 동안 빛이 완전히 차단되었고, 여러 달 동안 황혼 정도 되는 빛의 양만이 지구를 비추었다. 이로 인해 식물들은 광합성을 못하게 되면서 먹이 그물이 곳곳에서 파괴되기 시작했다.

오늘날 대부분의 과학자들은 운석 충돌로 인해 공룡을 비롯하여 몸집이 큰 육지 척추동물들과 다양한 육지 식물이 멸종했다고 생각한다. 지구에 존재했던 종의 70 %가 멸종한 것으로 추정된다. 하지만 포유류는 이를 극복하고 생존했다. 이는 어쩌면 포유류의 몸집이 작고 잡식성이었기 때문에 먹이가 희귀한 암흑기에도 살아남을 수 있었던 것일지도 모른다.

티라노사우루스를 비롯하여 모든 공룡들은 운석이 지구에 충돌한 여파로 죽었을 가능성이 있다.

위 초식 동물인 기린은 거대한 초식 공룡들이 남긴 빈자리를 채웠다.
아래 공룡 시대에 살았던 포유류들은 오늘날의 쥐와 같이 몸집이 작았다.

일어났다. 이 사건으로 지구에 존재하던 모든 동물종의 80−90 %가 사라졌으며, 해양 생물의 경우 95 %가 죽었다. 이 사건이 운석과 관계된 것일 수도 있지만, 화산 활동에 의해 일어났다는 증거도 발견되고 있다. 당시 화산 폭발로 인해 시베리아 전역에 용암이 분출하면서 햇빛을 가리고 기온을 크게 낮출 만큼의 화산재가 방출된 것이다. 또 이외에 당시 대륙판 활동으로 초대륙 판게아이 형성되었으며, 이로 인해 해류와 풍향이 바뀌면서 생태계에 큰 혼란이 일어났다.

대멸종은 단순히 과거에 일어난 일이 아니다. 많은 과학자들은 현재 공룡 시대 후로 가장 거대한 인위적 대멸종이 일어나고 있다는 의견을 제기한다. 이들이 꼽는 원인 중에는 이산화 탄소와 같은 배기 가스, 오염 물질, 잘못된 토지 관리, 야생 동물 서식지의 파괴, 지나친 방목과 농경지 확장, 외래종의 확산 등이 있다. 그 결과, 일부 과학자들은 향후 50년 내에 현존하는 종의 1/4이 멸종 위기에 처할 것이라고 예측한다.

적응 방산 대멸종이 일어난 종들에게는 비극적인 사건이지만, 위기를 넘긴 종들에게는 오히려 기회로 작용한다. 이들은 멸종한 동물과 생존 경쟁을 펼쳤거나 그 동물의 먹이였던 종들이다. 다른 종이 사라지면서 먹이가 풍부해지고 위험이 사라지자, 생존자의 개체수는 기하급수적으로 증가하였다. 이렇게 급증한 자손은 환경에 대해 더 유리했던 이전 종들이 차지했던 생태적 지위를 채워나갔다. 예를 들어 공룡이 사라지기 전에 포유류는 오늘날의 쥐와 유사한 작은 동물들이었다. 하지만 당시 육지를 지배하던 공룡이 멸종하자, 포유류들은 코끼리와 기린과 같은 거대한 초식 동물에서 사자와 호랑이와 같은 거대한 육식 동물에 이르기까지 공룡이 수행했던 역할들을 채울 수 있는 기회를 얻게 되었다.

이렇게 특정 동물군의 종이 갑작스럽게 증가하는 현상을 적응 방산adaptive radiation이라고 한다. 이런 점에서 적응 방산은 대멸종의 긍정적인 측면이라고 할 수 있다.

생명의 태동

46억 년 전, 태양 주변에 우주 먼지와 짙은 기체들이 모이면서 지구가 탄생하게 되었다. 하지만 지구에는 수억 년 동안 아무런 생명체도 살지 않았다. 생명체는 지금으로부터 약 40억 년 전, 지구에 나타나기 시작했다. 최초로 생명이 발생하게 된 원인은 아직까지 밝혀지지 않았지만, 진화를 둘러싼 모든 이야기는 이때부터 시작된다. 생명이 태동한 시점에서부터 다양한 형태로 변형되기 전까지의 시기를 선캄브리아대46억 년-5억 4,300만 년 전까지라고 한다. 이 시기는 굉장히 길어서 지구 역사의 90 %를 차지한다.

최초의 생명체들 최초의 생명체는 바닷속에서 발생했으며, 현존하는 모든 생물체들의 몸속에는 그 흔적이 남아 있다. 인간의 세포는 다른 모든 생물체와 마찬가지로, 순환이나 화학 반응이 일어나려면 액체 상태의 물을 매개로 한다. 최초로 발생한 생명체들의 전구체는 아마도 탄소, 질소, 산소, 수소 등으로부터 자연적으로 합성된 유기 분자들이었을 것이다. 이유는 밝혀지지 않았지만 이 분자들은 음식에 대한 물질 대사와 생식이 가능한 존재로 변하면서 생명을 얻게 되었다. 이와 같은 변신이 일어나게 된 원인은 오늘날까지 수수께끼이다. 또 바다에서 이 과정이 일어난 위치도 밝혀지지 않았다. 최초의 생명체는 햇빛이 에너지를 공급하는 바다 표면에서 일어났을 수 있다. 아니면 태양의 자외선을 피하기 위해 심해에서 일어났을 수도 있다. 또 어쩌면 해저에 있는 고열의 방출구인 열수 분출공에서 일어났을 수도 있다. 이곳에서는 오늘날에도 햇빛 대신에 열수에 있는 화학 물질을 통해 에너지를 얻으면서 살아가는 군집들이 존재한다.

화석 기록을 통해 발견된 최초의 생물체는 35억 년 전에 살았던 세균들이다. 최초의 세균은 바닷물 속에 있는 유기 화합물을 섭취하며 살아갔지만, 시간이 흐름에 따라 이들은 햇빛을 통해 영양분을 생산할 수 있는 능력광합성을 가지게 되었다.

산소의 확산 생명체들은 가끔 의도하지 않게 환경에 큰 변화를 일으킬 수 있다. 선캄브리아대에 살았던 세균들도 마찬가지였다. 이들은 광합성을 하는 과정에서 산소를 부산물로 대기에 방출하였다. 지금으로부터 약 2억 년 전쯤이 되자, 대기 중에는 방대한 양의 산소가 축적되었다. 이 변화는 지구 환경에 엄청난 영향을 끼쳤다. 오늘날 대기에서 산소의 비중은 21 %이며, 인간을 포함하여

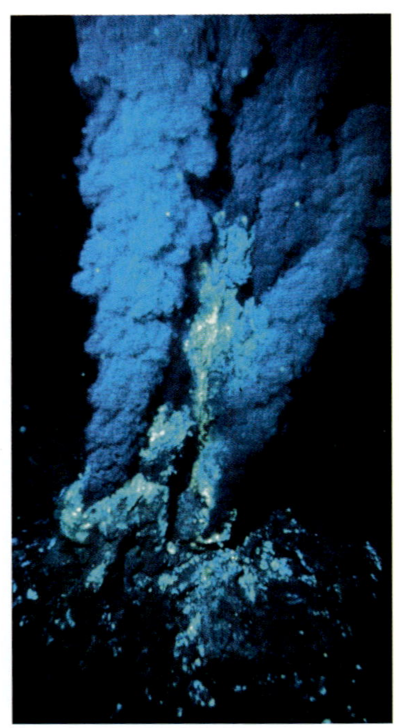

위 파도. 해저로부터 최초의 생명체들이 출현되었다.

아래 해저에 있는 열수 분출공에서는 광물이 풍부한 열수가 분출된다. 해저에 사는 생물이 많은 것은 아니지만, 열수 분출공은 다양한 종류의 생명체들이 살아가는 데 필요한 에너지를 공급한다.

호흡하는 유기 호흡 생명체들의 생존에 필수적이다.

하지만 뜻밖에도 산소를 생산하던 세균은 산소가 필요하지 않았으며, 오히려 산소로 인해 피해를 입었다. 산소에 의해 많은 세균들이 죽었으며, 그중 일부는 깊은 진흙탕과 같은 혐기성 환경에 숨어들어 갔다. 반면 다른 세균들은 음식물을 분해하여 에너지를 얻는 과정에 산소를 안전하게 이용할 수 있도록 진화하였다. 이런 유기 호흡은 무기 호흡에 비해 매우 효율적이어서, 이를 이용하는 새로운 생명체들이 발생하기 시작했다.

진핵생물 21억 년 전쯤이 되자, 유전 물질을 핵속에 저장한 진핵생물이 나타났다. 세균은 유전 물질을 포함하는 핵이 없기 때문에 원핵생물에 해당한다. 최초의 진핵

위 오스트레일리아 남부에서 발견된 화석을 기초로 하여, 선캄브리아대에 발생했던 에디아카라 생물군을 표현한 투시화이다. 이들은 최초의 다세포 생명체의 하나로, 해파리, 해면동물 그리고 몸을 해저에 고정하여 살아가는 동물들이다.
아래 오늘날 스코틀랜드 호수 해저에 존재하는 해양생물군

생물eukaryotes은 세균과 마찬가지로 1개의 세포로 구성되었다. 하지만 13억 년 전쯤이 되자, 단세포 진핵생물은 진화를 통해 조류algae의 형태를 가지게 되었다. 그 후 6억 년 전쯤부터 다세포 동물이 나타나기 시작했으며, 이 중에는 유성 생식을 하는 동물도 있었다.

약 5억 9,000만 년 전부터 5억 4,500만 년 전까지 에디아카라 생물군Ediacaran fauna이 살았다. 여기에는 해파리와 해면동물 그리고 식물과 같이 해저에 고정되어 살아가는 동물들과 몸속에 신체 기관을 담을 수 있는 공간인 체강을 가진 지렁이들도 포함된다. 이는 인간을 비롯한 많은 동물들에서 공통적으로 나타나는 특징이다. 당시의 동물 중에는 광물질로 이루어진 껍데기나 골격과 같은 단단한 부위를 가진 것은 없었다. 이런 동물들은 그 다음 시기에 나타나기 시작했다.

바다에서 육지로

선캄브리아대가 끝난 후 3억 년에 가까운 시간 동안, 세포의 수가 비교적 작은 생물체들은 아주 다양한 동식물로 진화하였다. 물고기에서 나무까지, 우리가 오늘날 친숙하게 접하는 생명체들의 대부분은 이 시기에 발생했다. 이 중에는 삼엽충과 같이 오래전에 멸종한 것들도 있다. 이 시기를 고생대5억 4,300만 년–2억 4,800만 년 전까지라고 하며, 이는 6개의 기紀로 나뉜다. 이 시기들은 캄브리아기, 오르도비스기, 실루리아기, 데본기, 석탄기, 페름기이다. 이 시기에 일어난 가장 중요한 사건은 바로 생명체들이 바다에서 육지로 서식지를 옮긴 것이다.

캄브리아기의 폭발 고생대가 시작될 무렵, 생명체는 무서운 속도로 분화되기 시작했다. 이를 캄브리아기의 폭발이라고 한다. 이 당시 새로운 동물종이 발생한 것에 머무른 것이 아니라, 캄브리아기5억 4,300만 년–4억 9,000만 년 전까지에는 오늘날까지 존재하는

삼엽충은 껍데기가 단단한 해양 동물로 캄브리아기에 번성했다.

동물 몸의 기본 체계를 가진 문門과 현재 더 이상 존재하지 않는 문까지 나타나기 시작했다. 캄브리아기는 현대에 비해 매우 따뜻하고 습했다. 캄브리아기의 동물들은 모두 해양 동물이었으며, 육지 동물은 존재하지 않았다.

캄브리아기의 동물들이 그 이전 시대의 동물들과 구별되는 점은 껍데기나 외골격 그리고 발톱과 같은 단단한 부위를 가졌다는 점이다. 하지만 이런 단단한 부위가 다양하게 나타났음에도 불구하고, 척추가 있는 동물은 없었다. 즉, 캄브리아기의 모든 동물들은 무척추동물이었던 것이다. 그렇기 때문에 캄브리아기와 더불어, 그 다음 이어지는 시기인 오르도비스기는 무척추동물의 시대라고도 한다.

삼엽충 화석은 오늘날까지 발견되고 분류된 캄브리아기 화석의 3/4을 차지한다. 삼엽충은 단단한 껍데기를 가지고 있었으며, 오늘날의 곤충, 거미, 갑각류 등과 같은 절지동물문門에 해당하는 해양 동물이다. 이외에도 캄브리아기 동물에는 해면동물, 연체동물, 극피동물 등도 있다. 하지만 현재 쓰이는 분류법의 어느 항목에도 해당하지 않는 동물들도 있는데, 한

위 쇠뜨기는 포자로 번식하는 식물 중 하나였다.
아래 물고기는 약 4억 4,300만 년 전부터 나타나기 시작했다. 그림에 나타난 데본기의 물고기의 몸에서 처음으로 비늘이 발달하기 시작했다.

캄브리아기 중반의 해양 생물에는 다양한 해면동물, 연체동물, 극피동물, 삼엽충 등이 있었다. 이 동물들은 외골격, 껍데기, 발톱은 있지만 척추가 없었다. 척추동물은 오르도비스기에 나타나기 시작했다.

예가 기이한 모양의 지느러미와 여러 개의 눈을 가지고 있었던 오파비니아*Opabinia*와 같은 동물들이다.

물고기의 시대

오르도비스기4억 9,000만 년–4억 4,300만 년 전까지에는 척추동물이 등장했다. 당시의 생명체 중에는 오늘날과 같이 뼈나 연골로 이루어진 척추를 가지고 있는 것들이 있었다. 최초의 척추동물은 턱뼈가 없고 갑옷과 같은 외피를 가지고 있었던 무악류agnathan의 물고기이다. 이들은 실루리아기4억 4,300만 년–4억 1,700만 년 전까지를 거치면서 턱뼈가 나타나기 시작했다. 데본기4억 1,700만 년–3억 5,400만 년 전까지에는 비늘이 진화되어 나타났다. 데본기에는 연골 골격을 가진 폐어, 갑어, 상어 등과 함께 현대 물고기의 조상인 가오리 등과 같은 경골 어류가 나타났다. 따라서 데본기를 물고기의 시대라고 한다.

바닷속에서 물고기가 크게 번성하고 있는 동안, 육지에서도 큰 변화가 일어나고 있었다. 오르도비스기에는 최초의 육지 식물이 진화되었으며, 실루리아기에는 최초의 육지 동물인 노래기와 같은 절지동물이 나타나기 시작했다. 데본기에 이르러 곤충이 나타났으며, 물고기의 몸속에는 폐가 나타나면서 육지 생활이 가능하게 되었다. 이런 물고기들은 성장 단계에 따라 물과 육지 모두에서 살아가는 양서류로 진화하였다.

원시림

데본기 중반에는 최초의 나무가 나타나기 시작했다. 이 생명체들은 그 다음 시기인 석탄기3억 5,400만 년–2억 9,000만 년 전에 엄청난 규모의 늪지대숲으로 번성하였다. 이런 숲에서 포자를 통해 번식하는 식물들이 처음으로 나타났다. 당시에 번성했던 식물에는 거대한 양치류, 쇠뜨기류, 석송류 등이 있었으며, 그 키는 45 m에 달했다. 또 날개를 가진 곤충과 잉어가 번성했으며 다양한 양서류가 넓은 지역에 분포했다. 같은 이유로 이 시기를 양서류의 시대라고 한다.

석탄기에는 양서류의 적수이면서 일생을 육지에서 보내는 파충류가 나타나기 시작했다. 페름기2억 9,000만 년–2억 4,800만 년 전까지에 세계의 기후가 추워지고 건조해지면서 파충류는 보다 널리 퍼지게 되었다. 무척추동물의 대멸종으로 막을 내린 페름기 이후에는 파충류가 육지를 지배하였다.

공룡의 시대

인간들에게 가장 친숙한 원시 생명체는 아마 공룡일 것이다. 공룡은 몸집이 매우 큰 파충류로 이들보다 몸집이 큰 동물은 이전에도 오늘날까지도 존재한 적이 없다. 하지만 공룡 중에는 몸집이 오늘날의 까마귀와 비슷한 것들도 있었다.

공룡은 중생대2억 4,800만 년-6,500만 년 전까지 동안 지구를 지배했다. 중생대는 거의 2억 년에 이르는 시기로 트라이아스기, 쥐라기, 백악기로 나뉜다. 공룡은 전 세계에 퍼져 살면서 초식 동물에서 육식 동물까지 청소 동물 역할을 하며 생태적 지위를 채웠다. 공룡 중 적어도 일부는 온혈

동물이었던 것으로 보인다. 하지만 공룡은 결국 멸종하여 처음부터 존재하지 않았던 것처럼 생물학의 무대에서 자취를 감췄다. 또 이 시기에 중요한 의미를 가진 생물은 공룡 외에도 여럿이 있었다.

중생대에 살았던 생명체 중 새와 포유류는 오늘날에도 존재한다. 최근에 발견된 화석에서 칠면조와 비슷한 몸집의 수각류는 공룡이 새의 조상이라는 주장을 뒷받침한다.

최초의 공룡 최초의 공룡은 2억 3,000만 년 전, 중생대의 3기 중 첫 번째인 트라이아스기2억 4,800만 년-2억 600만 년 전까지 동안 진화했다. 트라이아스기에 지구의 기후는 대체로 건조한 편이었으며, 양서류에 비해 건조한 환경에 더 잘 적응한 파충류가 확산하기에 유리했다. 트라이아스기에는 판게아라는 초대륙이 형성되었기 때문에, 새로운 육지 동물들이 서식할 수 있는 공간이 충분하였다.

파충류 중 이궁형 동물diapsids은 현존하는 도마뱀과 뱀의 조상이다. 나머지 파충류는 조룡류 공룡으로 진화하게 되었다. 이들 중 코엘로피시스Coelophysis는 육식 공룡이다. 반면 원시 용각류는 목이 매우 긴 초식 공룡이다. 최초의 파충류는 트라이아스기에 나타나기 시작했다.

위 어룡으로 돌고래와 모습이 비슷하다. 이들은 중생대에 살았던 육식 파충류로 바다에 살았다.
가운데 현존하는 뱀들은 이궁형 동물의 후손이다.
아래 디플로도쿠스(*Diplodocus*)는 목이 매우 긴 초식 공룡이다.

전성기 쥐라기 쥐라기2억 600만 년~1억 4,400만 년 전까지에 비가 더 많이 오고 기후는 따뜻했다. 이로 인해 거대한 숲이 형성되고 해수면은 상승했다. 무성한 숲은 용각류와 같은 초식 동물의 진화에 박차를 가했다. 이 공룡들은 몸집이 몹시 크고 4개의 다리를 가졌다. 이들의 몸집은 길이가 최고 30 m에 달했으며, 몸무게는 50톤이었던 것으로 추정된다. 지구상에 존재했던 육지 동물 중 몸집이 가장 컸던 동물 중에는 아파토사우루스브론토사우루스, 디플로도쿠스, 아르젠티노사우루스 등이 있다.

용각류는 몸집이 매우 컸기 때문에 먹이를 소화하고 몸을 보호하는 데에 매우 유리했다. 식물성 먹이는 소화하기가 까다로워서 초식 동물은 내장에 있는 미생물이 먹이를 분해하는 동안에 이를 저장하기 위해서는 위의 크기가 매우 커야 한다. 새롭게 등장한 초식 동물의 거대한 몸집은 포식자들로부터 자신을 지키는데 큰 역할을 하였다.

새롭게 나타난 포식자인 수각류는 날렵하고 빠르며, 날카로운 이빨과 발톱을 가졌고 다리는 두 개였다. 수각류 중에는 몸길이가 10 m에 이르는 알로사우루스가 있는 반면, 몸길이가 20~50 cm 정도밖에 되지 않는 것들도 있었다. 후자는 새로운 동물로 진화했는데 이들이 바로 새이다. 쥐라기 말에는 깃털을 가지고 비행할 수 있는 새들이 나타났다.

마지막 공룡 공룡이 마지막으로 살았던 시기는 백악기 1억 440만 년~6,500만 년 전까지였다. 이 시기는 매우 따뜻했으며, 북극에서 남극에 이르기까지 숲이 번성했으며, 공룡들은 숲에서 먹이를 얻으며 살았다. 공룡은 다양한 형태로 진화했는데, 특히 하드로사우루스, 일명 오리주둥이 공룡과 같은 초식 동물인 조각류가 눈에 띄게 발달했다. 포식자 중 가장 강했던 것은 티라노사우루스 렉스로, 몸길이는 12 m에 달했으며 이빨 두께가 10 cm 정도였다. 이보다 작은 포식자에는 갈고리 모양의 발톱을 가진, 새를 닮은 벨로키랍토르가 있었다.

속씨식물도 백악기에 진화했다. 곤충이 꽃가루를 운반하여 이들의 생식을 돕는 공진화를 통해 적응하였다.

벨로키랍토르의 몸길이는 2 m에 불과했으며, 두 다리로 서면 키가 1 m밖에 되지 않았다. 새와 유사하게 생긴 육식 공룡으로 공룡 시대 말에 살았다.

백악기가 끝날 즈음 엄청난 대멸종이 일어나 포유류와 꽃, 곤충 등은 오늘날까지 생존하지만, 공룡들은 영원히 지구상에서 사라졌다.

해양 파충류인 장경룡의 화석 골격. 장경룡은 대체로 머리가 작았으며 목이 길었다. 그리고 노와 같은 다리를 가지고 있어 물속에서 헤엄칠 수 있었다. 이로써 이 공룡은 물속에서 이동한 것으로 보인다.

육지와 바다의 공룡

공룡이 육지를 지배할 때, 물과 하늘을 지배하던 파충류도 있었다. 쥐라기 때 하늘을 놓고 새와 경쟁하던 것은 익룡이다. 이들은 팔과 몸통에 연결된 피부막 날개를 가진 파충류들이었다. 익룡의 넷째 손가락은 매우 길었는데, 이 손가락으로 날개를 일정 부분 지탱하였다. 익룡 중 지구 역사상 가장 거대한 것은 날개 길이만 12 m에 달했다. 이중 가장 유명한 것은 익수룡으로, 이들은 머리 뒷부분이 투구 장식과 같은 모양이었다.

바다에는 어룡과 장경룡과 같은 파충류들이 번성했다. 어룡은 돌고래와 유사하게 생긴 반면, 장경룡은 목이 길고 머리가 작았으며, 배를 젓는 노와 같은 다리를 가지고 있었다. 전설에 등장하는 스코틀랜드 네스 호의 괴물이나, 캐나다 브리티시컬럼비아 주의 오고포고 호수의 괴물이 실제로 존재한다면, 그 실체는 오늘날까지 생존한 장경룡일 수도 있다.

새로운 포유류종

공룡이 멸종한 후 새로운 시대가 열렸다. 6,500만 년 전에 시작한 신생대는 오늘날까지 이어지는 지질 시대이다. 신생대는 포유류가 지배적인 육지 척추동물로 부상했기 때문에 포유류의 시대라고도 한다. 현존하는 포유류의 모든 종은 이 시대에 진화했고, 새와 현화식물도 급격히 증식했다. 포유류 중 한 계통은 영장류로 발달했다. 이들은 직립 보행을 했으며 도구를 사용하고, 언어를 사용하고 지능이 뛰어났다. 이 영장류가 바로 인류이다.

신생대에는 제3기 6,500만 년~180만 년 전까지와 제4기 180만 년 전에서 오늘날까지, 두 기紀로 나뉜다.

포유류의 부상 포유류는 파충류가 진화하여 나타난 동물로 중생대 초기부터 공룡과 함께 지구상에 존재했다. 이 시대에 포유류는 크기가 작고 몸에 털이 나 있는 오늘날의 쥐와 유사한 동물이었다. 이들은 본래 알을 낳는 동물이었지만, 중생대 말에 새끼를 출산하도록 진화하였다. 당시의 포유류는 곤충을 잡아먹고 땅굴 속에 살며, 야행성이고 크게 부각되는 점이 없었다.

공룡이 사라지자 포유류는 몸집이 커지고 지능이 발달하면서, 공룡이 남기고 간 생태적 지위를 채워나갔다. 토끼나 소, 코끼리 등과 같이 현존하는 여러 동물군의 조상들도 이 당시 발생했

위 33,000년 전의 자연 경관과 동물들을 표현한 그림
아래 매머드는 공룡이 멸종하면서 생겨난 빈자리를 채운 거대한 생물종 중 하나이다.

다. 에오세 5,500만 년 전~3,400만 년 전까지에는 최초로 박쥐가 등장하고 고래가 바다에서 번성했다. 또 열대우림에서 원숭이와 같은 영장류가 진화했다. 올리고세 3,400만 년 전~2,400만 년 전까지에는 유인원이 아프리카에서 나타났다.

새와 꽃 포유류가 크게 번성할 때 함께 번성한 생물군도 있다. 팔레오세 6,500만 년~5,500만 년 전까지로 신생대의 첫 세에 해당에는 육식 포유류보다 조류의 수가 많았다. 그중 디아트리마 등과 같은 새는 몸집이 크고 비행이 불가능했으며, 180 cm 정도의 키에 강한 부리와 날카로운 발톱을 가지고 있었다. 비슷한 시기에 속씨식물이 육지 식물 중 가장 지배적인 식물이 되었다.

인간의 진화

800만~500만 년 전, 아프리카에서는 유인원과로부터 새로운 종류의 포유류가 분화되어 나왔다. 이들이 바로 현생 인류의 조상인 원시 인류이다. 이들은 나무에서 주로 생활하는 유인원의 조상과는 다르게 두 다리로 직립 보행을 했다. 당시, 지구의 기후가 점점 건조해지면서 숲지대가 줄어들고 초원이 증가함에 따라 원시 인류는 이에 적응하여 나무를 떠났을 가능성이 있다.

약 400만 년 전, 오스트랄로피테쿠스australopithecines라는 원시 인류가 등장했다. 이들은 유인원과 유사한 생김새를 가졌으며, 뇌의 크기는 오늘날 인류의 1/3 정도였다. 250만 년 전, 오스트랄로피테쿠스보다 큰 뇌를 가진 원시 인류가 등장하면서, 처음으로 지능이 발전할 가능성이 나타나기 시작했다. 이후 정교한 석기를 사용하던 호모 하빌리스*Home habilis*라는 새로운 속 호모속이 나타났다. 약 180만 년 전에는 호모 에렉투스*Homo erectus*가 진화했다. 과학자들은 이때 뇌가 더욱 발달하면서 언어를 사용할 수 있게 되었다고 추정한다. 호모 에렉투스는 아프리카를 떠나 유럽과 아시아 등지를 개척하기 시작했다. 비슷한 시기에 네안데르탈인Neanderthal과 같은 다른 원시 인류도 아프리카를 떠났다.

현생 인류인 호모 사피엔스*Homo sapiens*는 10만 년 전 즈음에 진화했다. 이 종이 어느 원시 인류를 통해 발생했는지는 오늘날까지 밝혀지지 않았다. 일부 과학자들은 현존하는 모든 인간들은 아프리카에 살았던 하나의 개체군단일 기원설에서 발생했다고 주장하는 반면, 또 다른 과학자들은 원시 인류가 세계 곳곳에서 각자 진화했다고 다지역 발생설 주장한다. 두 이론 중 어느 것이 맞는지와 상관없이, 호모 사피엔스가 플라이스토세180만 년~1만 년 전까지에 나타난 빙하기를 거쳐 오늘날

까지 생존한 유일한 원시 인류라는 사실에는 모두 동의한다.

위 약 250만 년 전, 비교적 정교한 사람 속(屬) 동물이 등장했다. 이들은 돌을 다듬어서 그림에 나타난 돌도끼와 같은 도구를 만들 수 있었다.
아래 왼쪽 호모 에렉투스는 180만 년 전에 진화했다.
아래 오른쪽 그림에 나타난 호모 에르가스터(*Homo ergaster*)의 두개골은 케냐에서 발견되었으며, 연대가 약 170만 년 된 것으로 추정된다.

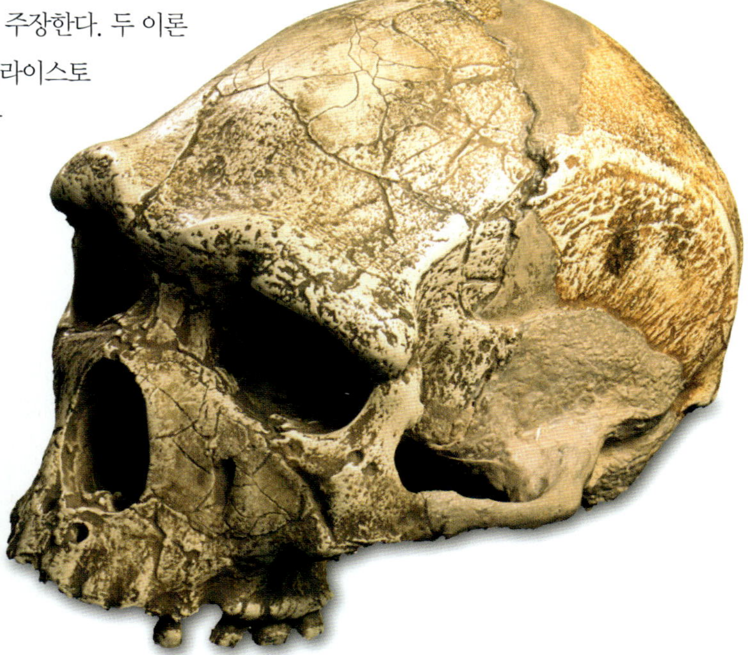

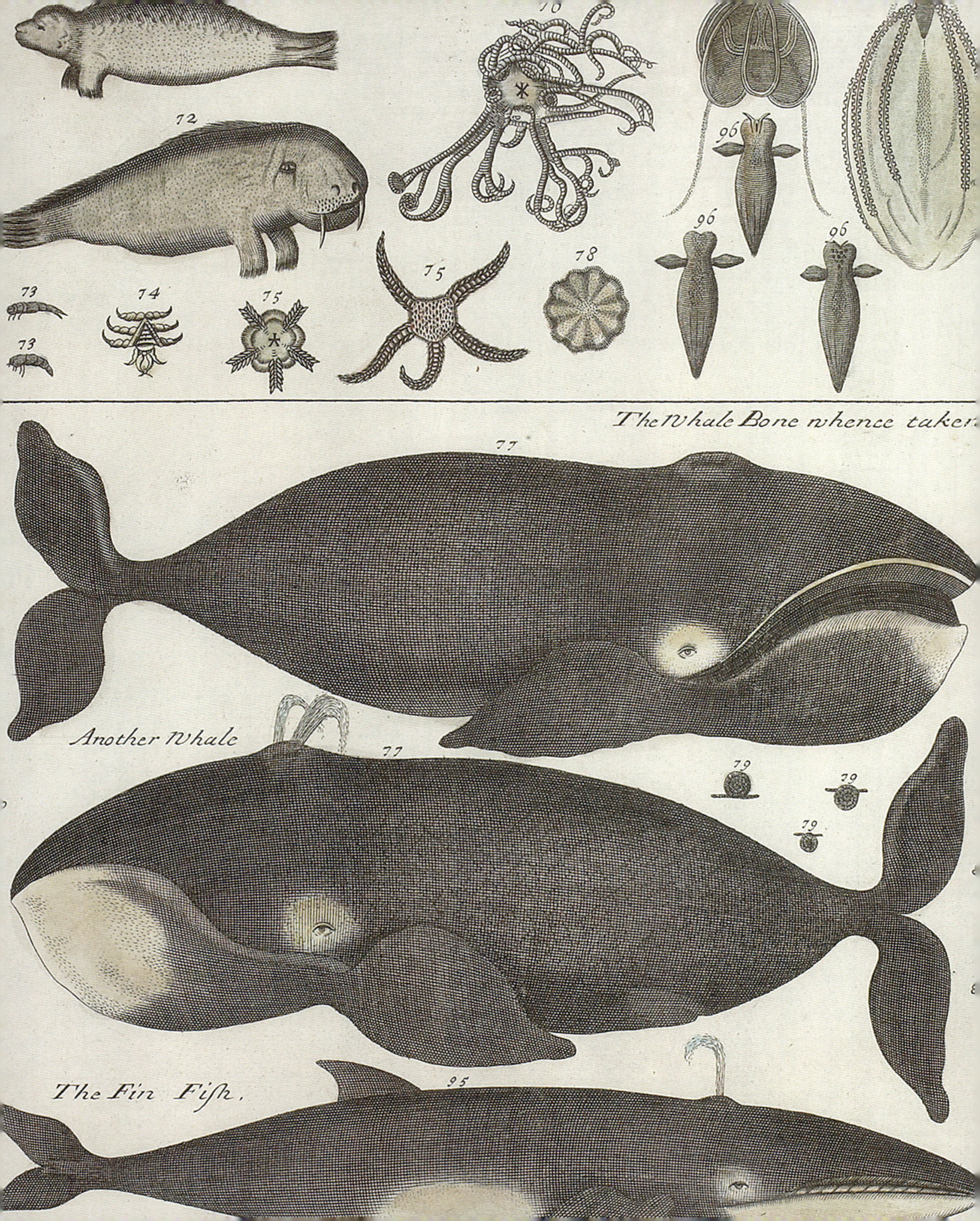
72
73
73
74
75
76
75
78
96
96
96
The Whale Bone whence taken
77
Another Whale
77
79
79
79
The Fin Fish.
95

학명의 구성

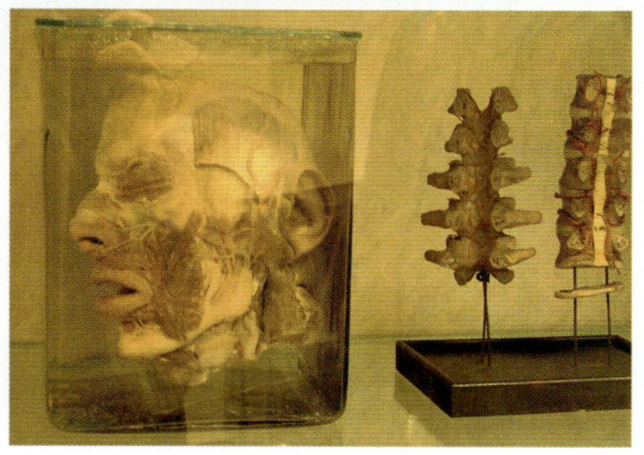

왼쪽 다양한 해양 생물로, 여기에는 바다코끼리(72)와 긴수염고래 (95) 등이 있다. 분류학은 생물을 분류하고 명명하는 학문으로, 여러 종 사이의 유연 관계를 밝힌다. 즉, 여러 동물들이 그들의 조상들로부터 어떻게 발생했는지를 나타내는 학문이다. 고래와 바다코끼리는 같은 계, 문, 강에 해당하는 포유류지만, 그 하위 카테고리에서는 차이가 나타난다. 긴수염고래의 경우 동물계, 척 색동물문, 포유강, 고래목에 해당한다. 반면 바다코끼리는 식육목 이다.
위 물고기 떼
아래 해부실에 있는 전시물로, 인간의 머리가 진열되어 있다.

지구에 존재하는 생명에는 세균에서 고래에 이르기까지 약 1,000만 종 이 있다. 각 종을 개별적인 존재로 기술하는 것은 매우 어려운 작업일 뿐만 아니라, 여러 종 사이에 존재하는 유사성을 무시하는 일일 수도 있 다. 지구의 다양한 생명을 연구하기 위한 보다 합리적인 방법은 특정한 방식으로 각 종을 그룹으로 묶은 다음, 다양한 종 사이에 보이는 유사한 형질과 상이한 형질을 연구하는 것이다. 수 세기에 걸쳐서 분류학자들 은 일생 동안 생명체를 분류하고 명명하는 작업에 매진해 왔다.

실용적인 면에서 생물을 분류하고 정리하는 작업은 매우 중요하다. 정 리 작업은 생물학에만 필요한 것이 아니다. 주방을 정리한다고 할 때, 주방에 있는 모든 물건이 이름순으로 정리되었거나, 정리가 전혀 안되 어 있다면, 필요한 물건을 찾기 매우 어려울 것이다. 마찬가지로, 분류 학은 생물권을 매우 편리한 방법으로 파악할 수 있게 한다. 또 여러 종 사이에 나타나는 진화 관계를 규명함으로써 다양한 조상들에서 어떤 종 들이 발생했는지를 보여준다.

현대의 분류법은 생물을 계층적으로 파악하는데, 가장 넓은 범위는 계 界 이며, 그 이후로 문, 강, 목 과, 속, 종으로 분류한다. 계는 일반적으로 원생동물계, 원핵생물계, 균계, 식물계, 동물계로 나누지만, 학자 간에 이견이 있기도 한다. 이 장에서는 원생생물계, 원핵생물계, 균계에 대해 알아본다.

분류법의 질서 체계

생물을 분류하고 정리하는 하는 일은 오래 전부터 진행되어온 작업이다. 고대 그리스 철학자 아리스토텔레스는 유사한 생물끼리 묶어서 생물을 정리하고자 했다. 그 다음 세기에 들어서 학자들이 생물을 더 깊게 이해하게 되면서, 생물의 분류법은 크게 발전하게 되었다.

하지만 모든 인간이 한 가지 분류법에 동의한 것은 아니다. 예를 들어 옷장을 생각해 보자. 어떤 사람은 옷을 색에 따라 정리할 수 있는 반면, 다른 사람은 여름옷과 겨울옷, 또는 평상복과 정장으로 나누는 등, 다른 방식을 사용할 수도 있다. 어떤 사람들은 처음부터 옷장에 의류를 보관하는 것에 대해 동의하지 않는다. 또 신발을 옷장에 보관해야 하는지, 아니면 현관에 보관해야 하는지 등의 논쟁이 있을 수도 있다. 분류학자들은 생물을 분류할 때, 생명체를 묶는 방식이나 기준에는 대부분 동의하지만, 여러 분류법들 사이에 차이가 있다는 사실은 언제나 기억해야 한다.

대안적 분류 체계들 오늘날 쓰이는 분류법은 유사한 구조를 가진 생명체끼리 묶는 분류 작업을 했던 스웨덴 식물학자 칼 폰 린네Carl von Linné가 18세기에 정립한 방법을 근간으로 한다. 그는 생물을 계층적으로 파악하여, 카테고리가 가장 포괄적인 것예를 들어 모든 동물을 포괄에서 카테고리가 가장 포괄적이지 않은 것예를 들어 아프리카코끼리만 해당 순으로 정리했다. 많은 분류학자들은 생물 사이에 나타나는 진화적 유연 관계를 통해, 린네의 분류법을 많이 개선했다. 하지만 각 생명체 그룹을 라틴어로 표시하는 등, 린네가 처음에 도입했던 특징들도 많이 남아 있다.

위 플레로시그마 안굴라툼(*Pleurosigna angulatum*)은 바다에 풍부한 돌말의 일종이다.
가운데 스웨덴 식물학자 칼 폰 린네는 생물을 계층적인 그룹으로 정리했다. 아프리카코끼리는 그 중에서 가장 좁은 카테고리인 종에 해당한다.
아래 아리스토텔레스는 생물을 식물과 동물로 분류했다. 식물은 모양에 따라 나무, 관목, 약초 등으로 나누었다.

생물학적 분류는 끊임없이 변하고 있다. 1900년대 초에 출판된 생물학서는 생물을 보통 동물과 식물로만 분류했다. 오늘날 출판되는 생물학서들은 생물을 원생생물계Prokaryotae, 원핵생물계Protista, 균계Fungi, 식물계Plantae, 동물계Animalia 다섯 계로 나눈다.

하지만 생물을 분류하는 데에 모든 학자들의 의견이 일치하는 것은 아니다. 1980년대 이후로 학자 중에는 생명을 크게 진핵생물원핵생물계, 진균계, 식물계, 동물계 모두 포함, 고세균극한 환경에 사는 세균 포함, 진정세균일반적인 세균 포함 3가지로 나누는 이들도 있다. 이런 분류법을 주장하는 것은 생물을 다섯 계로 분류하면, 생명체의 진화적 유연 관계가 무시되기 때문이다. 또 다른 분류법은 원핵생물계, 균계, 식물계, 동물계 그리고 원생동물계를 고세균계와 진정세균계로 구분하여 총 여섯 계로 나눈 것이다.

바이러스와 프리온 바이러스와 프리온을 분류하기에 애매한 측면이 있다. 이 둘은 독자적으로 생식을 할 수 없기 때문에 생명체로 보지는 않는 것이 일반적이다. 하지만 이들은 마치 살아 있는 것처럼 생물체와 상호 작용한다.

바이러스virus에는 에이즈를 발생시키는 인체 면역 결핍 바이러스HIV와 독감을 일으키는 인플루엔자 바이러스 등이 있다. 이들은 매우 작은 DNA나 RNA의 집합체로, 숙주가 없으면 아무런 활동도 하지 않지만, 숙주의 몸속으로 들어가면 숙주의 세포에 반응하여 더 많은 바이러스를 생산한다.

프리온prion은 광우병BSE을 유발하는 인자이다. 프리온은 외부 물질이 아니라 사실 인간을 비롯한 여러 동물의 몸을 구성하는 정상 단백질이다. 프리온은 3차원적인 구조를 가지고 있으며, 그 기능은 아직 알려지지 않았다. 아직 원인은 밝혀지지 않았지만 프리온이 형태가 변형되면 문제가 생기기 시작한다. 정상 프리온 한 개의 형태가 병원성으로 변형되면, 인접한 프

생명의 다양성에는 현미경 슬라이드 속 미생물의 세계도 포함된다.

리온들의 형태도 변하면서 뇌세포에 피해를 준다. 그 결과로 뇌는 점차 기능을 상실한다. 이는 전적으로 단백질의 형태에 기인한 현상이며, 유전적 활동과는 무관한 것으로 나타났다. 바이러스나 프리온은 세포로 구성되어 있지 않고, 숙주가 없으면 증식하는 능력도 없다. 그렇기 때문에 일반적으로 생물을 분류할 때는 제외된다.

광우병

광우병은 영국에서 최초로 발병하면서 1990년대에 큰 화제를 불러 모았다. 당시 약 20만마리의 소가 감염되었으며, 최소 140여 명의 영국인들이 인간광우병, 즉 크로이츠벨트-야코브병(CJD)에 감염되었다. 최근에는 캐나다와 미국에서 유통되지 않은 소들에서 광우병이 발견되었다. 광우병에 걸린 소들이 보이는 이상 증세의 원인은 프리온이 점차적으로 뇌세포를 파괴하기 때문으로 나타났다. 현재까지 광우병을 진단 받은 사람의 90 %는 1년 내에 사망했다는 통계 자료도 있다. 광우병은 주로 음식 섭취를 통해 발병하게 된다. 소 사료에는 도축된 소 찌꺼기가 섞이는 경우가 있다. 이때 사료에 감염된 신경 조직이 들어 있는 경우 이를 먹은 소가 광우병에 감염될 위험이 있다. 인간도 소의 뇌나 척수 조직 등을 통해 감염된 고기를 섭취하게 되면 발병할 수 있다.

프리온은 숙주 몸 밖에서 생식이 불가능하기 때문에 분류하기가 쉽지 않다. 프리온은 광우병의 원인체이며, 그 형태가 변형되면 숙주에게 피해를 입힌다.

생명체의 분류 범주

칼 폰 린네는 흔히 분류학의 아버지로 불린다. 그가 생물을 분류할 때 사용한 계층적 방법은 현대 분류학에서도 사용되고 있다.

린네는 유사한 종들을 묶어 속屬으로 분류했다. 그리고 유사한 속끼리 묶어서 과科로 묶고, 이런 작업을 반복하여 다수의 계界를 형성했다. 종합적으로 그는 생물을 계, 문, 강, 목, 과, 속, 종의 7단계로 분류했다. 상위에 있는 단계는 하위 단계를 포함한다. 즉, 종의 입장에서 보면 소수의 개체가 다수의 형질을 공유하지만, 계의 입장에서는 다수의 개체가 소수의 형질을 공유한다.

린네의 분류법 린네의 분류법에서는 모든 생물의 이름이 두 부분으로 구성된다. 첫 번째 부분은 속을 나타내고, 두 번째 부분은 종을 나타낸다. 인간의 경우, 호모속과 사피엔스종에 해당한다. 관습적으로 속명屬名은 대문자를, 종명種名은 소문자를 사용한다. 이 둘 모두는 기울임체로

위 사슴은 포유강에 해당하며 파충류로부터 진화하여 나타난 동물이다.
아래 왼쪽 칼 폰 린네는 현대 분류학의 아버지로 불린다. 그가 분류학에 대해 쓴 논문 〈자연의 체계 (*Systema Naturae*, 1758)〉에는 4,400여 종의 동물과 7,700여 종의 식물이 분류되어 있다. 그가 사용한 라틴어 명명법은 모든 생명체에게 두 부분으로 구성된 이름을 부여한다.
아래 오른쪽 등껍데기에 작은 조개들이 붙어 있는 가재. 린네의 분류법은 수백 종의 가재와 같은 동일한 과나 속에 해당하는 생명체의 종을 구별하는 데에 유용하다.

나타내는데, 예를 들어 인간은 *Homo sapiens*가 된다. 인간은 동물계, 척색동물문, 포유강, 영장목, 사람과, 호모속, 사피엔스종에 해당한다.

개들도 마찬가지로 동물계, 척색동물문, 포유강에 해당하지만, 인간과 겹치는 부분은 거기까지이다. 이들은 식육목, 개과, 개속, 루푸스종에 해당한다. 인간과 비교할 때 척추동물이고 털이 자란다는 특징을 공유하기도 하지만 많은 차이가 있다. 이런 유사성과 차이는 분류학적 계통에 반영된다.

분류의 허점 분류학은 과학자들에게 매우 편리한 도구이다. 학명을 통해 과학자들은 여러 동물군의 형질을 기억하기 쉽고, 종에 대해 논의를 할 때 동일한 생물에 대해 이야기하고 있다는 사실을 확신할 수 있다. 일상생활에서 쓰이는 이름은 많은 혼동을 일으킨다. 북아메리카에는 수백 종에 달하는 가재와 게들이 있다. 만약 이들에게 일상생활에서 사용하는 이름을 사용하면, 각 종을 구분하는 일은 거의 불가능할 것이다.

하지만 이런 식의 분류는 편리한 데에 반해 문제점도 있다. 전통적인 분류 체계에서는 생명체를 구조적 유사성에 따라 묶는다. 생명체 사이의 유사성을 판단하는 데에는 몸의 길이, 날개의 유무, 다리의 개수, 생식 방법 등을 동원한다. 그런 다음 생명체들은 공유하는 형질에 따라 묶는다.

그림에 나타난 제주왕나비는 아르제마속 (*Argema*), 미트레이종(*mittrei*)에 해당한다. 그래서 이 나비의 학명은 아르제마 미트레이가 된다. 아르제마속은 지리학적 위치에 따라 분류한 것으로 동부 아프리카에 해당한다.

이때 발생하는 문제는 실제로 형질은 헤아릴 수 없을 만큼 존재하기 때문에 비교에 동원하는 유사 형질을 어떻게 결정하는가이다. 두 번째 문제는 많은 분류학자들이 인간이 생물을 분류하는 작업이 적절하지 못하다고 생각한다는 것이다. 다시 말해, 생명체들이 속하는 카테고리를 과학자들이 임의적으로 만들어낸다는 것이다.

진화 분류법 이런 비판을 극복하기 위해 많은 분류학자들은 린네의 원리와 더불어, 진화적 유연 관계에 기초한 분류법을 결합한 통합적 분류 체계를 사용한다. 전통적인 분류법에서 사용된 몇 가지 기준과 더불어 생명체 사이의 많은 유사성들은 진화적 유연 관계의 결과로 나타나기 때문이다. 어떤 의미로 진화적 분류 체계는 계층적 분류 체계를 수정하고 보완하여 오늘날 쓰이는 현대적 분류법을 탄생시킨 것이다.

오늘날의 분류학은 생명체 사이의 연관성을 나타내기 때문에 큰 의미를 가진다. 분류학적으로 친족이라는 것은 포유류가 파충류가 진화하여 나타난 것처럼 두 생명체가 동일한 조상으로부터 발생했음을 의미한다. 즉, 사슴을 포유류라고 하는 것은 임의로 카테고리에 맞춘 것이 아니라, 파충류로부터 이들이 어떻게 진화했는가를 설명한 것이다.

생명체의 족보

전통적인 린네 분류법은 200년 동안 지배적인 위치를 점했다. 하지만 1950년대에 들어서, 독일 분류학자 빌리 헤니그Willi Hennig는 이 분류법에 생물학적 요소를 더 추가할 것을 제안했다. 즉, 비교할 형질을 임의로 정하기보다는 진화적 유연 관계에 따라 분류 작업이 이루어져야 한다는 것이다. DNA의 발견과 분자생물학의 발전에 따라 과학자들은 분자의 특성을 이용하여 진화적 유연 관계에 따른 분류가 가능하게 되었다.

서로 다른 종들이 공통된 형질을 갖는 것은 이 종들이 공통된 조상으로부터 같은 형질을 물려받았기 때문이다. 예를 들어 포유류 몸에 털이 나는 것이나 사지 동물의 다리가 네 개인 것 등이 여기에 해당한다. 이때 생물 사이의 연관성을 파악할 때는, 공통된 조상으로부터 받은 형질만을 고려해야 한다. 반면 돌고래와 참치의 유선형 신체는 유사한 형질처럼 보이지만, 사실 이들은 각자 다른 계통을 통해 진화해온 것이기 때문에 두 종 사이의 연관성을 파악하는 데는 도움이 되지 않는다.

계통수 계통수는 종 사이의 유연 관계를 보기 쉽게 나타낸다. 계통수의 각 가지의 끝은 현존하는 종들을 나타내며, 같은 가지로부터 기원한 종들은 유사한 형질을 가지고 있다는 사실을 나타낸다. 계통수 반대편에 있는 종들은 형질의 유사성이 적으며 보다 큰 카테고리에서 서로 겹친다. 계통수에서는 서로 가까이 위치한 종일수록 공유하는 형질이 더 많다. 가지가 나눠지는 부분은 각각 공통된 조상을 가지고 있음을 나타낸다.

계통수는 줄기에는 더 이상 존재하지 않는 원시 척추동물을 나타낼 수도 있다. 이 경우, 나뭇가지에 나타난 모든 동물들은 척추동물이 된다. 이 계통수의 그루터기에서 위쪽으로 움직이면서 살펴보면 가장 아래쪽에 있는 가지는 모두 어류를 나타내고, 그 다음에 나타나는 것에는 양서류, 그 다음에는 파충류와 포유류 등을 거쳐 나머지 척추동물들이 나타나게 된다. 각각의 가지는 진화적 유연 관계로 묶은 동물군들을 나타내며, 각 동물군은 다른 군과는 구별되는 공통 형질들을 가지고 있다. 가지가 분리되는 부분은 분리된 가지 끝의 동물군들이 같은 조상을 가지고 있음을 나타낸다.

계통수는 생명체를 분류하는 데에 큰 도움을 준다. 계통수에 나타난 각 동물군은 공통 조상을 가진 종을 포함하고 있는데, 이를 이용한 분류법을 분기학cladistics이라고 한다.

위 남아메리카의 검정카이만
아래 유럽 울새
1950년대에 독일 분류학자 빌리 헤니그는 울새와 악어와 같은 서로 다른 종 사이의 진화적 유연 관계를 규명하는 분류법을 제안했다.

분기학과 전통적 분류법 많은 경우, 분기학을 통해 생물을 분류해도 전통적인 방법과 같은 결과가 나타난다. 하지만 생물이 다른 식으로 분류되는 일도 종종 일어난다. 겉으로 보면 돌고래, 송어, 코끼리 세 동물 중에 돌고래와 송어가 코끼리와 구별되는 동물군에 속한다고 생각할 수 있다. 하지만 실질적으로 진화적 유연 관계를 고려하면 송어보다는 돌고래와 코끼리가 더 유사하다고 할 수 있다. 돌고래와 코끼리는 포유

참치와 돌고래의 몸은 유선형이다. 하지만 이들은 상이한 계통을 통해 진화했는데, 돌고래는 포유강에 해당하고 참치는 조기어강에 해당한다. 따라서 둘 사이의 유연 관계를 파악하는 데에 유선형 신체는 큰 도움이 되지 않는다.

류이다. 같은 맥락으로 전통적 분류법은 악어, 도마뱀, 뱀을 모두 파충류로 분류한다. 하지만 분기학적 분석에 의하면 새와 악어가 한 동물군으로 묶이고 도마뱀과 뱀끼리 분류된다.

지구에는 수백만 가지의 종들이 살고 있기 때문에, 이들을 무한대에 가까운 계층군으로 나눌 수 있다. 따라서 이 경우 철저히 분기학에 입각한 분류법은 실용적이지 못하다. 대신 과학자들은 전통적 분류법과 분기학적 분류법을 적절히 배합한 타협안을 제시했다. 진화 계통수 가지가 나뉘는 부분은 각각 계, 문, 강 등에 해당하는데, 여기에 때때로 아문亞門

이나 아강亞綱 등과 같은 층을 추가한다.

이렇게 두 분류법을 합친 분류 체계를 지지하는 입장에서는 진화적 유연 관계를 토대로 하기 때문에, 인위적인 것이 아니라 자연을 토대로 한 분류법이라고 주장한다. 생물 사이의 이런 진화적 관계를 파헤칠수록 분류법은 끊임없이 발전할 것이다.

상어는 정어리와 어떻게 다를까?

상어와 정어리는 모두 물고기이다. 그러나 상어는 잠수부에게 두려움의 대상이지만 정어리는 슈퍼마켓에서 통조림으로 접하게 된다.

두 물고기가 다르다는 사실은 쉽게 알 수 있다. 상어는 힘이 강하고 단단한 뼈가 아닌 연골로 몸을 지탱하고 있다. 또 상어의 지느러미는 두꺼운 살로 이루어져 있고, 호흡은 아가미를 통해 이루어진다. 정어리와는 달리, 상어는 몸이 성장하면서 새로운 비늘이 만들어진다. 반면 정어리의 경우, 몸이 단단한 뼈로 이루어져 있으며, 지느러미는 매우 얇고 방사형 조직으로 지탱된다. 또 아가미는 뼈로 이루어진 덮개로 덮여 있다. 정어리의 비늘은 몸이 성장하면서 같이 성장하며, 나무의 나이테와 같은 표시가 비늘에 새겨진다. 어째서 두 동물은 이렇게 다를까? 둘의 공통 조상은 지금으로부터 3,700만 년 전에 데본기 중반에 살았다. 당시 연골 골격을 가진 상어는 정어리와 같은 경골어류로부터 새로운 한 갈래로 분화되었다.

정어리와는 달리, 상어의 골격은 연골로 이루어져 있다. 두 물고기는 3,700만 년 전에 살았던 같은 조상으로부터 분화되었다.

가장 오래된 생물

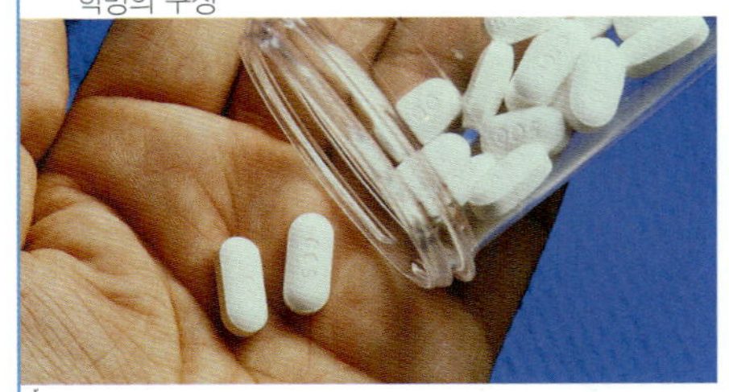

원핵생물계, 원생생물계, 균계, 식물계, 동물계 중에서 가장 오래된 것은 원핵생물계이다. 원핵생물계를 대표하는 생물은 세균으로 구조는 간단하지만 기능은 매우 복잡하다. 이들 중 일부는 영양분을 향해 움직일 수 있고, 독소로부터 이리저리 도망칠 수도 있으며, 극한 환경에서 생존할 수 있으며, 집단을 구성하기도 한다.

세균의 구조 세균 bacteria은 진핵생물과는 달리, 몸안에 막으로 둘러싸인 기관이 없다. 즉, 이들은 핵이나 미토콘드리아, 소포체, 엽록체 등과 같은 기관들이 없다. 하지만 이런 세포 소기관이 없어도 세균은 다른 생명과 마찬가지로 놀라울 정도로 다양한 기본적인 기능을 수행한다.

각 세균은 자신의 몸을 이루고 있는 세포 내에 DNA를 가지고 있다. 이 유전 물질은 염색체와 그 주변에 원의 형태로 있는 보조 DNA 플라스미드 내에 존재한다. 세균 안에는 또 리보솜이 있는데, 이들은 진핵생물과 마찬가지로 단백질 합성을 돕는다. 세균의 몸은 세포막으로 둘러싸여 있다. 세균 중 일부는 강바닥에 있는 바위나 인간의 이빨과 같은 표면에 붙을 수 있는 특별한 세포벽을 가진 것들도 있다. 이렇게 표면에 붙어있는 세균의 경우, 대체로 서로 미끌미끌한 층을 이루며 모여 있으며, 이런 세균군집을 가리켜 생

위 항생제
아래 요거트
몸에 이로운 세균들을 이용하여 요거트와 항생제 등을 만들 수 있다.

물막 biofilm이라고 한다. 또 일부 세균들은 엽록체는 없지만 고유의 광합성 색소를 가지고 있다. 진핵생물과 마찬가지로 이들은 화학반응을 촉진하는 효소들을 가지고 있다.

세균 중 충치를 일으키는 스트렙토코쿠스 뮤탄 *Streptococcus mutan* 은 둥근 모양이다. 또 식중독을 일으키는 바실러스 세레우스 *Bacillus cereus* 는 원통형이다. 이외에도 매독을 일으키는 트레포네마 팔리디움 *Treponema pallidum* 은 구불구불한 모양을 가지고 있다. 대부분의 세균은 편모라는 운동 기관을 가지고 있거나, 세균 몸 주변에 짧은 잔털을 통해 운동을 하기도 한다. 그 외에도 머리카락과 같이 생긴 섬모를 이용해, 서로 유전 물질을 교환하기도 한다. 세균은 분열하면서 생식을 하는데, 약 10분에 한 번꼴로 이루어진다. 또 세포막을 접합하여 '짝짓기'를 하기도 하는데, 이때 플라스미드 DNA를 교환한 후 분리된다. 세균의 진화가 빠른 속도로 이루어지는 것은 유전자 교환과 더불어 잦은 분열을 하기 때문이다.

원핵생물의 종류 원핵생물은 고세균과 진정세균 두 종류로 나눌 수 있다. 고세균 archaebacteria은 극한의 환경에 살고 있는 세균들로 위산으로 가득한 소의 위장에 살고 있는 메테인 생성균 등이 여기에 해당된다. 메테

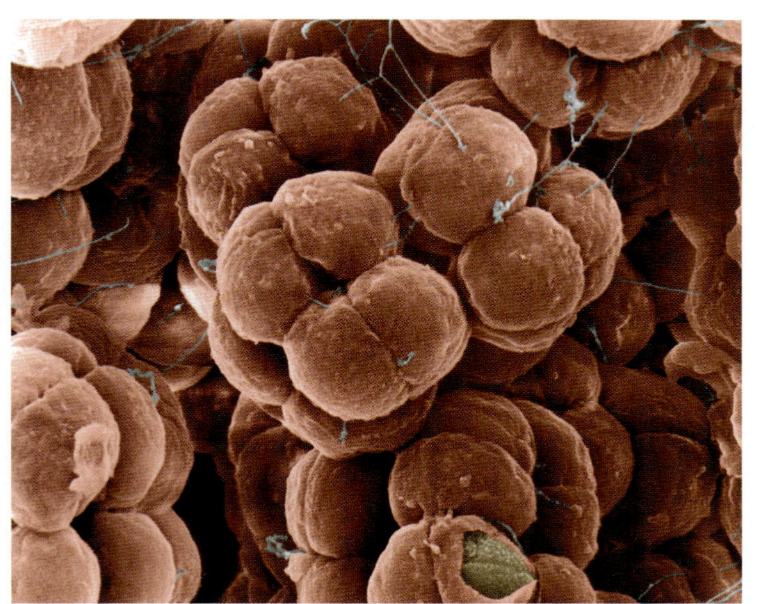

위 염분이 많은 환경에 사는 호염균. **아래** 간상균은 기회를 엿보다가 환경이 좋아지면 활성화되는 습성이 있다. 이들은 사람 내장의 점막에서 발견된다. 원핵생물은 고세균과 진정세균 두 종류로 나눌 수 있다. 호염균과 간상균과 같은 고세균들은 극한 환경에서도 번성한다.

인 생성균은 소의 소화 과정을 돕고, 이에 대한 부산물로 메테인을 대기에 방출한다. 호염균도 일종의 고세균이다. 이들은 미국 유타 주의 그레이트솔트 호수 등과 같이 염분이 많은 환경에서 볼 수 있으며, 이보다 염분이 더 많은 지역에서도 번성한다. 또 미국 옐로우스톤 국립공원의 극도로 뜨거운 환경에서 살아가는 호열성 세균도 고세균의 일종이다. 고세균은 진정세균에 비해 진핵생물과 더 유사하다.

진정세균eubacteria은 고세균을 제외한 나머지 세균이다. 여기에는 질소를 고정시켜 천연 비료와 같은 역할을 하는 남조류나 파상풍을 일으키는 세균 등이 포함된다. 생태계에서 세균들은 흔히 분해자로서 중요한 역할을 한다.

파상풍을 일으키는 클로스트리듐 테타니*Clostridium tetani*는 먹이가 부족해지면 내생포자를 생성한다. 내생포자endospore란 세균이 무성 생식을 통해 만든 자손으로 보호막 속에 싸여있기 때문에 열, 탈수, 산성, 살균

손을 자주 씻는 것은 단순히 개인 위생을 위한 방법만은 아니다. 손을 자주 씻는 것은 질병이 퍼지는 것을 방지하는 수단이 될 수 있다.

손을 씻자

세균은 문손잡이, 컴퓨터 자판, 엘리베이터 단추, 쇼핑카트 등 곳곳에 있고, 여러 종류의 세균들이 질병을 일으킬 수 있다. 감기는 감염된 물체를 손으로 만진 후, 눈이나 코를 비빌 때 걸리게 된다. 사람이 감기에 걸리게 되면, 그 사람이 만지는 모든 물건을 통해 세균이 확산될 수 있다. 이와 같은 위험은 감기에 국한되는 것이 아니다. A형 간염, 수막염, 전염성 설사증 등을 비롯한 여러 질병들이 모두 이와 같은 방식으로 전염된다.

손을 씻는 행위만으로도 질병이 확산되는 것을 막을 수 있다. 하지만 이는 손을 제대로 씻을 경우에만 한정된다. 미국 질병관리국은 흐르는 물에 손을 적신 후 비누를 사용할 것을 권장한다. 그 다음에는 손을 10-15초 동안 힘껏 비벼야 한다. 숫자를 세는 것보다 생일 축하 노래를 흥얼거리는 것도 한 방법이다. 마지막으로 물로 비눗물을 씻고 잘 말려야 한다. 반드시 항균성 비누를 사용해야 하는 것은 아니다. 일반적인 비누를 사용해도 충분한 효과가 있으며, 오히려 항체 저항력을 키우지 않는 장점도 있다.

제 등에 강하다. 이들은 살기 좋은 환경이 나타날 때까지 휴면 상태를 유지하는 습성이 있다. 이들은 1세기 동안 휴면 상태를 지난 후에도 때가 되면 발아에 성공한다.

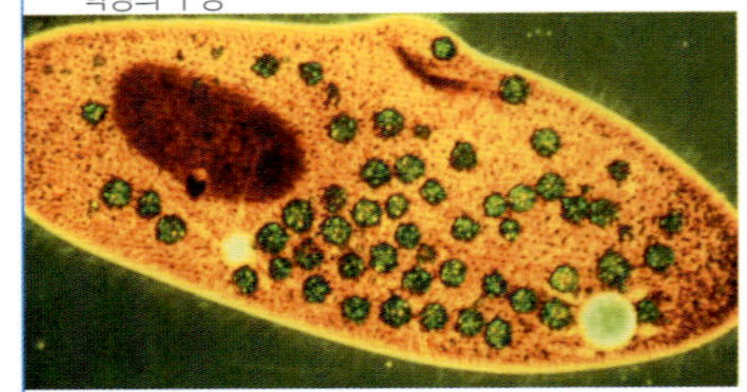

단세포의 신비

세균 외에도 여러 환경 속에 사는 미생물들이 있다. 이들은 진핵생물들로 몸속에 핵을 비롯한 여러 세포 구성 요소들을 갖추고 있다. 하지만 이들을 서로 구분하는 것은 쉽지 않은 작업이다. 대부분의 진핵생물들은 단세포로 이루어져 있다. 진핵생물의 한 부류인 원생생물은 말라리아원충에서 파래까지 다양한 형태로 존재하며, 크게 진균성, 동물성, 식물성 원생생물로 나뉜다.

진균성 원생생물 진균성 원생생물에는 포식성 곰팡이와 기생성 곰팡이 등이 포함되며, 이들은 담수와 해양 서식지 등에서 분해자의 역할을 한다. 진균류와 일부 박테리아와 마찬가지로 이들은 포자를 생산하고 영양분을 흡수한다. 하지만 진균류와는 달리, 이들은 먹이를 적극적으로 획득하며, 영양분이 희소한 경우 영양분이 풍부한 지역으로 이주한다. 포도에 나타나는 시금치노균병이나 관상어에 생기는 백점병 등은 모두 이런 원생동물들에 의해 발병하는 것이다.

가장 널리 알려진 진균성 기생 곰팡이는 1845–50년에 일어난 아일랜드 감자 기근의 원인이었던 감자역병균*Phytophthora infestans*이다. 당시, 몇 년 동안 감자의 생장기 때 습도가 높아 이 곰팡이의 개체수가 폭발적으로 증가하면서, 아일랜드 인구의 1/3이 기근에 시달려야 했다. 오늘날에도 감자역병균은 세계의 식량 생산을 가장 저해하는 생물학적 방해물이다.

동물성 원생생물 동물성 원생생물은 포식자, 1차 소비자, 기생생물의 형태로 나타난다. 이들의 생활사는 매우 복잡하며, 환경에 따라 능동적으로 반응한다. 진균성 원생생물과 마찬가지로, 이들은 매우 다양한 형태로 존재한다. 이들 중 일부는 몸속에 광합성 조류를 가지고 있다. 아메바나 짚신벌레 등과 같은 생물들이

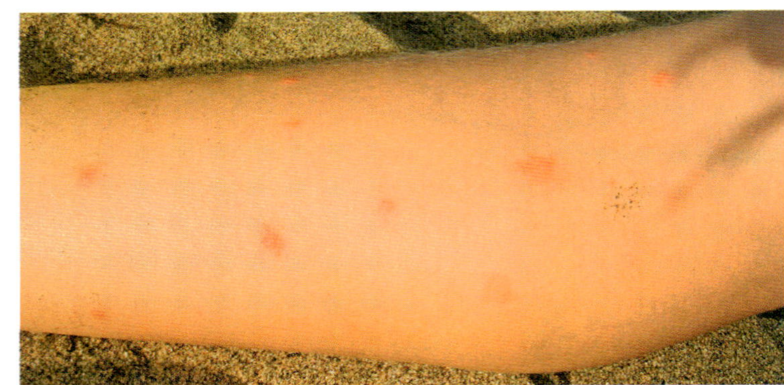

위 짚신벌레는 동물성 원생생물이다.
가운데 전자 현미경으로 본 감자역병균
아래 모기에 물린 상처
말라리아는 모기를 통해 전염되는 병으로, 동물성 기생 원생생물이 일으킨다. 진균성 원생생물인 감자역병균과 동물성 원생생물인 말라리아 기생충은 3종류의 단세포 원생생물 중 2종류를 차지한다.

동물성 원생생물에 해당한다.

　동물성 원생생물 중 일부는 큰 병을 일으키는 병원체이다. 여기에는 말라리아를 일으키는 말라리아원충이 포함된다. 또 람블편모충Giardia lamblia는 야영하는 사람들이 주로 걸리는 비버열병beaver fever의 원인충이다. 이는 담수 개울 등에서 서식하므로 정수되지 않은 물을 섭취하면 복통과 설사를 일으킨다. 또 다른 원생생물은 수면병을 일으키기도 한다. 하지만 모든 동물성 원생생물이 인간에게 해로운 것은 아니다. 유공충과 같은 원생생물은 그 껍데기가 2억 년 전에 화석화되면서 영국 도버Dover에 백색 절벽을 형성하기도 했다.

다시마는 식물성 원생생물로, 수중 먹이 그물에서 중요한 역할을 한다. 이들은 광합성을 통해, 햇빛 에너지를 다른 생명체들이 사용할 수 있는 형태로 전환시킨다.

식물성 원생생물　식물성 원생생물은 수중 먹이 그물에 매우 중요하다. 왜냐하면 이들은 광합성을 통해 햇빛 에너지를 생명체가 사용할 수 있는 형태로 전환시키기 때문이다. 이들이 없다면 수중 먹이 그물은 붕괴된다. 이런 원생생물들은 단세포로 존재하거나 무리를 지어서 존재하며, 물에 떠다니거나 물속을 헤엄을 치기도 한다.

　식물성 원생생물 중 하나로 와편모충이 있다. 이들은 적조 현상을 일으켜 수십 억 마리의 물고기를 떼죽음으로 몰아가기도 한다. 또 다른 와편모충은 아름다운 빛을 발하기도 한다. 홍조류는 무리를 짓기도 하고, 미끈미끈한 점액을 통해 스스로를 보호하기도 한다. 바다 생물을 자주 접하지 않는 사람들에 가장 친숙한 홍조류는 초밥을 쌀 때 사용하는 김이다.

　다시마는 갈조류의 일종이며 식물성 원생생물에 해당한다. 다시마 숲은 물고기, 전복, 바닷가재 등과 같은 생명체들이 모여 사는 엄청난 수의 수중군집에 영양분을 공급한

다. 다시마를 사용하는 상품에는 아이스크림, 젤리빈, 샐러드드레싱, 치약, 종이 등이 있다. 녹조류도 원생생물에 해당하지만, 이들은 식물적인 특징들이 매우 강하기 때문에 일부 분류학자들은 이들을 식물로 분류하기도 한다. 그만큼 녹조류는 구조적으로나 생화학적으로 식물과 유사하다. 식용 파래도 녹조류의 일종이다.

진균성 원생생물로 인해 사과가 분해되면서 부패하고 있다. 이와 유사한 원생생물은 1845–50년에 아일랜드 감자 농사를 망치면서 엄청난 기근을 일으켰다.

버섯과 곰팡이

많은 사람들이 진균류하면 가장 많이 떠올리는 것이 슈퍼마켓에 진열되어 있는 버섯이나, 냉장고에 깊숙이 박힌 채 잊혀진 음식에 핀 징그러운 곰팡이다. 하지만 버섯이나 곰팡이에는 이보다 다채로운 면이 더 많다. 또 곰팡이라는 용어는 아예 다른 계에 속하는 생물을 설명할 때도 매우 유용하다.

진균류는 식물과는 달리 영양분을 스스로 생산할 수 없는 종속 영양 생물이다. 그중 일부는 부생균류로 음식물을 더 작은 단위로 분해하는 효소를 분비하는 분해자들이다. 또 다른 종류로는 무좀을 일으키는 것들처럼 숙주를 통해 영양분을 얻는 기생균들이 있다. 일부는 또 숙주와 공생 관계를 유지하기도 한다. 많은 진균류는 다세포 생물이다. 최초의 진균류는 9억 년 전에 진화했으며, 3억 3,000만 년 전쯤에 현존하는 대부분의 진균류들이 발생하였다. 이들은 수백만 년에 걸쳐 진화하면서 다양한 종류로 분화하였다.

진균류의 종류 진균류의 한 종류로 접합균류라는 것이 있다. 여기에는 육지곰팡이와 검은빵곰팡이와 같은 토양 분해자들이 포함된다. 접합균류 중에는 소 배설물에 서식하면서, 햇빛이 들어오는 방향으로 포자를 날리는 것들이 있다. 이런 습성은 자손을 싱싱한 풀이 있는 곳으로 보내기

위한 것으로 보인다. 소들은 초원에 방목하고 있는 경우가 많기 때문에, 이런 진균류의 생활사는 매우 유용하다.

자낭균류는 접합균류에 비해 매우 큰 종류이며, 이스트와 송로 등이 여기에 포함된다. 이들은 진균류 종의 3/4을 차지하는데, 이들이 같은 범주로 묶인 것은 독특한 생식법 때문이다. 이스트는 대체로 인간에게 유익하지만 해로운 면도 있다. 이들은 빵이나 맥주를 생산하는데 도움을 주지만, 무좀이나 아구창 등을 일으키기도 하기 때문이다. 균류에 속하는 것 중 클라비셉스 페르페르*Claviceps purepure*라는 종은 호밀과 같은 곡식을 감염시키고, 열을 가한 후에도 활성을 잃지 않는 독소를 만든다. 인간이 이 독소를 섭취하면 경련 증세 등을 일으키는 맥각이라는 질병이 나타난다. 맥각은 러시아의 표트르 대제*Peter the Great*의 몰락을 야기하기

위 셀프버섯이 나무 그루터기에서 자라고 있다.
아래 양조장에서 맥주를 만드는 데에 이스트가 필요하다. 이스트는 진균류의 일종으로 인간에게 유익하기도 하고 해롭기도 하다. 맥주와 빵을 만드는 데에는 다양한 이스트가 쓰이지만, 일부 종은 해로운 독소를 만들어내기도 한다.

도 했는데, 그 당시 그의 병사들과 군마들이 호밀을 먹고 경련을 일으켰던 것이다. 하지만 클라비셉스 페르페르를 무조건 해로운 균이라고 할 수는 없다. 이 균의 부산물을 이용해 편두통, 고혈압, 저혈압, 또 출산 후에 발생하는 출혈을 방지하는 치료에 사용되었기 때문이다.

담자균으로는 포토밸로 portobello 등이 있다. 또 숲에서 통나무가 부패할 때 발생하는 코럴균 coral fungus과 셀프균 shelf fungus도 여기에 해당한다. 광대버섯 Amanita muscaria은 환각을 유발하기 때문에 중앙아메리카, 러시아, 인도 등에서 종교 의식에 쓰였다. 하지만 이를 과다 복용할 경우, 생명에 지장이 있을 수 있다. 비교적 널리 알려지지 않은 담자균에는 녹병이나 누룩병 등을 일으키는 것들이 있다. 이들은 곡물의 수확량에 치명적인 피해를 입히기 때문에 농부에게 주적으로 간주된다.

버섯의 구조 땅 위에 우산과 같은 모양으로 피는 버섯은 자실체로 진균의 일부분에 불과하다. 버섯을 수확한 후에도 땅속에는 실과 같은 조직들이 남기 때문에 시간이 흐른 후 다시 생식 구조를 만들 수 있다.

이렇게 땅속에 남는 부분을 균사체라고 한다. 버섯의 자실체의 수명은 며칠에 불과하지만, 이 기간 동안 포자라는 생식 세포를 생산한다. 이 포자가 퍼지면서 새로운 버섯들이 자란다.

재래 시장의 버섯. 흑송로와 백송로는 가격이 비싸 구하기 힘든 식품이다.

진귀한 버섯

미식가들은 송로버섯을 굉장히 높게 평가한다. 이 버섯은 땅속에서 자라며, 주로 유럽에서 발견된다. 송로는 철저하게 관리하는 재배 지역에서 개와 돼지를 이용하여 수확한다. 송로는 맛이 매콤하고 가격이 매우 비싸서 파운드 당 수백 달러에 거래되기도 한다. 요리할 때는 얇게 썰어서 고기 위에 얹거나, 빠떼 드 푸아그라에 쓰이기도 한다. 맛은 고르곤졸라 치즈와 비슷하다. 흑송로와 백송로는 모두 너무 비싸기 때문에, 가격이 부담스러운 사람들은 약간 저렴한 중국산 송로나 송로를 함유한 기름을 이용하기도 한다.

왼쪽 옥수수 녹병을 일으키는 담자균은 곡물 수확량에 치명적이다.
오른쪽 위 광대버섯은 환각을 유발하는 버섯이다.
오른쪽 아래 양송이버섯. 땅속에서 가늘고 긴 조직들이 모여 자실체를 만든다.

동물과 식물

왼쪽 고양이는 인간에게 가장 친숙한 동물 중 하나로, 우리와 유사한 해부학적, 생리학적 특징들을 가진다. 우리는 고양이를 통해 정서적 친밀감을 얻는 동시에 집 안에서 쥐를 없애는 효과를 얻기도 한다. 인간은 선택적 교배를 통해 고양이의 종류와 개체수를 크게 증가시켰다.

위 메뚜기(위)와 같은 곤충들은 인간과 상호 작용을 하면서 크게 번성하게 되었다. 메뚜기 떼는 밀(아래)과 같은 곡식을 먹어치우고, 밭을 황폐화시키며 인간의 생존을 위협할 수도 있다.

동물과 식물은 생물권 안에서 인간과 가장 유사한 생명체들이다. 이들은 긴 시간에 걸쳐 발전된 분류법으로 구별되는데, 이 분류법은 생명체의 먹이나 서식지, 또는 동물의 신체 구조와 식물의 잎 형태 등 특징이 유사한 정도 등으로 구분하여 생명체를 큰 범위들로 나누어 묶는다.

동물과 식물은 생존하기 위해 햇빛과 물이 필요하다는 사실 외에도 유사한 점이 많다. 이들은 모두 생활 리듬과 계절적 리듬을 가지고 있으며, 복잡한 해부학, 생리학적 구조를 가진 다세포 생물이다. 또 이들은 개체 사이에 나타나는 차이에 따라 문, 강 등과 같은 부문으로 분류된다. 그리고 동물과 식물은 환경에 적응한 형태를 가진다.

인간은 동물과 식물을 통해 영양분, 도구, 일 등을 얻으며 정서적으로 친밀함을 유지하기도 한다. 어떤 동물들은 인간과의 교류를 통해 큰 어려움을 겪으면서 새로운 적응 형태를 보이기도 한다. 인간은 개나 고양이처럼 가축화를 통해 개체수를 늘리거나 줄이기도 했다. 또 종 자체의 생존을 위협하면서 이들에게 큰 영향을 끼치고 있다.

유사하면서도 서로 다른 생물들

식물과 동물은 서로 유사한 점이 많다. 이들은 모두 다양한 환경에 적응한 다세포 생물들이며, 생존하는 데에 영양분과 물을 필요로 한다. 호흡할 때 모두 산소를 소비하고 이산화 탄소를 방출한다. 또 하나의 세포로 시작으로 하여, 유아기로부터 성숙기에 이르는 여러 발전 단계를 거치면서 생명체의 복잡한 형태를 갖추게 된다. 각 단계들은 생명체의 모습이나 행동에 나타나는 변화를 결정한다. 그리고 어떤 이유로든 모든 식물과 동물은 결국 죽음에 이른다.

동물은 같은 종에 해당하는 동물이나 다른 종과 협동하기도 하고 경쟁하기도 한다. 이들은 다른 동식물과 다양한 형태의 협동과 경쟁을 하면서 종자를 퍼뜨리고 외래종을 줄인다.

차이점 식물과 동물은 여러 면에서 다르기도 하다. 예를 들어 식물은 동물에 비해 세계의 생물량에서 더 큰 비중을 차지하지만, 그 종의 종류는 적다. 식물에는 약 30만 종이 있는 반면, 동물에는 약 200만여 종이 있다. 그리고 식물과 동물은 영양분을 얻는 방법도 매우 다르다. 식물은 광합성을 통해 햇빛에서 에너지를 직접 얻으며, 유기물을 만드는 데 에너지를 사용한다. 반면 동물들은 에너지를 살아 있는 동물이나 그렇지 않은 동물, 또는 식물과 같은 다른 생명체를 통해 얻는다.

식물과 동물의 세포 구조도 매우 다르다. 식물 세포의 경우, 동물 세포에는 없는 섬유소로 구성된 세포벽이 있다. 식물과 동물은 이동성에서도 차이를 보인다. 동물은 환경에 대해 반응하고 행동할 수 있기 때문에 지구상에서 가장 빠른 유기체로 분류된다. 이는 특수한 근육과 신경 조직이 발달했기 때문이다. 신경 조직은 환경으로부터 자료를 받아서 각 근육에 적절한 신호를 보내 자극한다. 이로 인해 근육이 움직인다. 반면 식물은 정착하려는 성질이 강하기 때문에 뿌리가 땅속으로 자라면서 식물을 보호하고 토양으로부터 물과 무기물을 얻는다.

동물은 과거 경험을 바탕으로 자신의 행동을 바꿀 수가 있다. 반면 식물은 포식자를 쫓기 위해 잎이 가시 형태로 바뀐 것도 있지만, 동물처럼 행동을 바꿀 수 있는 것은 아니다.

수명도 큰 차이점 중 하나이다. 곤충의 수명은 몇 시간에 지나지 않으며 수 있고, 설치류나 새와 같은 동물들은 몇 주에서 몇 개월 정도이다.

위 천이 흐르는 바위에 이끼류가 끼어 있다.
아래 흔히 볼 수 있는 우산이끼로 태류에 속한다. 은화식물이며 비관다발 식물의 세 문 중 하나에 해당한다. 나머지는 선류와 뿔이끼이다.

세쿼이아나무는 세계에서 가장 큰 나무로, 키는 93.6 m, 지름은 8.85 m에 달한다.

몸집이 중간 정도이거나 큰 포유류의 수명은 약 20–30년 정도이며, 인간은 수명이 100년도 넘는 경우가 있다. 식물의 수명은 동물에 비해 매우 다양하게 나타난다. 일부는 수명이 며칠에서 몇 주이지만, 레드우드와 같은 식물들은 수천 년 동안 살 수도 있다.

동식물의 분류 식물과 동물들은 여러 부문으로 분류된다. 식물은 먼저 크게 속씨식물과 겉씨식물, 또는 물관이 있는 식물과 물관이 없는 식물로 나눌 수 있다. 물관이 없는 식물에는 세 개의 문phylum이 있으며, 이들을 통틀어 비관다발식물이라고 한다. 여기에는 선류moss, 태류liverwort, 뿔이끼류hornwort가 있다. 물관이 있는 식물들은 관다발식물이라고 한다.

이들은 관다발 조직 물관부와 체관부을 통해 뿌리에서 흡수한 물과 무기물을 줄기와 잎에 전달하고, 잎에서 만든 영양분을 줄기와 뿌리에 전달하게 된다.

동물들은 해부학적 특징 척추동물과 무척추동물, 변온 동물과 정온 동물 등, 서식지 육지와 수중, 먹이 초식 동물, 육식 동물, 발달 패턴 호흡기, 위치 이동, 유전적 구성 등을 통해 분류한다. 동물계는 약 30개의 문으로 나뉜다.

사막 식물

사막에 사는 식물들은 수분이 희소한 환경에 적응하도록 진화했다. 이런 식물을 건생식물이라고 한다.

사막에 사는 일년생 식물들은 물을 보존하기 위한 내부 구조를 가지고 있지 않다. 대신, 생활 주기에 따라 건기를 피해 토양에 수분이 충분한 짧은 시기에만 자란다. 건기에도 생존하는 식물들은 잎과 뿌리에 특수한 내부 구조를 가지고 있다. 예를 들어 어떤 식물 잎들은 식물을 보호하기 위해 상피층에 표피나 털 등을 발달시켰다. 또 멕시코나 미국 남서지방에 자라는 오코티요 선인장들은 이와 다른 적응 형태를 보인다. 이들은 서식지에 물이 충분할 때만 잎이 자란다.

식물의 뿌리가 환경에 적응한 종류에는 선인장이 대표적이다. 이들의 뿌리는 땅속 깊이 자라지는 않지만 매우 굵고 커서 비가 적게 올 때에도 물을 충분히 흡수할 수 있다. 메스키트나무(mesquite tree)는 길이가 긴 원뿌리를 통해 매우 깊은 곳에 있는 물까지 흡수한다.

사막에 사는 건생식물이다. 이들은 토양에 생명이 겨우 살 정도의 수분만 있으면 자란다.

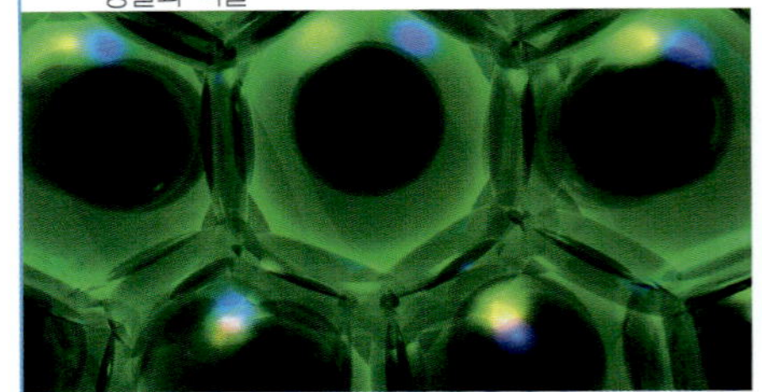

식물계

식물은 식물계를 구성하는 다세포 생명체이다. 이들은 배아로부터의 발생 형태, 엽록체의 유무, 광합성의 유무 등에 따라 분류된다. 식물은 260,000여 종이 있으며, 여기에는 관목, 양치류, 현화식물, 태류, 선류, 나무, 덩굴 등이 있다. 이런 여러 종들은 대부분 육지 식물로, 땅에서 자라는 것들이다. 이들은 약 4억 5,000만 년 전 호수나 바다 근처에 서식했던 식물과 마찬가지로 세포 소기관, 세포벽, 엽록체 등을 가진 녹조류를 통해 진화했다.

식물은 땅의 침식을 막고, 다른 생물들을 보호해 주고, 옷감을 제공하며, 상처나 질병을 치료해 주는 등, 다양한 방식으로 환경에 도움을 준다. 하지만 무엇보다도 중요한 것은 영양분을 공급해 준다는 점이다.

스스로 영양분을 합성하는 식물 살아 있거나 죽은 유기물을 섭취하는 동물과는 달리, 식물은 광합성을 통해 스스로 영양분을 생산한다. 광합성 photosynthesis이란 태양으로부터 얻은 빛 에너지를 화학 에너지로 바꾸는 과정을 말한다. 식물은 녹색 세포 소기관인 엽록체를 통해, 햇빛을 이용하여 스스로 영양분을 합성하는 것이다.

진균류도 과거에는 식물계에 포함되었지만, 엽록체가 없다는 점과 세포벽이 섬유소가 아닌 키틴으로 구성된 점 때문에 식물계에서 제외되었다. 이들은 또 스스로 영양분을 만들지 않고 살아있거나 죽은 유기물을 통해 영양분을 얻는다.

관다발식물과 비관다발식물 식물은 크게 관다발식물과 비관다발식물로 나눌 수 있다. 비관다발식물 nonvascular plants은 잎, 줄기, 뿌리가 없으며 내부 물관이나 잎맥도 없다. 또 대부분의 관다발식물과는 달리, 비관다발식물은 땅으로부터 높이 자라지 않는다. 이들은 선류, 태류, 뿔이끼로 분류되며, 그 안에는 16,000여 종의 이끼류 식물들이 포함된다. 뿌리와 물

위 광학 현미경으로 본 식물 세포
아래 초원에 사는 소들은 풀로부터 영양분을 얻는다. 반면 식물은 광합성을 통해 스스로 영양분을 생산한다. 광합성이란 빛 에너지를 화학 에너지로 전환하는 과정을 말한다.

양치류는 씨가 없는 관다발식물이다. 이들은 토양으로부터 흡수한 수분과 무기물을 운반하는 조직을 가지고 있지만, 씨가 아닌 포자를 통해 생식한다.

관 체계가 없기 때문에, 물이 고인 데에 서식하는 경우가 많다.

대부분의 식물 종은 관다발식물이다. 이들을 관다발식물vascular plants 이라고 하는 것은 영양분을 수송하는 통로가 식물 내에 퍼져있기 때문이다. 이동 통로는 두 종류로 구성되어 있다. 땅에서 흡수한 물과 무기물이 이동하는 물관부와 잎에서 만들어진 영양분을 줄기 및 생식 기관에 전달하는 체관부이다. 관다발식물은 이러한 전달 체계로 인해 줄기가 매우 강하고 비관다발식물에 비해 땅으로부터 높이 자란다. 잎에서 나타나는 특징으로는 모세관 현상을 들 수 있다.

대부분의 양치류나 그와 유사한 관다발식물은 종자의 유무에 따라 나눌 수 있다. 일부 씨를 생산하지 않는 식물들을 제외하고는 대부분의 관다발식물들은 씨를 통해 생식한다.

겉씨식물과 속씨식물 씨를 통해 증식하는 식물은 속씨식물과 겉씨식물로 나눌 수 있다. 겉씨식물gymnosperm은 관다발식물로서 씨가 열매 안에 보호되지 않고 겉으로 드러나 있는 식물이다. 화석에서 발견된 가장 오래된 겉씨식물은 약 3억 5,000만 년 전에 살았던 것으로 추정된다. 여기에 해당하는 것들은 침엽수나 이와 유사한 소철이나 은행나무 등이 있다. 이 식물들의 씨는 방울 열매 안에 있다.

속씨식물angiosperm은 관다발식물로서 나중에 열매로 성장하는 씨방 속에 씨를 보호하는 식물이다. 겉씨식물에 비해 구조가 복잡하다. 학자들은 속씨식물이 겉씨식물보다 늦은 중생대2억 4,800만 년–6,500만 년 전까지에 발생한 것으로 추정한다. 결국 속씨식물들이 번성하여 오늘날 대부분의 식물과 나무를 이루고 있다. 생식은 수정을 통해 일어나며, 배아의 떡잎이 한 개인 외떡잎식물과 떡잎이 두 개인 쌍떡잎식물로 나눌 수 있다.

토마토는 씨가 들어 있는 열매이다. 따라서 토마토는 수정을 통해 생식하는 속씨식물에 속한다.

동물계

동물은 식물이나 균류를 제외한 나머지 다세포 생물이다. 이들의 세포에는 핵이 있기 때문에 진핵생물로 분류되며, 다른 생물체나 유기물을 섭취하여 영양분을 얻기 때문에 종속 영양에 해당한다. 대부분의 동물은 여러 개의 세포가 모여 신체 기능을 수행하는 전형적인 신체 조직으로 구성되어 있다.

동물은 크게 척추동물과 무척추동물로 나눌 수 있다. 척추동물은 무척추동물에는 없는 등뼈, 또는 척추를 가지고 있다. 지구상에 먼저 나타난 것은 무척추동물로 약 6,000만 년 전에 선캄브리아대에 발생했다. 여기에는 해파리나 산호 등이 해당된다. 척추동물은 약 5억만 년 전에 무악류로부터 진화했으며, 육지 동물은 약 4억 년 전에 나타났다.

무척추동물 무척추동물invertebrate은 신체 조직이나 형태에 따라 두 종류로 나눌 수 있다. 그중 측생동물은 조직의 분화가 거의 이루어지지 않은 반면 진정후생동물은 배아가 반복적인 세포 분열을 통해 조직의 분화가 이루어져 여러 가지 조직으로 구성되어 있다. 신체의 대칭 구조를 통해 무척추동물을 구별할 수도 있다. 대칭에는 좌우대칭과 방사대칭이 있다. 여러 척추동물과 무척추동물은 좌우대칭 동물에 해당한다. 방산충과

위 큐라소에서 촬영한 크리스마스트리지렁이와 산호는 모두 무척추동물이다. 지렁이는 산호 위에 구멍을 만들고, 산호가 성장하면 이 구멍으로 숨는다.
아래 편형동물은 수중 무척추동물로 무체강동물에 속한다. 이들은 척추도 없고 체강도 없으며, 좌우대칭인 신체 구조이다.

같은 무척추동물은 방사대칭으로 몸의 일부가 가시 형태의 돌기로 돌출된 동물이다.

무척추동물을 분류하는 또 다른 방법은 체강의 유무를 따지는 것이다. 예를 들어 편형동물과 같은 무척추동물은 몸 안에 체강이 없는 무체강동물이다. 반면 체강동물은 체강이 있는 좌우대칭형 무척추동물이다. 원체강동물은 허강false cavity을 가진 동물로 체강동물과 무체강동물의 중간 단계로 간주된다. 체강동물은 무체강동물보다 더 발달한 동물이며, 지렁이와 같은 환형동물이 이에 속한다. 이와 유사한 동물로는 조개, 문어, 굴과 같은 연체동물이 있다.

절지동물 절지동물arthropod은 다리가 마디로 구성된 무척추동물이다. 이

과거에 사람들은 거머리가 질병을 치료하는 효과가 있다고 생각했기 때문에 다양한 의료 행위에 사용되었다. 당시 거머리를 환자 몸에 부착하여 혈액 순환을 촉진시켰다.

유용한 지렁이들

병원성 지렁이도 있지만, 많은 지렁이들은 인간을 비롯한 여러 식물과 동물에게 유용하다. 예를 들어 빈모강에 속하는 지렁이들은 토양으로부터 먹이를 섭취한 후 영양분을 다시 분출한다. 거머리강에 해당하는 거머리들은 의학적으로 쓰인다. 거머리는 날카로운 이빨로 숙주를 물고 혈액 응고를 방지하는 물질을 방출하여 혈액 순환을 돕는다. 오늘날 거머리는 손상된 조직의 유압을 줄이거나, 응고된 혈액을 제거하는 데에 쓰인다.

위 노래기(millipede)는 영어로 '천개의 다리'라는 뜻으로 마디마다 다리가 붙어 있는 절지동물이다.
아래 우렁쉥이속은 등을 지지하는 조직을 가진 척색동물이다.

들은 다섯 강으로 나뉘며, 여기에는 갑각류, 거미류, 지네류, 노래기류, 곤충류가 있다. 각 강에는 1백만에서 2백만여 종이 있는 것으로 알려져 있다. 절지동물은 몸이 좌우대칭이고, 여러 마디로 나뉘어 있으며, 개방 혈관계를 가지고, 성장 과정에서 탈피를 거친다. 각 강은 고유한 행동과 모습으로 구분되는데, 예를 들어 거미류는 거미줄을 만드는 데에 사용하는 방적돌기라는 기관이 있고, 노래기는 여러 개의 다리가 있다.

척추동물 척색동물문에 속하는 동물들은 등에 척색notochord이라는 유연한 막대 모양의 조직을 가지고 있다. 척추동물도 여기에 해당하지만, 이들은 기타 척색동물과는 달리 척색이 척추의 형태로 발전되었다. 척추동물은 두개골과 더불어 머리에 신경과 감각 기관이 집중되는 두부 집중 현상으로 인해 다른 척색동물과 구별된다.

척추동물vertebrate은 매우 광대한 범위를 가지며, 여기에는 어류, 양서류, 파충류, 조류, 포유류 등이 포함된다. 어류, 양서류, 파충류는 변온 동물인 반면, 조류와 포유류는 정온 동물이다. 하지만 각 카테고리에 해당하는 동물들 사이에서도 서로 상이한 점들이 나타난다. 예를 들어 어류는 수중 생활을 하고 아가미를 통해 호흡하는 반면, 양서류는 삶의 일부만 수중에서 보내고 남은 삶은 육지에서 폐를 통해 호흡하면서 보낸다. 나머지 척추동물은 태어나서 죽을 때까지 육지에서 산다. 파충류는 비늘로 덮인 건조한 피부를 가지고 있으며, 조류는 깃털을 가지며 대부분 비행이 가능하다. 포유류는 젖으로 새끼를 기르고 대부분 털로 덮여 있으며 태생이다. 다른 척추동물이 대부분 알을 낳는 점에서 태생은 포유류가 가진 큰 특징 중 하나이다.

이끼와 상록수

식물은 크게 현화식물과 은화식물로 나눌 수 있다. 은화식물은 매우 다양한 형태로 나타나는데, 잎과 줄기, 뿌리는 있으나 꽃을 피우지 않는 상록수와 키 작은 이끼류가 있다. 이끼류는 전형적인 뿌리가 없고 꽃을 피우지 않지만, 다른 식물들과 마찬가지로 광합성을 한다.

은화식물을 나누는 가장 큰 기준은 관다발의 유무이다. 이끼류와 같이 관다발이 없는 비관다발식물과 상록수와 같은 관다발식물이 있다.

비관다발식물 은화식물의 일부는 식물계에서 비관다발식물 부문에 해당한다. 여기에는 약 16,000여 종이 있다. 비관다발식물은 물을 전달하는 내부 물관이나 잎맥이 없으며, 실질적인 뿌리도 없다. 일반적으로 여기에는 이끼류로 습한 환경에 사는 태류, 선류, 뿔이끼류가 있다. 이끼류는 갈색이나 녹색을 띠며 줄기가 짧고 잎이 얇은 식물들로, 바위나 나무, 땅 위를 감싸면서 자란다. 그중 우산이끼는 크기가 매우 작고, 표면을 통해 수분을 흡수한다. 우산이끼는 태류에 속하며, 뿔이끼류에 속하는 뿔이끼는 크기가 매우 작아 길이가 0.95–1.9 cm 정도 밖에 되지 않는다.

비관다발식물은 물과 영양분을 뿌리와 유사한 기관인 헛뿌리로 흡수한다. 헛뿌리는 털처럼 생겼으며 식물을 토양에 고정시킨다. 잎이 있는 비관다발식물은 생식 세포를 생산하기 때문에 수정을 위해서는 물이 필요하다. 생식 세포는 물을 통해 이동한다.

관다발식물 대부분의 은화식물은 식물계에서 관다발식물 부문에 해당한다. 관다발식물이란 식물에 도관 조직이 모여 체계를 이루는 관다발을 가진다는 의미이다. 이 관들은 크게 물관부와 체관부로 나뉘며, 영양분과 무기질 그리고 물을 운반한다. 식물 잎에서는 잎맥으로 나타난다.

관다발식물은 크게 두 가지로 나뉜다. 그중 하나는 단맥식물Lycophytina으로 석송 石松과 같이 잎에 잎맥이 한 개만 있다. 줄기의 마디나 잎에 포

위 은행나무는 발생한지 1억 5,000만 년이 넘은 겉씨식물이다.
아래 왼쪽 포자낭은 포자를 담고 있는 일종의 주머니로, 사진에서 명확히 확인할 수 있다.
아래 오른쪽 거대한 쇠뜨기는 관다발 은화식물이다.

침엽수는 바늘처럼 생긴 뾰족한 잎을 통해 춥고 건조한 환경에서 생존한다. 표면적이 작아서 수분 증발이 잘 일어나지 않는다.

자낭이 있고, 여기서 생산한 포자를 통해 생식 활동을 한다. 숲 바닥, 하천가나 강가와 같이 습하고 어두운 지역에 자라는 습성이 있다.

나머지 한 종류는 다맥식물Euphyllophytina이다. 잎에는 대체로 여러 개의 잎맥이 있다. 여기에 해당하는 은화식물에는 여러 개의 강이 속해 있는데, 솔잎란류, 속새류, 양치류, 겉씨식물이라고도 하는 나자류 등이 있다. 겉씨식물은 노출된 씨를 통해 생식하는 식물로 침엽수, 은행, 네탈린gnetalean 등이 있다.

양치류와 침엽수 씨가 없는 관다발식물 중 가장 원시적인 것들이 양치류이다. 양치류는 매우 얇은 식물로, 중앙 줄기에서 바깥을 향하는 잎이 있고 포자를 통해 생식한다. 이들은 석탄기3억 5,400만 년~2억 9,000만 년 전에 나타난 것으로 추정된다.

다른 관다발식물들은 열매 없이 노출된 씨를 통해 생식한다. 침엽수는 씨앗이 방울 열매에 의해 보호를 받는다. 대부분의 침엽수는 방울 열매가 자라는 상록수이다. 잎은 바늘처럼 생겼는데, 이는 춥고 건조한 기후

상록수는 침엽수의 일종으로 캐나다 로키산맥에서 촬영한 사진이다. 침엽수는 씨가 들어 있는 방울 열매 때문에 붙은 이름이다. 은행나무와 마찬가지로 씨가 열매 속에 있지 않고 드러나 있는 겉씨식물이다.

에 적응한 것이다. 바늘 모양의 잎은 수분 증발과 건조를 방지한다. 침엽수에는 소나무, 전나무, 가문비나무, 낙엽송, 주목 등이 있다.

꽃과 열매

'식물 plant' 이라는 말은 '새싹 sprout' 을 의미한다. 그리고 현화식물은 실질적인 생식 수단과 다른 생물을 유인하기 위해 꽃을 피우고 열매를 맺는다. 현화식물은 관다발식물문 division Tracheophyta 중에 다맥식물아문 subdivision Euphyllophytina에 있는 속씨식물강에 해당한다.

속씨식물과 겉씨식물은 관다발식물에 속하며, 이중 속씨식물은 꽃과 열매가 있는 종자식물 중 밑씨가 씨방에 있는 식물이다. 이름도 씨 sperm 가 열매 속에 angi- 있다고 하여 붙여진 것이다. 이들은 씨가 열매 내에 있다는 점에서 외부로 노출된 겉씨식물과 큰 차이를 보인다. 씨는 식물의 특정 부위를 통해 수정된다.

우점적 위치의 획득 6,500만 년 전에서부터 오늘날에 이르기까지 이어지는 신생대에서 속씨식물은 식물계에서 가장 지배적인 식물로 자리 잡게 되었다. 이들은 다른 식물에 비해 널리 퍼졌으며 개체수도 많다. 오늘날 현화식물에는 275,000여 종이 있다. 하지만 이 식물들이 중생대 2억 4,800만 년–6,500만 년 전까지에 처음 나타날 때만 해도 양치류나 침엽수와 같은 겉씨동물에 비해 수가 현저하게 적었다. 하지만 시간이 지나면서 현화식물의 번식력이 우세해졌다. 현화식물은 벌이나 나비와 같은 곤충이나, 새나 박쥐와 같은 동물의 도움을 받음으로써 수분되는 경우가 많기 때문이다. 또 열매가 씨를 감싸고 보호한 것도 속씨식물의 번성에 일조했다.

위 피망의 열매는 씨방이 발달한 것이다.
아래 튤립은 200,000여 종에 속하는 현화식물의 일종이다. 튤립은 관다발식물로 속씨식물에 해당하며 씨가 씨방 속에 있다.

툴립의 내부. 수술이 중앙에 있는 암술 주변에 모여 있다. 꽃은 타가 수분을 통해 생식한다.

현화식물

꽃은 식물의 생식에 관여하는 부분으로 씨를 생산한다. 꽃은 줄기 끝에 있는 작은 꽃자루와 연결되어 있다. 작은 꽃자루를 포함하여 식물의 대부분은 보호 세포층인 외피로 싸여 있다. 꽃 중심에는 난세포를 생산하는 씨방이 있다. 꽃의 아랫부분에는 두 개 이상의 꽃받침이 꽃 봉오리를 보호하고 있다. 꽃받침 위에는 꽃잎이 있으며, 꽃부리화관가 씨방을 둘러싸고 있다. 꽃 내부의 씨방 위에는 수술이 솟아 있다.

수술은 꽃의 수컷 생식 기관으로 꽃실과 꽃밥으로 구성된다. 꽃의 중앙에는 심피가 있다. 심피암술잎는 '작은 열매little fruit' 라는 의미이다.

식물의 암컷 부분은 암술머리, 암술대, 씨방 세 부분으로 구성된다. 생식 활동의 중심인 밑씨는 씨방 속에 있다. 속씨식물의 생식 단계는 겉씨식물과 비슷한 단계를 거친다. 속씨식물의 열매에는 씨가 들어 있다. 이는 침엽수의 씨가 들어 있는 솔방울과 매우 유사하다. 차이는 속씨식물의 경우 씨방이 성숙하여 만들어진 열매의 과육 속에 난소나 밑씨가 파묻혀 있다는 점이다.

겉씨식물들의 경우, 씨는 암컷 방울 끝에 위치하며 외부에 노출되어 있다. 반면 속씨식물의 씨는 꽃에서 생산되고 열매의 보호를 받는다. 보통 인간이나 다른 동물이 열매를 먹기도 한다.

생식의 성공 여부는 타가 수분cross-pollination에 달려 있다. 꽃이 수분하지 못하면 결국 시들고 죽게 된다. 대부분의 현화식물은 타가 수분을 통해 생식을 한다. 이는 동일한 식물 내에서 자가 수분이 일어나지 않고 곤

우엉의 씨에는 갈고리가 달려 있어 확산이 더 잘 이루어진다. 씨는 갈고리를 이용해 동물 털에 붙어서 새로운 장소로 이동한다.

씨앗의 운반

대부분의 씨는 꽃에서 멀리 이동하지 못한다. 하지만 동물이 의도하지 않게 씨를 다른 장소로 운반해 줌으로써, 예상하지 못한 곳에서 식물이 자라는 경우도 있다. 열매는 새나 포유류를 통해 씨를 운반할 수 있는 메커니즘을 가지도록 진화하였다. 새나 포유류는 모양이나 냄새에 유인되어 열매를 먹으면 씨는 소화 기관을 지나게 되고, 이는 다시 배설물을 통해 새로운 장소로 이동한다. 현화식물은 이와는 다른 방식으로 씨를 운반하도록 적응 형태가 발달했다. 예를 들어 우엉이라는 잡초는 동물 털에 붙을 수 있는 갈고리가 발달했다. 이런 특징은 다른 식물에서도 나타난다. 어떤 식물의 열매는 접착성이 강하거나 가시나 낚시 바늘 같은 형태를 통해 동물의 몸에 붙는다.

충이나 동물, 바람 등을 통해 꽃가루가 다른 꽃으로 이동하여 일어나는 방식을 말한다.

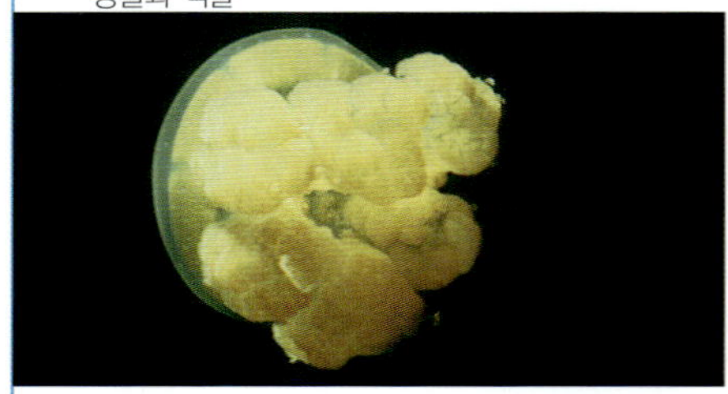

무척추동물

동물은 크게 척추가 있는 척추동물과 척추가 없는 무척추동물로 나눌 수 있다. 척추동물과 무척추동물은 호흡을 하는 살아 있는 다세포 생명체이다. 유기물을 섭취하여 영양분을 얻으며, 세포에 핵이 있는 진핵생물로 동물에 해당하는 특징을 가지고 있다. 하지만 이들 사이에는 큰 차이점이 있다.

진정후생물과 측생동물 척추동물과 무척추동물 중 먼저 발생한 동물은 무척추동물이다. 무척추동물은 매우 다양한 형태로 존재하며 여러 가지 방식으로 분류할 수 있다. 그중 한 가지 방법은 진정후생물과 측생동물로 나누는 것이다. 대부분의 무척추동물종은 진정후생물 eumetazoans 로 배아가 세포 분열을 한 후에 조직이 형성되어 특정한 신체 기능을 수행하는 세포들이 있는 동물을 말한다. 예를 들어 바닷가재 절지동물문는 군데군데 뾰족하고 마디로 나뉘어 있는 몸이 단단한 상피 조직으로 덮여 있고 그 껍데기 아래로 부드러운 근육 조직이 있다.

측생동물 parazoans 은 조직이 없는 것이 특징이며 무척추동물에서 차지하는 비중은 적다. 예를 들어 해면동물 해면동물문은 해저에 고정될 수 있을 만큼 특수한 구조를 가지고 있지만, 개별적 조직이 발달되어 있지는 않다.

다양한 문 무척추동물의 기본 신체 구조는 다양한 방식으로 나타나며, 이들은 30개 이상의 문으로 분류된다. 다음은 주요 문의 일부이다.

- 환형동물 annelida : 지렁이나 거머리와 같은 동물로 몸이 여러 마디로 구성되어 있다. 지렁이류는 머리에 촉수가 있고, 각 마디에 다리와 같이 생긴 측족 parapodia 이 한 쌍 있다.
- 절지동물 arthropoda : 다리와 몸은 마디로 이루어져 있고, 외골격이라는 외부 껍데기를 가진다. 개미나 딱정벌레와 같은 곤충들과 게나 바닷가재와 같은 갑각류 그리고 진드기나 거미와 같은 거미류, 지네류, 노래기류 등이 있다.

위 해파리는 말미잘과 산호 등과 함께 자포동물문에 속한다.
가운데 두 개의 단단한 껍데기를 닫아 부드러운 몸을 숨기는 가리비는 완족류로 분류한다.
아래 바닷가재와 같은 갑각류는 절지동물문에 속한다. 다리와 몸이 마디로 이루어져 있고, 외골격으로 덮여 있다. 개미와 딱정벌레와 같은 곤충들도 절지동물문에 속한다.

- 완족동물 brachiopoda : 수중 생물로 부드러운 조직 위를 단단한 껍데기 두 개가 덮고 있다.

- 태형동물 bryozoa : 물속에서 대부분 무리를 지어서 산다. 이중 일부는 젤리와 같이 물렁물렁한 형태를 이루는 반면, 일부는 수중 식물 위에 방석처럼 납작한 형태의 군체를 이루기도 한다.

- 자포동물 cnidaria : 강장동물이라고도 한다. 무척추동물로 원통형이나 종, 우산 등의 형태를 가진다. 몸은 두 개의 세포층과, 그 사이에 있는 부드러운 조직으로 구성된다. 해파리, 말미잘, 산호 등이 해당한다.

- 극피동물 echinodermata : 피부에 가시가 돋은 생물로 몸 내부에는 내골격이 있다. 이들의 몸에는 관처럼 생긴 관족이 있다. 불가사리, 거미불가사리, 샌드달러 sand dollar, 말미잘 등이 있다.

- 연체동물 mollusca : 수중 동물의 가장 큰 부분을 차지하고 있지만, 육지에 사는 것들도 있다. 대부분의 연체동물은 부드러운 신체를 보호하기 위해 단단한 껍데기를 가지고 있다. 조개, 홍합, 문어, 굴, 달팽이, 오징어 등이 있다.

- 선형동물 nematoda : 회충은 흙이나 물 또는 죽은 조직에 많이 산다. 또 일부는 살아 있는 식물과 동물 속에서 기생충으로 살기도 한다.

- 편형동물 platyhelminthes : 많은 와충류는 다른 동물 몸속에 기생충으로 살아간다. 이들의 부드러운 몸은 매우 얇고, 납작하며 3배엽성 동물이다.

- 해면동물 porifera : 해면은 해저나, 호수와 강바닥에 있는 바위 같은 물체에 붙어서 살아간다.

- 윤형동물 rotifera : 윤형동물은 호수, 강, 천과 바다에 산다. 몸은 꽃병처럼 생긴 원통형이다.

자갈과 같이 바닷가에 쓸려온 샌드달러는 불가사리와 성게의 먼 친족이며, 가시가 돋은 피부와 내골격을 가지고 있어 극피동물문으로 분류된다.

거미(왼쪽)와 개미(오른쪽)는 절지동물문에 속한다. 거미의 몸은 2개의 마디와 4쌍의 다리로 이루어진 반면, 곤충의 몸은 3개의 마디와 3쌍의 다리가 있다.

곤충 대 거미

곤충과 거미는 절지동물문에 속한다. 절지동물이란 다리가 마디로 이루어진 동물을 말한다. 곤충강에는 100만~200만 종이 있는 반면, 거미류강에는 57,000여 종에 불과하다. 사실 다른 동물에 비해 곤충강에 속한 종이 가장 많다. 곤충(insect)의 라틴어 어원은 '나눈다'는 뜻으로, 접두사 in-은 '-속으로'이고 sect는 '나누다'를 의미한다. 이는 곤충의 몸이 마디로 나뉘어 있음을 나타낸다. 거미(arachnid)강의 라틴어 arachn은 '거미' 또는 '거미줄'을 의미한다. 일반적인 곤충으로는 파리나 나비 등이 있고, 거미류에는 거미와 진드기 등이 있다.

곤충과 거미는 신체 구조도 매우 다르다. 몸이 마디로 이루어진 곤충의 몸은 3개의 마디로 이루어져 있다. 보통 곤충은 머리, 가슴, 배와 3쌍의 다리와 1쌍의 날개로 구성된다. 반면 거미는 머리와 가슴으로 나뉜다. 또 여러 개의 다리(대체로 4쌍이다)로 걷는다.

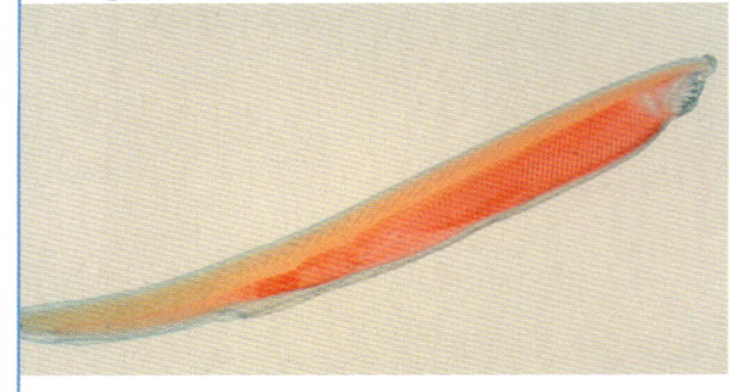

척추동물

다세포 무척추동물들이 나타나고 오랜 세월이 지난 약 5억 년 전에 척추가 있는 동물들이 진화하기 시작했다. 이들을 척추동물 vertebrates 이라고 하며, 척추동물이 속한 척색동물문에는 일생 동안 잠시라도 등을 지탱하는 척추 같은 조직을 가지는 동물들이 포함된다.

척색동물문에 해당하는 동물 중 일부는 척색이 일생 동안 유지된다. 반면 척추동물의 경우, 생명체가 성장함에 따라 이 조직은 관절로 이루어진 척추로 대체된다. 일생 동안 척색을 유지하는 동물에는 멍게와 같은 미색동물과 창고기와 같은 두색동물이 있다. 모두 척색을 가지고 있지만, 공식적으로는 무척추동물로 분류된다. 많은 학자들은 이들이 무척추동물과 척추동물 사이의 연결 고리로 본다.

척추동물은 척추와 두개골을 가지는 척색동물이다. 이들은 감각과 운동 그리고 다른 신경 기능들이 머리에 집중되고, 뇌가 두개골에 위치하는 집중화 현상이 두드러진다. 이들은 대부분 발생 초기 배아 단계에서는 유연한 세포막대인

위 창고기는 크기가 작은 원시 척색동물로 온대해양에서 서식한다.
가운데 미국 아칸소(Arkansas)에서 촬영한 무악류목에 속하는 밤칠성장어 사진이다. 무악류란 턱이 없는 물고기를 말하며 지구상에서 가장 오래된 척추동물의 일종이다.
아래 척추는 모든 포유류에서 공통적으로 나타난다.

척색이 있지만, 이는 성장하면서 척추로 대체된다. 척추 안에는 일종의 신경삭인 척수가 들어있다. 척추는 동물의 등을 따라 축을 중심으로 길게 뻗은 뼈나 연골의 형태로 존재한다. 척추동물의 순환계는 폐쇄 혈관계이다.

척추동물의 종류 척추동물에는 8개의 강이 있다.

- 무악류 Agnatha 는 보통 물고기와 같은 형태이지만 턱뼈가 없다. 지구상에 최초로 나타난 척추동물로 약 5억 년 전에 발생한 것으로 추정된다. 오늘날 60여 종이 있으며, 주로 뱀장어와 유사하게 생긴 칠성장어와 같이 아가미 구멍으로 호흡하는 척추동물들이 포함된다.
- 판피어류 Placodermi 은 턱뼈가 있는 판피어류로 구성된다. 표면이 납작

한 물고기들로 현재는 멸종한 동물이다.

- 연골어류Condrichthyes은 상어나 가오리처럼 골격이 연골로 이루어진 물고기들로 이루어져 있다. 1쌍의 지느러미가 있으며, 다른 연골어류에 비해 이빨이 더 발달해 있다.
- 경골어류Osteichthyes은 뼈 골격을 가진 물고기들로 구성된다. 여기에는 30,000여 종이 알려져 있으며 농어, 연어, 송어 등이 속한다.
- 양서류Amphibia은 다리가 4개인 동물들로 알에서 부화하고 성장하면서 서식지를 물에서 육지로 옮긴다. 여기에는 개구리, 영원, 도롱뇽, 두꺼비 등이 포함된다.
- 파충류Reptilia은 피부가 비늘로 덮여 있기 때문에 방수가 되는 생명체들로 악어와 거북이 등이 있다. 이들은 땅 위를 기어 다니며 폐로 호흡하고, 알을 낳는다.
- 조류Aves은 새를 말한다. 온혈 동물이고 날개가 있으며, 깃털로 덮여 있다. 다리는 2개이고 부리가 있으며, 파충류와 마찬가지로 알을 낳는다.
- 포유류Mammalia에는 젖샘을 가진 온혈 척추동물이 포함된다. 어미는 젖샘을 통해 모유를 생산하여 새끼를 양육한다.

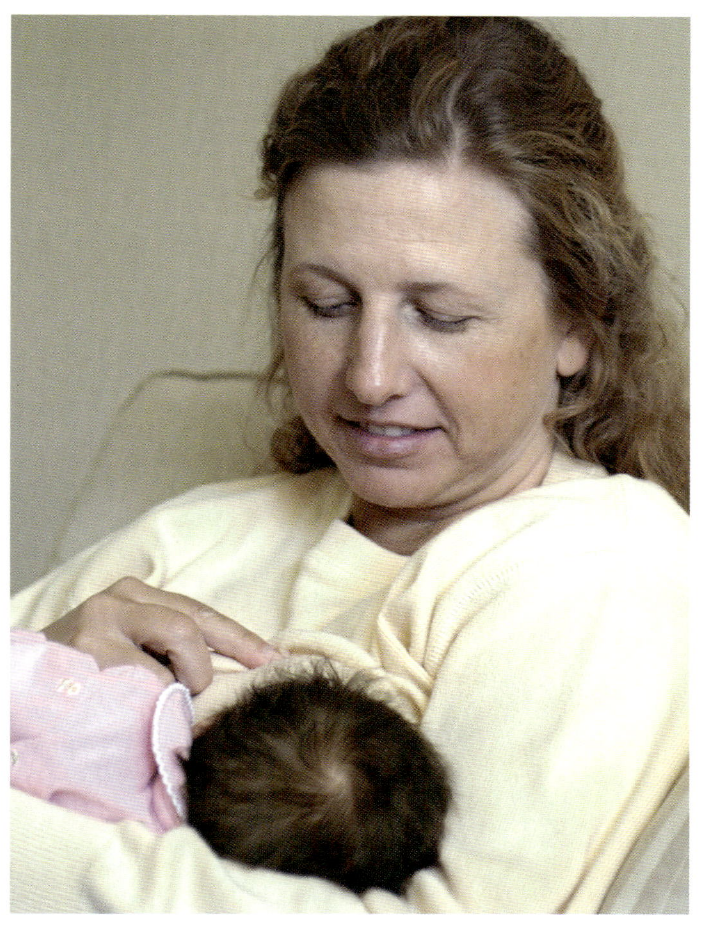

포유류 포유류mammals는 크게 단공류, 유대류, 태반류 세 가지로 나눌 수 있다. 단공류는 비뇨기와 생식기가 단일 입구이다. 이들의 신체 구조는 파충류와 유사하며, 현대 분류법으로는 주로 오리너구리와 개미핥기 등이 여기에 해당한다. 암컷 유대류의 경우, 이들은 새끼를 주머니 안에서 키우며, 코알라와 캥거루가 해당된다. 대부분의 포유류는 태반류로, 이들은 유아기 때 모체의 태반을 통해 양육된다. 태아는 자궁에서 발생하며 태반과 연결된 탯줄을 통해 영양분을 얻는다.

현대의 태반 포유류에는 다양한 목이 있으며, 비버나 생쥐, 다람쥐 같은 설치류목이 여기에 해당된다. 또 사자나 곰, 늑대와 같은 육식동물목과 발가락이 짝수인 소, 사슴, 돼지와 같은 우제류목, 그리고 1,115여 종의 박쥐가 있는 익수류목 등도 태반 포유류이다. 익수류목은 유일하게 비행이 가능한 포유류이다. 또 돌고래나 고래 등과 같은 고래류목이 있으며, 손가락과 발가락이 각각 10개씩을 갖는, 인간이나 유인원 같은 영장류목 등이 있다.

상호 의존

17세기 영국 시인 존 돈John Domne은 "인간은 섬이 아니다No man is an island"라는 말을 통해 인간성에 대해 논했다. 상호 의존성에 대해 말하고 있는 명언으로 생물학에도 적용되어 식물과 동물에서도 관찰된다.

식물은 광합성을 하여 스스로 영양분을 만들지만 동물은 식물이 광합성으로 만든 영양분이나 식물을 먹은 동물을 직접 섭취함으로써 필요한 에너지를 얻는다.

식물과 동물은 서로에게 산소와 이산화 탄소를 공급한다. 식물이 산소를 공급하면 동물은 이를 들이마시고 이산화 탄소를 내뱉는다. 이산화 탄소는 식물이 광합성할 때 사용된다.

원시 시대 식물과 동물의 상호 의존 관계는 수백 년에 걸쳐 진화하면서 많은 변화를 겪었다. 예를 들어 6,500만 년 전 중생대 말에 지구에 운석이 떨어지게 되었다.

당시에 일어난 대멸종에 대한 가장 일반적인 견해는, 먼지 구름이 피어오르면서 햇빛이 차단되었고 식물이 죽게 되었다는 것이다. 이로 인해 초식 공룡의 먹이가 사라지면서, 그들도 멸종하게 되었다. 초식 공룡이 죽게 되자, 육식 공룡도 먹이를 잃게 되면서 멸종하게 되었다.

이런 큰 재난이 일어날 때마다 식물과 동물은 서로에게 이득을 주는 방향으로 진화하는 공진화가 발생한다. 그 결과 식물은 동물을 매개로 하여 씨를 널리 퍼트릴 수 있다. 예를 들어 새들이 체리나무 열매를 먹고, 이동하면서 배설물에 섞인 씨를 배출하게 되면서 체리나무 씨가 확산된다. 초식 동물이 주변의 다른 식물을 먹으면, 잔디와 같이 키가 작은 식물들도 햇빛을 받을 수 있다.

인간의 역할 다른 동물과 마찬가지로 인간은 생태계에 영향을 끼치며, 인간이 가진 지배적인 위치 때문에 매우 큰 효과가 나타난다. 플라이스

위 농경지는 인간이 식물에서 영양분을 얻는다는 사실을 시사한다.
아래 식물과 동물이 서로에게 의존하며 공진화였으며, 체리나무가 여기에 해당한다. 새들은 체리나무의 열매를 먹고 씨를 배설물과 함께 널리 확산시킨다.

1900년경 해변에 늘어 놓은 사냥한 고래들. 상업적 고래 사냥은 1986년부터 금지되었다. 고래는 지나친 남획으로 멸종 위기에 처한 개체군의 일종이다.

아스피린이 개발되기 이전에 사용되었던 진통제는 미루나무 표피에서 추출한 화학 물질이었다.

약용 식물

사람들은 끊임없이 여러 식물들을 약용으로 사용해 왔다. 아스피린이 개발되기 이전에 사용되었던 진통제는 미루나무 표피에서 추출한 물질이었다. 마황은 흔히 쇠뜨기라고 하며, 에페드린을 함유한 겉씨식물이다. 에페드린은 천식환자의 호흡을 돕는 기관지 확장제로 쓰인다. 또 건초열로 인해 발생한 염증을 가라앉히는 데 효과가 있으며, 호흡기 표면에 혈관 수축제로 쓰이기도 한다. 티몰의 주성분인 티무스 불가리스(*Thymus vulgaris*)는 국부성 항균 치료에 쓰인다.

전통 의학에서는 약초 요법이 점차적으로 늘고 있다. 여기서 쓰이는 약초 중에는 강장제, 각성제, 정신 재활성제로 쓰이는 인삼과 혈액 순환제, 강장제, 염증 치료제 등에 쓰이는 은행나무가 있다.

토세에 몸집이 큰 동물들은 인간이 지나치게 사냥하여 멸종한 것으로 보인다. 인간은 이런 방식으로 지난 1,000년 동안 수많은 종을 말살했거나 멸종 위기에 놓이게 하였다. 플라이스토세에 지나친 사냥으로 인해 사라진 동물 중에는 거대 캥거루, 거대 웜뱃, 거대 아르마딜로, 리톱턴 litoptern, 거대 나무늘보 등이 있다.

중세 시대 유럽에서는 늑대를 늑대인간이 변한 모습으로 전염병의 매개체라고 믿었다. 이 때문에 늑대를 없애려는 노력으로 유럽에서 늑대가 멸종하였다. 여러 가지 이유로 유럽에서 사라진 동물에는 곰, 바이슨, 멧돼지, 사슴, 붉은사슴 등이 있다. 오늘날 유럽에서는 이런 동물들은 러시아나 스칸디나비아에서만 볼 수 있다. 미국의 동부 연안에서는 물고기를 비롯하여 굴과 같은 연체동물들을 과잉 포획하여 개체수가 급격히 줄고 있다.

인간이 농업을 시작한 이후, 지구의 생태계에는 여러 가지 변화가 일어나기 시작했다. 예를 들어 단일한 농작물을 너무 많이 경작함으로써 토양에 피해가 생길 수 있다. 하지만 이런 피해에도 불구하고, 인간을 포함한 식물과 동물 사이에는 지속적으로 서로에게 도움을 주는 상호 작용이 일어나고 있다. 벌은 꽃을 수분시키고, 꽃과 식물은 산소를 대기에 방출시키고, 동물은 이런 자연 순리에 따라 살아간다. 그리고 생명은 지속되고 있다.

동물로서의 인간

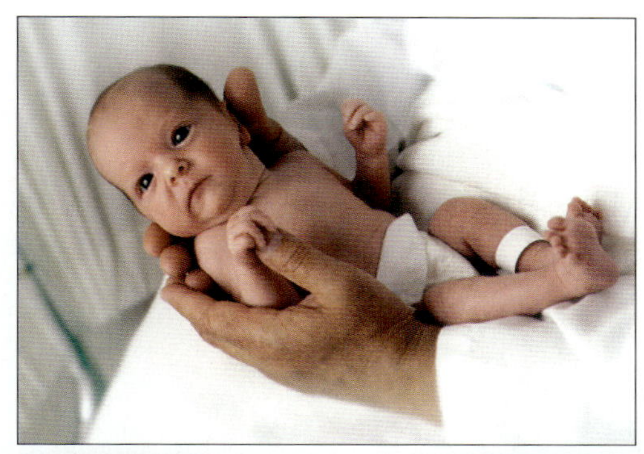

왼쪽 인간은 다른 동물들처럼 사회를 이루며 살아가고 있다. 생물학자는 동물계에서 인간의 고유한 형질만큼 인간이 다른 종의 동물들과 공유하는 형질에 관심이 많다.
위 유전자는 신생아의 성장에 많은 영향을 끼친다.
아래 과학자들은 인간 노화 연구에 많은 성과를 얻었지만, 밝혀야 할 인간 생물학 분야는 아직 많이 남아 있다.

피라미드, 오페라, 철학, 비행기 등과 같이 고도로 발달한 문명을 가졌지만, 인간은 여전히 동물이다. 인간은 침팬지와 매우 비슷한 동물로 척색동물문 포유류강 영장류과에 해당한다. 인간은 100조 개가 넘는 세포로 구성되었으며, 생리학적 활동을 하고, 생태계와 상호 작용하며, 다른 포유류와는 구별되는 사회를 이루면서 살아간다. 이런 이유들 때문에 인간은 생물학적으로 연구하기에 적합하다. 그러나 인간만이 생물학자가 될 수 있다는 것과 언어, 지능 등 많은 관점에서 인간은 다른 동물들과 구별된다. 그렇기 때문에 인간을 연구하는 학문은 사람과 동물의 유사성과 함께 둘 사이에 차이점을 연구하는 것이다.

학자들은 인간을 연구하는 생물학에서 대단한 발전들을 이뤄냈다. 여기에는 배아가 발달하는 방식과 성인의 노화, 뇌의 구조와 그 구조가 사유와 감정에 끼치는 영향, 개인 행동과 사회적 구조가 유전적 성향에 끼치는 영향, 그리고 우리가 앓는 질병을 치료하는 방법 등이 있다. 여러 가지 의미에서 동물로서의 인간에 대한 연구는 이제 막 시작되었다.

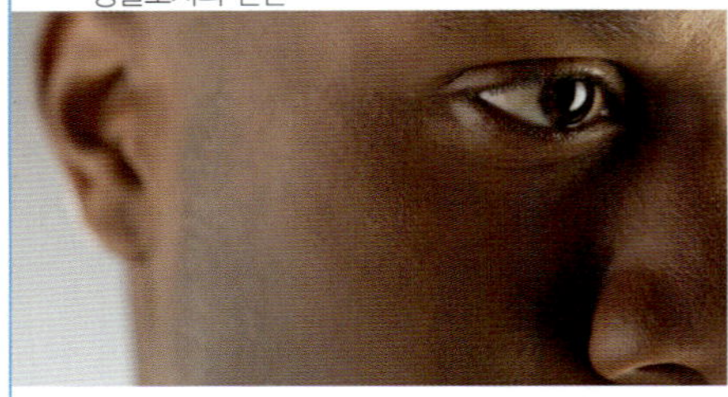

우리가 인간인 이유

동물의 분류, 구조, 기능 등의 차원에서 볼 때, 인간과 유사한 생명체들은 여럿이 있다. 해부학적으로 볼 때 인간은 다른 동물과 마찬가지로 순환계, 호흡계, 소화계, 분비계, 생식계를 가지고 있다. 그리고 다른 척추동물과 마찬가지로 척추가 있고, 다른 포유류와 마찬가지로 젖을 먹인다. 하지만 인간은 많은 점에서 다른 동물과 매우 다른 존재이기도 하다.

두 발 보행과 사고력 인간이 다른 동물과 구별되는 점은 두 발로 직립 보행한다는 것과 몸집에 비해 큰 뇌를 가졌다는 것, 두 가지로 집약할 수 있다. 인간이 두 발로 걸음으로써 여러 가지 적응 형태가 진화하게 되었다. 예를 들어 낮은 후두의 위치 덕분에 인간은 언어를 사용할 수가 있고, 보행에서 자유로운 두 손은 특수한 기능을 수행할 수 있게 되었다.

인간의 뇌는 다른 동물에 비해 상대적으로 용량이 매우 크기 때문에 사고력 및 개념화 능력이 더 발달했고, 환경을 조작하는 힘을 갖게 되었다. 또 인간의 큰 뇌는 사고력과 더불어 본능적으로 환경에 반응할 수 있도록 하였다. 법과 정부에 기초한 인간 사회를 세울 수 있었던 것도 의식적이고 이성적인 사고와 아름다움에 대한 개념 그리고 예술적 활동이 있었기 때문이다.

인간과 동물 인간은 여러 동물들과 생리학적으로 유사한 점이 많다. 그 중 하나는 영양분을 얻는 방식이다. 식물과는 달리 사람을 비롯한 동물은 종속 영양 생물이다. 다시 말해 동물은 식물이나 다른 동물을 먹고 소화한다. 하지만 다른 동물과는 달리 인간은 요리라는 화학적 과정을 통해 다양한 음식을 결합하거나 변형시킬 수 있으며, 음식을 먹는 것이 오직 허기를 달래기 위한 행위가 아니라 심미적 만족을 얻기 위한 것이기

위 인간의 큰 뇌는 사고력을 발달시켰다.
아래 두 발 보행은 인간에게만 나타나는 특징으로, 이를 통해 다양한 적응 형태가 나타났다. 보행으로부터 자유로워진 인간의 손은 특수한 기능을 갖게 되었다.

도 하다. 게다가 척추동물과 일부 무척추동물의 몸은 좌우대칭을 이루며, 머리와 항문이 반대편에 있다. 머리에는 눈과 귀 그리고 뇌와 같은 감각 기관들이 있다.

인간과 마찬가지로 다른 척추동물도 골격을 가지고, 폐쇄 혈관계와 호흡계를 가진다. 또 일부 척추동물은 피부가 2개 층으로 되어 있어 색소, 기공, 도관, 죽은 세포들이 있는 외부층상피과 땀샘, 혈관, 신경 말단과 머리카락 및 손발톱 뿌리가 있는 내부층진피이 있다. 하지만 인간은 가장 유사한 포유류인 유인원과도 구별되는 특징을 보이는데, 이는 피부에 비교적 털이 적게 자란다는 것이다.

인간이 다른 동물들과 닮은 점은 생태계를 이용하여 살아가면서, 생태계에 영향을 끼친다는 것이다. 하지만 인간이 아닌 생명체들은 본능적으로 움직이는 반면, 인간은 계획적으로 행동한다는 차이도 있다. 예를 들어 메뚜기 떼가 밭이나 숲 지역을 덮치면, 보통 그 지역에 있는 모든 식물과 잎을 먹어치운다. 인간도 곡식을 생산하기 위해 어떤 지역에 지나치게 농사를 짓거나 주택을 만들기 위해 어떤 지역을 과도하게 개발하면, 생태계를 교란시키고 파괴하게 된다. 하지만 다른 동물과는 달리 인간은 자신의 행동이 가진 파괴력을 인지하고, 이를 교정할 수 있는 능력이 있다.

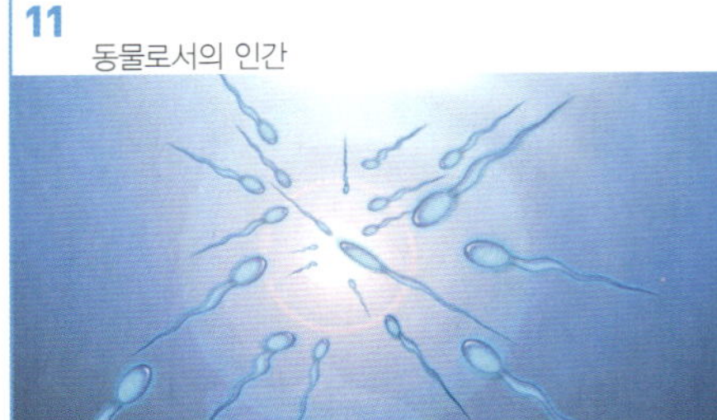

잉태에서 죽음까지

모든 동물의 삶과 마찬가지로, 인간의 삶도 고유한 순환을 보인다. 이 순환은 정자와 난자가 수정되면서 시작하고, 생물학적 체계들이 기능을 멈추면서 죽음으로 끝난다. 두 시점 사이에는 유아기, 유년기, 청년기, 장년기, 노년기의 발달 단계가 있다.

출산 정자와 난자가 수정되면 수정란은 상실배라는 세포 덩어리를 형성한다. 상실배는 자궁 입구 안으로 들어가면서 배반포가 되고 자궁벽 자궁내막에 착상된다. 거기서 세포는 분화기 시작하면서 낭배를 형성한다. 낭배는 내배엽, 중배엽, 외배엽 3개의 세포층으로 분화한다. 임신된 후 3개월 동안의 생명체를 배아라고 한다. 3개월이 지난 후부터 탄생하기 전까지는 태아라고 한다.

배아의 중심부에서 태반까지 연결된 탯줄을 통해 영양분을 얻으면서, 태아는 생장하고 주요 장기를 발달시킨다. 약 250일이 지나 태아의 크기가 커지면 태아를 둘러싼 양막이 터지고, 더 이상 자궁에서 살 수 없게 된다. 이어 자궁 경부가 벌어지고 태아가 산도를 거쳐 바깥 세상으로 나오면서 출산은 완성된다.

유아기에서 청년기까지 유아기는 출생 후 18개월까지 이어진다. 이 시기에 유아는 어느 정도 자신의 움직임을 통제할 수 있게 된다. 또 대체로 모방을 통해 일어서고, 걷고 말하는 것을 배운다. 또 감각 기관도

인간이 겪는 생명 주기는 단계별로 특징이 뚜렷하다. 임신은 정자와 난자가 수정(위)될 때 일어난다. 여성(아래 왼쪽)의 경우, 사춘기는 약 8세–12세 정도에 시상 하부의 지시에 따라 일어난다. 장년기 다음으로 이어지는 노년기(아래 오른쪽)는 삶의 마지막 단계이다.

빠른 속도로 발달하기 시작한다. 유아는 큰 뇌가 들어갈 수 있도록 몸에 비해 머리가 큰 상태로 태어나지만, 성장하면서 몸의 크기가 커지기 때문에 적절한 비율이 되어간다.

유아기에서 청년기까지 골격의 크기와 힘이 증가한다. 유아의 몸무게도 3세까지 급증하며, 이와 같은 성장 속도는 청년기가 될 때까지 다시 나타나지 않는다. 또 유아는 초기에 또 공간 지각 능력이 발달하는데, 이로 인해 스포츠를 하는 등 일상생활에서 유용한 손과 눈의 동작을 일치시키는 능력이 발달한다. 이 시기에 언어와 사회화 기술도 발달한다.

사춘기가 되면 1차 및 2차 성징이 나타나기 시작하고, 어른과 동일한 생식 능력이 나타나고, 성적 호기심이 증가한다. 사춘기는 통상적으로 여아의 경우 8-12세 정도에 나타나기 시작하며, 남아는 이보다 2년 정도 늦다. 사춘기 때 보이는 이런 변화는 시상하부가 생장 호르몬이나 난소와 정소를 통제하는 호르몬을 분비하면서 시작한다. 여아의 유방이 커지고 음모가 발달하며, 몸의 윤곽이 곡선으로 변한다. 초경은 대체로 12세이나 13세 즈음에 시작한다. 남아의 경우, 이 시기에 생식기가 커지고 음모가 발달하며, 목소리가 낮아지고, 얼굴과 겨드랑이에 털이 자라기 시작한다. 또 첫 사정은 대체로 11-15세 사이에 나타난다.

시간이 지나면서 인체의 생식 기능은 감소한다. 여성의 경우 난소의 기능과 에스트로겐 생산이 감퇴하기 시작하여 평균 50세 정도에 폐경기가 찾아온다.

장년기에서 노년기까지

성인의 경우, 신체 기관들은 지속적으로 활동하고, 간과 같은 일부 장기들은 손상되었을 때 재생할 수 있다. 하지만 장년기 초기에 뼈 조직이 천천히

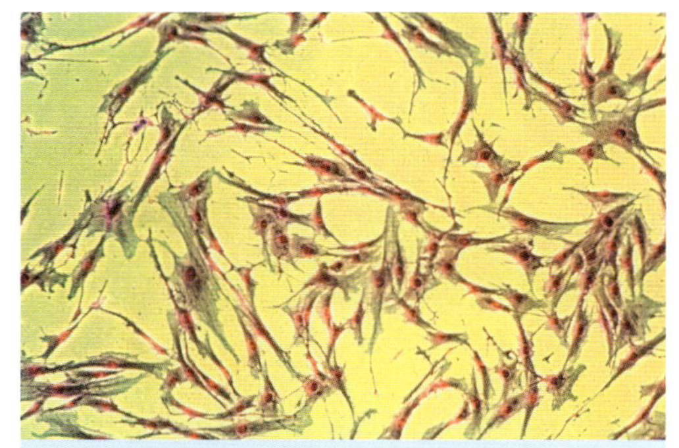

늙은 세포들도 죽는 순간까지 끊임없이 분열한다.

노화되는 세포들

인간의 몸에서는 매일같이 수십억 개의 세포들이 죽고, 새로운 세포들이 태어난다. 인체 세포는 나이가 들어 쇠약해지면, 스스로 자신을 분해하는 자가 분해를 통해 주변에 있는 세포들을 보호한다. 이 과정은 리소좀이 파열되어 소화 효소가 방출되면서 시작된다. 이 소화 효소는 세포를 파괴하여 죽은 세포의 크기를 최소화하고, 건강하지 못한 세포와 나머지 건강한 세포를 격리시킨다. 죽은 세포의 잔존물은 다른 노폐물과 함께 몸에서 배출된다.

와해되기 시작한다. 인간은 나이가 들면서 뼈 조직이 줄어들기 시작하면서 약해지고, 이로 인해 골절될 위험이 증가한다. 여성의 경우, 난소의 기능과 에스트로겐 분비가 감소하기 시작한다. 폐경기는 평균적으로 50세에 시작된다. 남성의 경우 정소가 작아지면서 테스토스테론 생산이 감소한다.

신체가 노화를 겪으면서 청력과 시력이 약해지고 근력이 감소하며, 피부나 혈관에 탄력이 줄어들고 풍채가 쇠해진다. 몸에 있는 기관들은 대부분 효율성이 떨어진다. 예를 들어 심장이 매분 내보내는 혈액양이 줄어들고, 항체가 생산되는 속도도 떨어진다. 뇌도 노화가 되면서 분화된 신경 세포들, 즉 뉴런이 점차 줄어든다. 하지만 이렇게 사라지는 뉴런들은 뇌에 있는 뉴런의 총량에 비하면 아주 작은 양에 불과하다.

특이한 신체 구조

인간은 S자형 척추와 두 다리 그리고 큰 뇌와 더불어 5개씩 있는 손가락으로 정교한 작업을 할 수 있다는 점에서 다른 동물과 크게 구분된다. 다른 영장류와는 달리 인간은 근력도 매우 특이하게 발달했다.

두 발 보행 인간의 골격 구조와 이를 통해 나타난 적응 형태는 매우 특이하다. 침팬지나 고릴라 등의 다른 영장류와는 달리 인간은 두 발로 직립 보행하는 양족 동물이다. 그리고 다른 포유류와는 달리 척추가 S자로 굽었는데, 이로 인해 인간이 서 있을 때 무게 중심이 발 위에 형성된다. 정확한 무게 중심은 남성과 여성의 해부학적 차이 때문에 서로 다르게 나타난다. 여성은 임신 때문에 무게 중심이 하반신에 형성되는 반면 남성의 경우는 상반신에 형성된다.

인간이 두 발 보행하면서 발생한 적응 형태는 이 외에 또 있다. 이 중에는 안정적인 자세를 취하기 위해 넓은 골반(여성의 골반은 임신 때문에 상대적으로 더 넓다)과, 서 있는 자세를 유지하고 이동하기 위해 고정되는 무릎, 안정성을 위해 길이가 긴 발목과 엄지발가락 등이 있다.

인간은 걸을 때 다른 유인원처럼 손으로 몸무게를 지탱하지 않아도 되기 때문에, 손의 용도를 고도로 발달시켰다. 이렇게 손이 발달하면서 인

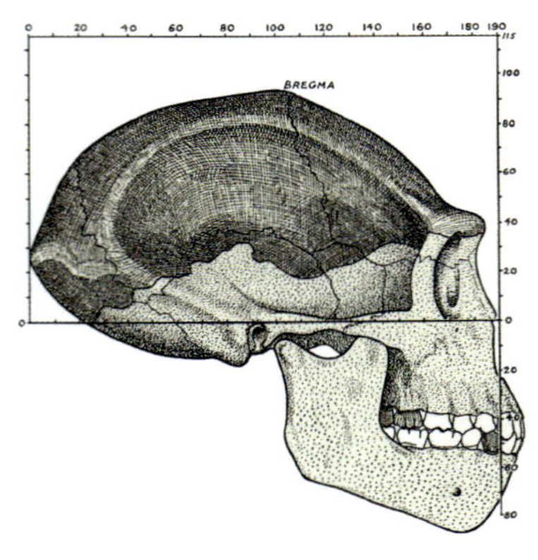

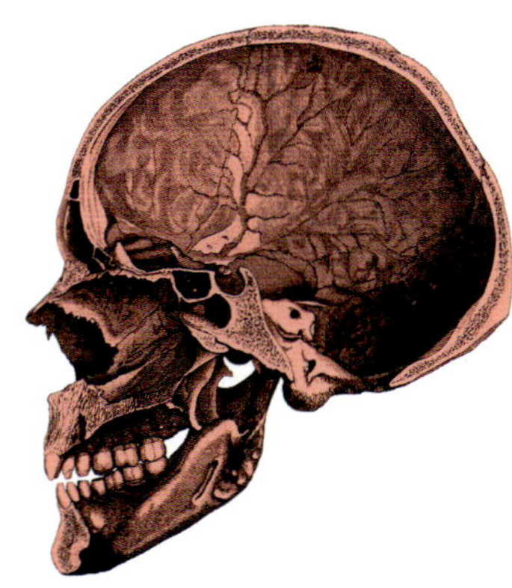

위 침팬지와 같은 영장류와는 달리 인간은 두 발 보행을 한다. 두 발 보행이란 직립하여 두 다리로 걷는다는 의미이다.
아래 인간의 직접적인 조상 호모 에렉투스와 현대인인 호모 사피엔스의 두개골을 비교한 그림이다. 200만 년 동안 뇌의 평균 크기는 약 2배 커졌다.

간은 음식을 채취할 수 있고 다양한 활동을 할 수 있다. 물건을 손으로 잡을 수 있는 것은 상대적으로 길이가 긴 엄지손가락이 있기 때문이며, 엄지손가락은 다른 손가락과는 달리 회전할 수 있다.

기타 정교한 특징들 인간은 직립 보행으로 인해 발성이라는 정교한 생리학적 특징을 갖는다. 인간이 말을 하기 위해 필요한 생리학적 특징은 직립 보행하면서 얻게 된 2차적 특징이다. 즉, 곧은 자세를 통해 성대가 정교한 소리를 만들 수 있는 위치를 얻게 된 것이다. 말을 할 때 입술과 혀를 자유롭게 움직일 수 있게 된 것도 직립 보행과 연관이 있다. 직립 보행으로 인해 손을 자유롭게 사용하면서 뇌의 크기가 커지고 발달되었으며, 이는 입술과 혀의 움직임을 발달시켰다.

인간은 상대적으로 뇌의 크기가 크다. 지난 2백만 년 동안 뇌의 평균 크기는 약 724 cm³에서 1,399.5 cm³으로 커졌다. 뇌가 이렇게 커질 수 있었던 것은 미숙한 상태의 특징이 성숙한 후에도 나타나는 현상 때문이

다. 즉, 인간은 뇌의 성장 속도가 매우 빠른 유년기가 유인원 조상에 비해 길다. 실제로 신생아의 뇌는 성숙한 뇌 용량의 25 %에 지나지 않는다. 유년기에 받는 외부 자극은 뇌신경을 발달시키는 중요한 요인이다.

학습된 행동과 문화 이런 다양한 생리학적 적응 형태 때문에 인간은 다양한 행동을 할 수 있다. 인간은 환경 변화에 적응할 수 있고, 본능뿐만 아니라 학습에 의해 변화를 거치거나 행동을 취할 수 있다. 그로 인해 인간은 자연 선택이 적응 형태를 발달시키는 것에 기대지 않고, 능동적으로 다양한 서식지에 적응할 수 있다. 이 외에 인간에게 나타나는 중요한 특징으로는 인간이 동물과 식물 모두로부터 영양분을 섭취할 수 있는 잡식성 동물이라는 사실이다. 육식 포유류나 초식 동물과는 다르게 잡식성인 인간은 환경에 더 쉽게 적응하기 때문에 다양한 환경에서 생존할 수 있다.

인간은 잡식성 동물이기 때문에, 동물과 식물로부터 영양분을 섭취할 수 있다. 이로 인해 인간은 다양한 환경에서 살아갈 수 있다.

의식적 사고력과 반응을 통해 인간은 문화를 만들기도 한다. 인간은 새로운 기술을 배우고 가르치며, 새로운 사회망을 구축하면서 환경에 의도하지 않은 변화를 주기도 한다.

인간은 의식적으로 사고, 판단, 반응할 수 있는 능력이 있어 새로운 기술을 배울 수 있고, 가르칠 수 있으며, 의도하지 않게 환경에 영향을 끼칠 수 있다. 이와는 달리, 다른 종들은 자연 선택에 의해 환경에 적응한다.

인간은 어떻게 활동하는가?
(인간생리학)

인간은 다른 동물들에서도 나타나는 여러 체계를 통해 활동하지만, 그렇다고 해서 그 복잡성에 대한 경외로움이 줄어드는 것은 아니다. 인간의 몸에서 가장 오랫동안 남는 것은 치아를 제외하고 골격을 이루는 200여 개의 뼈이다. 이렇게 단단하고 건조한 뼈들이 내장을 보호하는 구조를 가리켜 내골격이라고 한다. 내골격의 각 부위는 인대로 연결되어 있으며, 근골격계의 일부를 구성한다. 각 골격근은 힘줄로 뼈와 연결되어 있으며, 이 근육이 수축하면서 뼈가 움직인다.

몸을 구성하는 근육은 신경계의 통제를 받는다. 신경계 중 체성 신경계는 골격근을 자유자재로 통제

위 체성 신경계는 골격근을 통제한다.
가운데 인간은 많은 동물들에게 없는 3차원적으로 색깔을 구분하는 시력을 가지고 있지만, 개와 같은 동물에 비해 후각은 매우 약하다. 그러나 인간의 후각도 수천 가지의 냄새를 구분할 수 있다.

한다. 불수의근을 통제하는 자율 신경계는 심근과 민무늬근 그리고 내분비선을 지배한다. 대뇌의 피질에서 발생하는 신경 자극은 머리, 몸, 사지 등의 수의운동을 가능하게 한다. 그러나 신체의 다양한 기능은 신경계의 통제를 받거나 내분비선의 지시에 따른다. 인간의 눈은 3차원적으로 색깔을 구분할 수 있지만 그렇지 못한 동물들도 많다. 개와 같은 동물에 비해 후각은 매우 떨어지지만 인간도 수천 가지의 냄새를 구분할 수 있다.

순환계와 면역 체계 인체에는 여러 혈관, 동맥, 소동맥, 모세관 등이 있으며, 다른 포유류와 마찬가지로 4개의 방으로 구성된 심장에서 내보낸

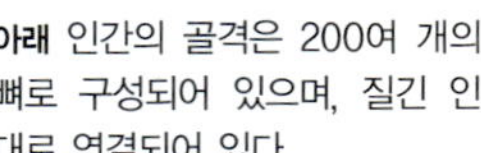

아래 인간의 골격은 200여 개의 뼈로 구성되어 있으며, 질긴 인대로 연결되어 있다.

혈액이 이를 통해 순환한다. 인체의 혈관은 몸 전역에 일종의 네트워크를 구축하는데, 총 길이는 약 96,558 km에 달한다. 심장에 있는 판막은 역류를 막고 혈액이 일정한 방향으로 흐르도록 한다. 인간의 심장은 약 70세가 될 때까지 약 208,197,649 L의 혈액을 몸으로 내보낸다.

인체는 또 감염성 미생물로부터 스스로를 지키기 위한 면역 체계가 발달했다. 림프구와 같이 골수에서 생산되는 백혈구들이 여기에 해당된다.

호흡계, 소화계, 비뇨기계 산소를 흡입하고 이산화 탄소를 방출하는 호흡은 폐의 팽창흡기과 수축호기을 통해 일어난다. 숨을 들이마시고 내뱉는 속도는 뇌에서 관장하며, 횡격막의 수축과 이완은 흉강의 부피를 변화시킨다.

소화계는 음식물에 의해 활성화된다. 입은 침과 함께 음식물을 씹어 위로 넘긴다. 그리고 위액과 섞여 음식물은 유미즙 상태로 된다. 유미즙은 소화계의 민무늬근이 일정한 주기로 수축하는 연동 운동에 의해 소화관을 따라 내려간다. 영양분은 대부분 소장에서 몸에 흡수된다. 간에서 분비된 일부 물질과 미처 흡수되지 않은 음식은 대장을 지나 배설물로 배출된다.

물을 비롯한 수용성 물질들은 혈관을 흐르는 혈액을 타고 신장으로 이동한다. 신장은 일종의 여과 장치와 같은 역할을 하는데, 대부분의 물과 염분을 몸으로 돌려보내고 잉여 수분과 염분 그리고 노폐물을 소변으로 배출한다.

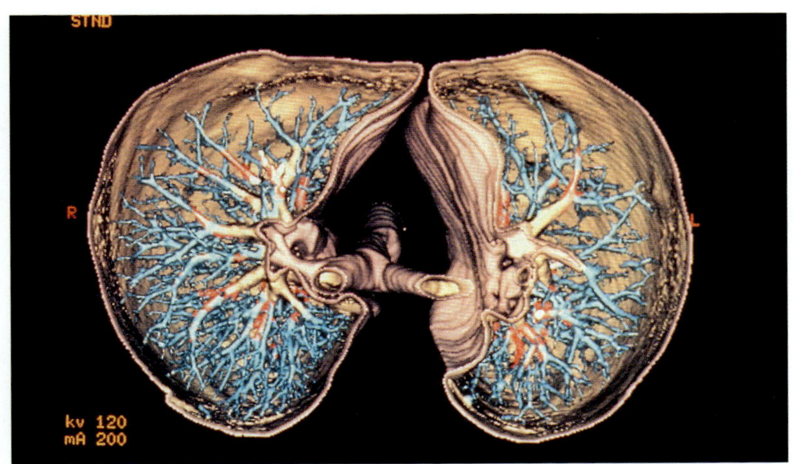

그림에 나타난 3차원 CT 사진에 사람의 폐 기관계가 명확히 보인다. 호흡은 폐의 팽창과 수축을 통해 일어난다.

수면 부족은 현대인이 공통적으로 갖는 문제 중 하나로, 건강에 심각한 부작용을 끼친다. 7,000만 명 이상의 미국인이 수면 부족에 시달리는 것으로 추정된다.

수면을 박탈당한 동물

문화와 사회가 인간의 생리학적 필요 요건들을 방해하는 일이 가끔 있다. 그중 하나가 수면 부족이며, 이는 빠르게 움직이는 현대 사회에서 점점 커지는 문제이다. 미국 국립보건원이 조사한 바에 의하면, 7,000만 명 이상의 미국인이 수면 부족에 시달리는 것으로 추정된다. 평균적으로 개인의 수면 시간은 한 세기 전보다 2시간 줄어든 것으로 집계되었다. 만성 수면 부족은 면역력을 떨어뜨림으로써 질병을 일으키고, 졸음 운전을 할 가능성을 높이고, 수명을 단축시키는 등 매우 심각한 결과를 초래한다. 연구 자료에 의하면 수면이 부족한 사람들의 면역 체계는 일반인에 비해 원활하지 못하다. 이로 인해 질병이 나타날 확률이 높아진다.

인간의 행동 양식

인간의 행동은 사회적으로 중립이거나, 파괴적이거나, 건설적일 수 있다. 인간은 다른 포유류들과 비슷한 행동을 보이기도 하지만, 인간에게만 나타나는 독특한 행동들도 있다. 예를 들어 따뜻한 곳을 찾는 것은 본능적인 것이지만, 결혼과 같은 행동은 문화와 결부된 것이다. 하지만 이 모든 행동은 우리를 인간으로 규정한다.

본능적 행동 본능적 행동은 물리적 자극에 대한 반응이며 문화의 영향을 받지 않는다. 본능적 행동에는 자기 몸을 긁는다거나 재채기, 추위에 떠는 것, 눈을 보호하기 위해 눈을 찌푸리는 것, 견디기 어려운 기후에서 따뜻한 곳이나 시원한 곳을 찾는 것, 흙이 묻으면 털어내는 것 등이 포함된다. 그리고 이런 행동은 문화적 의미가 없는 것으로, 중립적 행동으로 보인다. 이런 행동은 인간과 동물에게 모두 나타난다.

문화와 행동 인간은 문화적 사회 의식을 통해 출산, 성교, 죽음과 같이 자신에게 중요한 일들에 대한 의미를 새긴다. 공동체로서 새로운 구성원의 탄생은 공동체와 통치 집단이나 지도자들의 승인을 받게 된다. 성교에는 개인적 행동과 공공 행동 모두가 깊은 관련이 있다. 대부분의 인간 사회에서 배우자를 선택하는 일은 어떠한 형태로든 구애와 관련이 있다. 이는 언어적 교류나, 자기 모습을 가꾸거나, 기타 성적이지 않은 물리적 활동으로 나타날 수 있다. 전통적으로 결혼은 사회적 관습이자, 남녀의 화합을 정부가 인정하는 형태로 행해진다. 어떤 사회에서는 동성 간이나 다수의 배우자를 인정하기도 한다.

죽음을 다루는 의식과 장례 등도 역시 보편적으로 나타나며, 문화에 따라 행해지는 방식이 다르다. 이들은 죽음의 본질을 둘러싼 종교적 신념과 사후 세계의 존재 등과 관련하여 나타나지만, 남겨진 이들에 대한 심리학적, 사회학적, 상징적 기능으로서도 중요하다. 즉, 다양한 문화들이 죽은 자를 대하는 방식을 연구하는 것은 죽음에 대한 다양한 관점들을 이해하거나 인간의 본질을

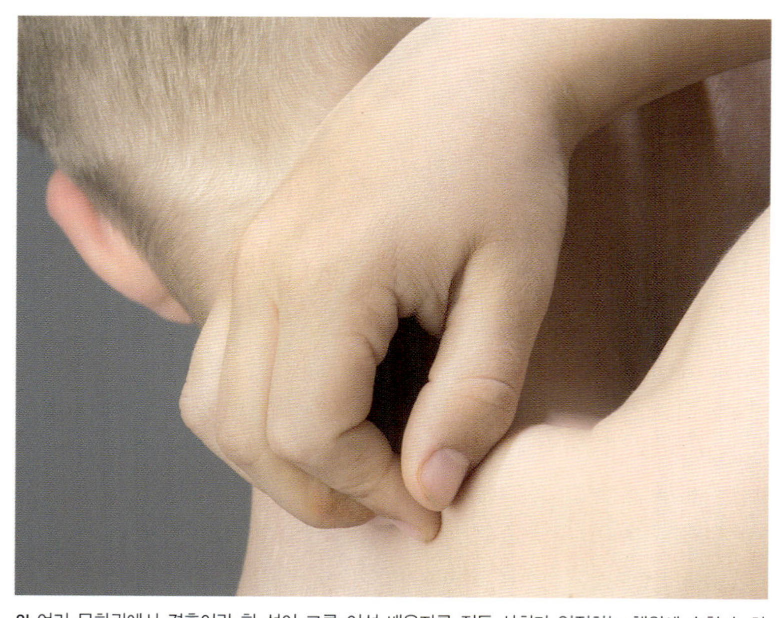

위 여러 문화권에서 결혼이란 한 성이 고른 이성 배우자를 전통 사회가 인정하는 행위에 속한다. 하지만 일부 문화에서는 동성이나 여러 명의 배우자와의 결혼을 인정하기도 한다.
아래 가려운 곳을 긁는 것은 본능적인 행동으로 인간과 동물에게 모두 나타나는 행동이다.

소방관은 다른 사람을 구하기 위해 위험한 현장에 들어가는 일이 많다. 생명을 구하는 것처럼 이타적인 행동은 거의 모든 문화권에서 사회적으로 이로운 행위로 간주된다.

연구하는 데에도 큰 도움이 된다. 장례식 및 관습은 시신을 치장하고 처리하는 방식뿐만 아니라, 남겨진 이들에 대한 위로와 죽은 자의 정신이나 그에 대한 기억과도 관련이 있다.

긍정적 행동과 부정적 행동 이타적으로 무언가를 베푸는 일들, 즉 선행과 같은 행동들은 대부분의 사회에서 여지없이 칭찬받는다. 예를 들어 생명을 구하는 일은 보편적으로 사회에 이로운 행동으로 받아들여진다.

하지만 어떤 행동들은 비판받으며 부정적으로 간주된다. 살인이나 고문과 같은 비난받아 마땅한 일들은 폭력적인 행동들이지만, 폭력이 그 자체로 언제나 비난받는 것은 아니다. 경찰관이나 군인이 임무를 수행하면서 부득이 하게 사람을 죽였을 때는 영웅으로 추대될 수 있지만, 살인자가 자신의 이익이나 이기적인 목적으로 사람을 죽였을 때는 크게 비난받는다.

마찬가지로 자연 경관에 변형을 가하거나, 어떤 동물이 멸종하도록 사냥하는 것은 선구자로서 훌륭한 업적으로 받아들일 수 있는 반면, 생태계를 파괴하는 악덕한 일로 받아들일 수도 있다. 하지만 확실한 것은 인간은 뛰어난 지능을 이용해 새로운 것을 창조하거나 무언가를 파괴할 수 있다. 사회가 이런 행동을 어떻게 판단하는가는 각 상황마다 크게 달라진다.

여성이 아이에게 책을 읽어준다. 어른과 아이 사이의 차이를 지각하는 것은 모든 사회에 공통적으로 나타나는 보편적인 행동이다.

보편적인 행동들

인간의 행동 중에는 특정 사회나 심지어 특정 개인에게만 이로운 것들이 있다. 하지만 이런 행위에 해당하는 것 중에는 모든 사회에서 공통적으로 나타나는 것들이 많다. 이런 가치 판단은 인간이 유전적으로 물려받은 것에서 기인할 수도 있다는 가능성을 시사한다. 다음은 모든 문화권에서 언어와 상관없이 보편적으로 나타나는 행동들로, 인류학자 도날드 E. 브라운(Donald E. Brown)이 정리한 것이다.

- 초자연적인 것/종교에 대한 믿음
- 아동기의 두려움
- 요리
- 선과 악의 구별
- 정부
- 헤어스타일
- 사람을 속이기 위해 사용하는 언어
- 법(권리와 의무)
- 남자와 여자, 또는 어른과 아이의 본성이 다르다는 생각
- 화술(이야기하는 기술)
- 약속
- 리듬
- 성적 매력
- 금기 사항
- 기상 제어(이에 대한 시도)

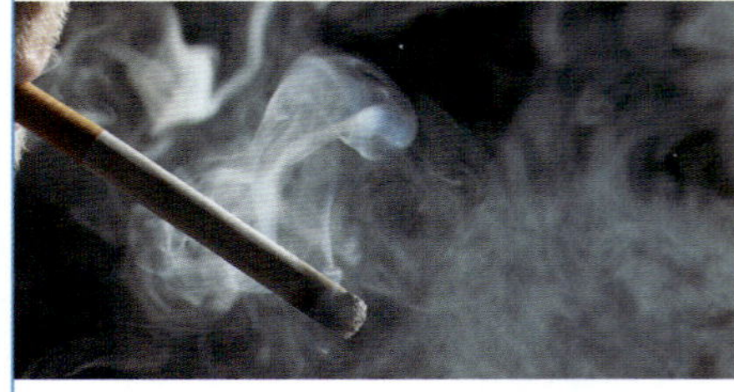

주변에 널려 있는 전염병

다른 동물들과 마찬가지로 인간도 질병에 감염된다. 질병은 항상 인간에게 고통을 주고 불구로 만들고, 장애를 주고, 죽음을 부르기도 한다. 다른 동물과는 달리, 인간은 의학을 통해 질병과 싸울 수는 있지만, 그렇다고 해서 질병에 대한 생물학적 약점이 완전히 사라지는 것은 아니다.

질병은 태어난 순간부터 유전적으로 인체에 내재할 수도 있다 낭포성 섬유증. 이런 질병들은 외부 요인 없이 시간이 지나면서 발생하는데, 대개의 경우 세포 돌연 변이를 일으키면서 발병한다 1종 당뇨. 이들은 외부 요인의 도움을 받아 발달하기도 한다 폐암. 마지막으로 질병은 감염자가 체액을 공기 중에 방출하거나 결핵 성교를 통해 에이즈 다른 사람에게 옮길 수 있다. 질병이 발병하는 원인은 크게 세균성, 바이러스성, 세포 돌연 변이성 세 가지가 있다.

세균성 질병 페스트균 *Yersinia pestis* 은 벼룩이나 감염자가 기침하면서 퍼진 타액과의 직접적 접촉으로 인해 확산된다. 이로 인해 14세기에 2,500만 명의 유럽인들이 죽어간 흑사병이 퍼지게 되었다. 패혈증이나 선腺 페스트와 같은 전염병은 동양 쥐벼룩을 통해 사람에게 옮았으며, 폐렴은 공기 중에 떠다니는 타액을 통해 확산되었다.

19세기에서 20세기에는 결핵균 *Mycobacterium tuberculosis* 으로 인한 감염으로 많은 사람들이 사망했는데, 특히 이 병은 새롭게 산업화되거나 인구 밀도가 높은 도시에서 많이 나타났다. 결핵은 기침이나 재채기를 할 때 공기 중에 퍼진 타액을 통해 퍼지는데, 여러 사람이 감염자와 접촉하면서 질병이 널리 확산되었다.

위 일부 질병들은 외부 요인으로 인해 발병한다. 예를 들어 흡연으로 인해 폐암이 발생할 수 있다.
가운데 전염병은 재채기를 할 때 공기 중으로 방출된 타액으로 인해 퍼질 수 있다.
아래 1914년에 의학 연구원들은 선 페스트의 원인이 쥐라고 생각하고 쥐를 해부했다. 하지만 사실 이 질병은 쥐를 박멸하는 과정에서 퍼졌다.

바이러스성 질병 바이러스 또한 감염률이 높고 여러 위험한 질병을 야기한다.

그중 한 예로 소아마비 급성 회백수염는 20세기에 미국을 비롯한 여러 나라에서 수천 명의 어린이와 어른을 감염시켰다. 이 질병은 감염률이 매우 높으며, 목구멍과 소화관에 살고 있는 바이러스로 인해 확산된다. 소아마비에 대한 예방 접종을 실시하고 있으나 면역성이 없는 사람은 목구멍에서 나온 감염된 분비물과 접촉하면 옮을 수 있다. 바이러스가 척수 전각 세포를 파괴시키면 마비를 일으킬 수 있다.

이보다 더 무시무시한 전염병은 1918년에 유행한 스페인 독감이었다. 유럽, 미국 등을 비롯한 여러 국가에서 발병하여 최소 2,000만 명 이상의 생명을 앗아갔으며, 세계사에서 가장 많은 사망자를 낸 전염병으로 기록되었다. 2005년에 나타난 조류 인플루엔자 바이러스는 조금씩 종의 장벽을 넘어 인간을 감염시키고 있다. 이 바이러스는 1918년 스페인 독감을 일으킨 바이러스와 유전적 구성이 비슷한 것으로 드러났다. 과학자들은 조류 인플루엔자 바이러스로 인해 대역병 질병이 전 지구적으로 나타나는 현상이 일어날 우려가 있다고 주장한다.

만드는 것과는 달리 돌연 변이에 의해 나타나 암세포는 빠르게 증식하고 무작위로 딸세포를 발생시키며, 이들을 온몸으로 퍼트리게 된다. 이러한 현상은 암세포의 세포 분열을 통제하는 조절 장치가 이상 활동을 하면서 일어나는 것이다. 결과적으로 암세포가 성장과 분열을 지속하면서 종양을 형성하여 정상적인 세포 활동을 방해한다. 이로 인해 환자는 사망에 이를 수 있다. 종양은 폐암을 유발하는 흡연, 피부암을 유발하는 햇빛 등 발암 물질에 의해서 나타날 수도 있다.

돌연 변이성 질병 세포 돌연 변이로 일어나는 질병으로 가장 크게 부각되는 것은 암이다. 암은 인체를 구성하는 세포의 유전적 구성에 갑작스런 변화가 일어날 때 발병한다. 보통 세포들이 복제와 분열을 거쳐 정상적인 딸세포를

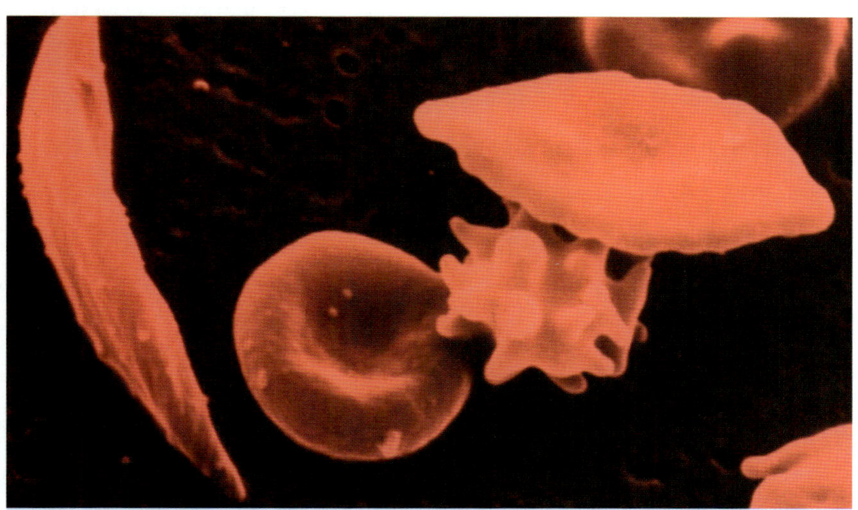

낫형 적혈구 빈혈증은 아프리카 혈통인 사람들 중 일부에게 나타나는 질병으로, 적혈구의 발달에 영향을 끼치는 돌연 변이다. 이런 낫형 적혈구는 말라리아로부터 인체를 보호하기 위해 진화되었다.

낫형 적혈구의 가치

대부분의 아프리카 지역 중 특히 중앙아프리카에는 말라리아와 낫형 적혈구 빈혈증과 같은 질병이 빈번하다. 먼저 나타난 것은 말라리아였고, 낫형 적혈구는 인체를 말라리아로부터 보호하기 위해 진화했다. 낫형 적혈구는 적혈구의 발달에 영향을 미치는 적혈구 유전자의 돌연 변이에 의해 생긴다. 연구 결과 낫형 적혈구 유전자 1개를 가진 사람들은 일반인에 비해 말라리아에 감염될 위험이 낮은 것으로 나타났다. 하지만 낫형 적혈구 유전자를 2개 물려받은 사람들은 대체로 낫형 적혈구로 의한 빈혈증이 발생한다. 이 질병은 미국을 포함한 아프리카 혈통의 사람들이 살고 있는 각국에서 널리 알려져 있다. 이런 국가들에서 말라리아의 위험이 크게 걱정할 수준이 아니기 때문에 말라리아로부터 보호받는 것이 크게 중요하지 않다. 그러나 아프리카 곳곳에는 말라리아가 아직 존재하기 때문에, 여전히 낫형 적혈구 유전자는 말라리아로부터 사람들을 보호한다.

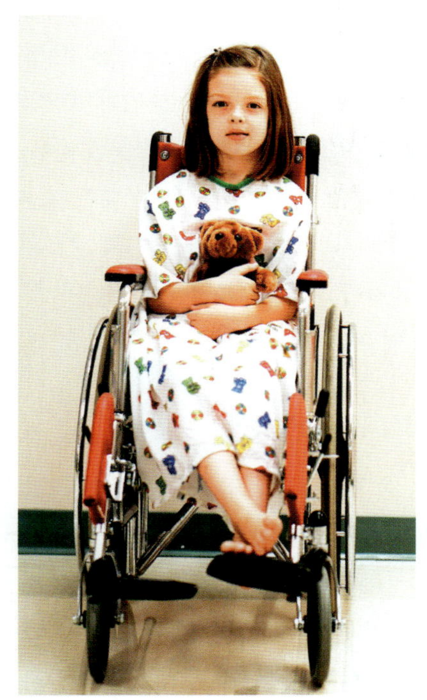

많은 어린이들은 20세기 중반까지 급성 회백수염 전염병에 감염되었다. 전염성이 강한 것은 마비를 일으키기도 한다.

유전자가 인간의 형질을 결정하는가?

최근에 인간 게놈 프로젝트의 성공으로 모든 유전자의 염기 서열이 밝혀지자, 매우 중요한 의문이 부상했다. 우리의 유전자는 얼마 만큼 우리를 결정하며, 이는 자연 환경이나 사회, 또는 우리가 취하는 선택에 얼마 만큼 나타나는가? 또 유전자와 환경이 얼마 만큼이나 인간의 운명을 결정하는가? 게놈 연구는 이런 의문에 대한 답을 찾기 위해 노력하지만, 아직 더 밝혀야 할 사항은 많이 남아 있다.

유전자 대 환경 인간의 형질을 결정할 때 유전자가 끼치는 영향과 환경이 끼치는 영향에 대한 논쟁은 이미 오래 전부터 진행되었다. 이는 유전자와 환경 중 인간의 형질을 결정하는 데에 어느 것이 더 영향력이 큰가에 관한 논쟁이다. 16세기의 영국 철학자 존 로크 John Locke의 생각처럼 인간은 과연 누군가가 글을 채워주기를 기다리는 빈 석판에 불과한 것인가, 아니면 우리의 정체성은 유전자에 의해 결정되는 것인가?

이에 대해 제시된 애매한 답은 둘 다 옳은 동시에 어느 것도 옳지 않다는 것이다. 유전자는 달걀 껍데기가 달걀을 감싸는 것처럼 형질을 감싸고 있는 것이 아니다. 오히려 유전자에는 단백질을 만드는 설명서가 들어 있다. 이 단백질은 몸 안에서 만들어져 인간의 키나 피부 색깔과 같은 육체적 형질에서 지능이나 유머 감각과 같은 행동적 형질 등을 형성한다. 각 유전자가 끼치는 영향은 서로 다를 수 있다. 예를 들어 헌팅턴병 Huntington's disease과 같은 유전 질환의 경우 질병은 유전자에 의해 발병의 여부가 결정된다. 하지만 유방암과 같은 질병을 포함한 대부분의 경우, 여러 개의 유전자가 특정한 환경의 영향을 받아 형질을 만들어내기 때문에 1개의 유전자가 끼치는 영향은 사실상 적다. 따라서 인간의 형질은 유전자와 환경의 영향을 두루 받아 나타나며, 형질에 따라 비중이 다르게 나타난다.

심리적 형질과 문화적 형질 특히 심리적 형질의 경우는 유전자와 환경적 요인이 복합적으로 작용하기 때문에 특정한 형질이 발생한 원인을 분리해서 이해하기 힘들다. 이를 이해하는 데는 각각 떨어져서 자란 일란성 쌍둥이가 유용한 사례가 된다. 이는 두 사람이 동일한 게놈을 가지고 상이한 환경에서 자랐기 때문이다. 쌍둥이 연구를 통해 유전자의 차이가 지능이나 성격, 취향

위 게놈 연구에는 아직 풀리지 않은 의문이 많이 남아 있다. 그중 하나는 인간에게 나타나는 형질은 물려받는 유전자에 의해 얼마만큼 결정되는가이다.
아래 서로 떨어져서 자란 일란성 쌍둥이에 대한 연구는 유전적 요인이 유사한 신체 발달과 성격에 많은 영향을 미친다는 사실을 밝혔다.

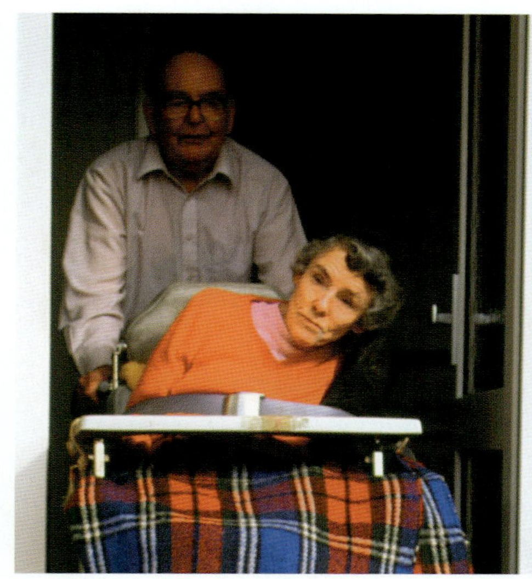

헌팅턴병과 같이 유전적으로 결정되는 질병이 있다. 이 유전자를 가지고 태어나면 대부분의 경우 발병한다.

등과 같은 심리적 요인에 끼치는 영향이 0보다는 크지만, 100 %에는 크게 못 미친다는 사실이 밝혀졌다.

보통 문화적 행동과 관련된 형질들에서는 환경적 요인과 더불어 여러 개의 유전자가 중요한 역할을 수행한다. 예를 들어 환경에 따라 유아의 모국어가 터키어나 일본어 중 하나로 결정된다고 할 때, 유아의 모국어는 아이가 자라는 환경이 터키어를 쓰느냐 일본어를 쓰느냐에 따라 달라진다. 그럼에도 불구하고, 문화가 모든 것을 결정하는 것은 아니다. 많은 언어학자들은 모든 언어의 심층 구조가 인간의 머릿속에 선험적으로 존재하는 보편적인 규칙에 따라 결정된다고 생각한다. 개별적인 동사나 명사는 문화사의 산물이지만, 모든 언어에 동사와 명사 등의 품사가 존재하는 것처럼 말이다.

마찬가지로, 세계 각 지역의 종교가 갖는 세부적 특징들은 그 종교를 믿는 독실한 교인의 유전자에 의해 결정되는 것이 아니다. 하지만 인간이 신의 존재를 믿는 것 자체는 유전자가 관련될 수 있다. 인간의 뇌에 있는 VMAT2라는 유전자는 기분에 영향을 끼치는 화학 물질들의 흐름을 관장하는데, 초월적인 존재를 믿는 능력과 이 유전자 사이에 연관성

초월적 힘에 대한 믿음에 유전자가 관련될 수도 있다. VMAT2는 '신의 유전자' 라고도 하는데, 이 유전자는 기분에 영향을 끼치는 화학 물질의 흐름을 관장하며, 영적 신념이 나타나는 경향과 연관성이 있는 것으로 추정된다.

이 있다는 사실이 밝혀지면서 '신의 유전자' 라는 별명을 얻게 되었다. 그럼에도, 유전자와 환경적 요인이 어떤 상호 작용을 통해 행동과 심리를 만들어 가는지는 여전히 의문으로 남아 있는 부분이다.

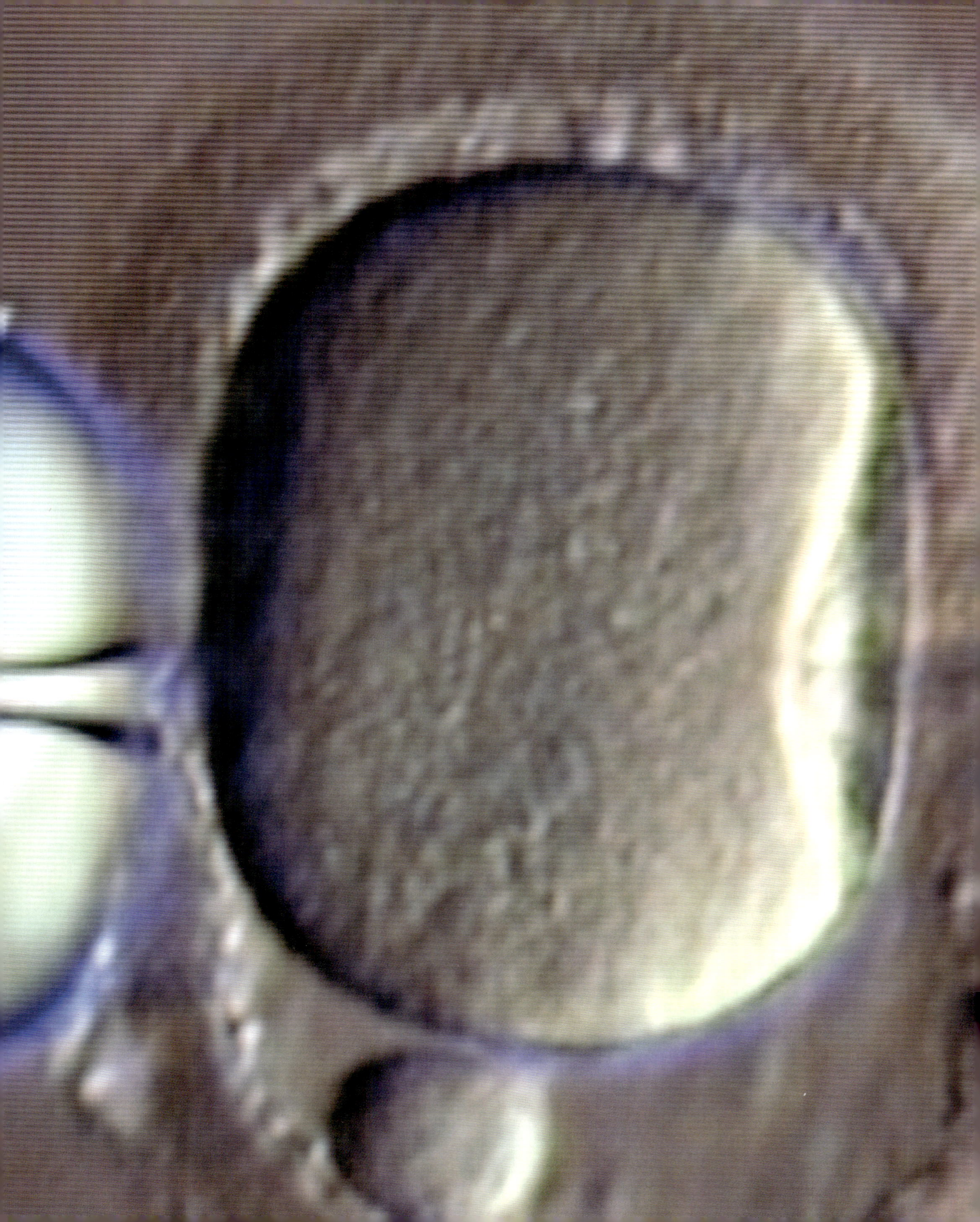

세상을 뒤흔드는 과학

왼쪽 시험관 수정은 의학적으로 도움을 받는 생식 활동이다. 여성의 몸 밖에서 정자를 난자와 수정시킨 후, 수정된 난자를 다시 여성의 자궁 안으로 투입한다. 이런 불임 치료는 점차 보편화되고 있다.
위 의학 연구원들이 암과 다발성 경화증 같은 질병에 대한 새로운 치료법을 개발하고 있다.
아래 열대다우림 지역의 여러 종의 개구리가 멸종 위기에 처해있다. 이는 지구의 기후 변화와 관련이 있는 것으로 보인다.

보통 세계를 뒤흔드는 뉴스는 생물학과 관련된 경우가 많다. 학교에서 진화론을 가르치는 것에 대한 논란이나 배아 줄기 세포 연구의 도덕성에 대한 토론일 수도 있다. 의학 연구원들은 새로운 암 치료법을 개발할 수 있으며, 일각에서는 흔히 볼 수 있는 성격 형질과 연결된 유전자를 발견할 수도 있다. 생태학자들은 개구리의 개체수가 줄어든 원인으로 지구 온난화를 꼽고, 동물 연구원들은 늑대 행동에 대한 보고서를 발표한다. 유전학자들은 동물을 복제하고, 유전공학자들은 유전자를 조작하고, 식물학자는 새로운 종류의 나무를 발견한다.

오늘날의 생물학은 빠르게 변화하고 다양하며, 사회의 거의 모든 분야에서 긴밀하게 쓰이고 있다. 그리고 일상생활과 밀접한 관련을 가지는 생물학이 세계를 움직이는 힘을 가지고 있다는 사실을 알게 되면서 많은 사람들이 이 분야에 뛰어들고 있다.

새로운 뉴스는 계속해서 일어날 것으로 보인다. 과학자들은 인간 게놈 프로젝트를 통해 얻은 자료를 이제 분석하기 시작했을 뿐이다. 뇌에 대한 탐방 또한 이제 막 시작되었다. 심해는 여전히 신비에 싸여있고, '맞춤 아기'를 탄생시키는 문제에 대한 논란은 보다 첨예하게 이루어질 것이다. 생물학은 오랫동안 새로운 뉴스거리를 만들어 갈 것으로 보인다.

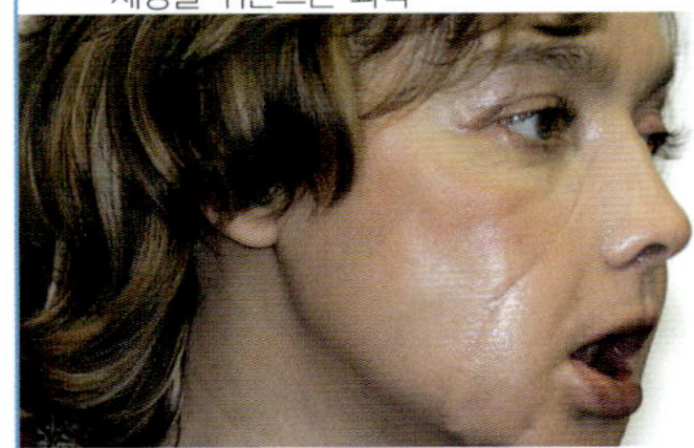

기적의 의학

2005년 11월 세계 최초의 얼굴 이식 수술은 전 세계 신문의 머리기사를 장식했다. 프랑스 여성 이사벨 디누아르Isabelle Dinoire는 애완견의 공격을 받아 얼굴에 심한 상처를 입었는데, 죽은 여성의 얼굴에서 코, 입술, 턱 조직을 이식받았다.

당시 수술은 베르나르 드보셸Bernard Devauchelle이 집도했는데, 생명에 지장이 없는 여성에게 이처럼 위험한 수술을 행하는 것이 옳은 것인가에 대한 논란이 뜨겁게 일어났다. 하지만 누구도 수술에 나타난 과학적 성과가 대단하다는 사실을 부정하지 못했다. 수술의들은 방대한 양의 생물학적 지식과 의료적 기술을 동원하여 혈관을 연결했고, 환자의 면역 체계가 이식 조직에 대해 거부 반응을 일으키지 않게 했다. 또 한번 생물학은 새로운 의료적 진보를 일으킨 것이다.

수술 21세기가 시작될 즈음에, 의학적 탐험은 성공가도에 오르기 시작했다. 조직 이식은 대체 장기를 필요로 하는 환자들이 이용하는 수술의 하나에 불과했다. 여러 의학 연구원들은 손상된 조직이나 기관을 대체하는 전기, 또는 기계 장치를 통해 생체공학적 인공 장기를 개발 중에 있다. 미국의 시각생명공학 회사인 옵토바이오닉스 사는 망막 세포 변성을 앓는 환자의 눈에 두

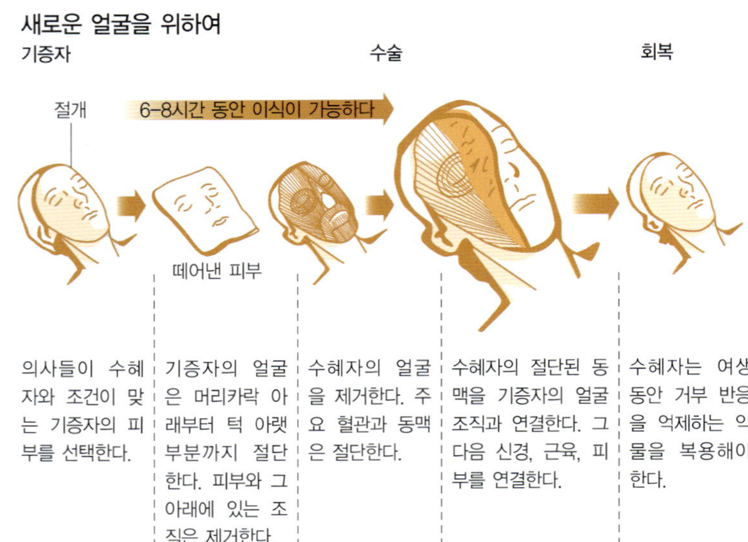

의사들이 수혜자와 조건이 맞는 기증자의 피부를 선택한다.	기증자의 얼굴은 머리카락 아래부터 턱 아랫부분까지 절단한다. 피부와 그 아래에 있는 조직은 제거한다.	수혜자의 얼굴을 제거한다. 주요 혈관과 동맥은 절단한다.	수혜자의 절단된 동맥을 기증자의 얼굴 조직과 연결한다. 그 다음 신경, 근육, 피부를 연결한다.	수혜자는 여생 동안 거부 반응을 억제하는 약물을 복용해야 한다.

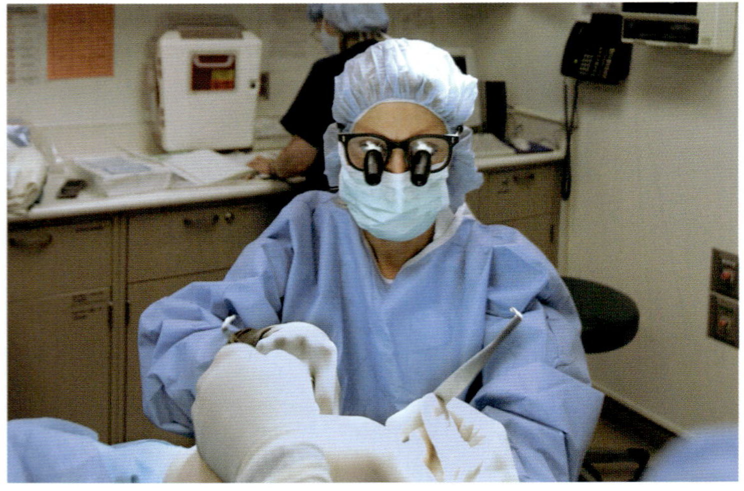

위 프랑스 여성 이사벨 디누아르는 2005년 세계 최초로 얼굴 이식 수술을 받았다.
가운데 얼굴 이식 수술의 단계를 나타낸 모식도. 이 수술은 여러 관점에서 도덕적 논란을 일으켰다.
아래 오하이오에 있는 클리블랜드 클리닉에서 환자의 얼굴에 현미 수술이 진행되고 있다.

께 2 mm인 마이크로칩을 이식하는 임상 실험을 실시했다. 그 결과, 시력은 놀랄 만큼 회복되었다.

로봇을 이용한 수술법의 등장은 외과의사가 원거리에서도 수술을 가능하게 했다. 외과의사는 비디오 모니터 앞에서 환자를 진찰하고, 의사가 조종하는 로봇 손이 수술을 행하는 것이다. 예를 들어 2001년 뉴욕의 외과의사는 컴퓨터와 로봇 장비를 이용하여 프랑스에 있는 환자의 죽은 쓸개를 제거했다.

암 21세기 초에 의학적 성과가 컸던 분야는 종양학이라는 암연구 분야이다. 암연구원들은 종양을 제거하는 새로운 방법들을 발견했다. 그중 하나는 암조직에 새로운 혈관이 성장하는 것을 억제하는 것이다. 이는 일종의 '끄기' 스위치와 같은 역할을 하는 분자를 이용해 신생 혈관의 형성을 막는다. 종양 혈관 억제 치료법의 전망은 밝은 것으로 보인다. 2000년 초, 적어도 10,000명의 암환자들이 다양한 종양 혈관 억제 치료를 실험적으로 받았다. 2003년에는 종양 혈관 억제제 베바시주맙^{아바스틴}에 대한 대규모 임상 실험이 실시되었고, 그 결과 실험군에 속한 암환자들의 생존 기간이 늘어난 것으로 나타났다.

기술자들은 생산 공정에 있는 의약품을 검사하고 있다. 2004년 대장암 치료에 암조직만 집중 공격하는 새로운 의약품들이 승인되었다. 의학자들은 종양학 연구에 위대한 성과들을 이뤄냈다.

종양학 연구가 발전하면서 암 치료제의 개발은 건강한 신체 조직에 피해를 끼치지 않고 암을 제거하는데 집중되었다. 이 문제는 과거 치료법들이 안고 있던 큰 난점 중 하나였다. 2004년 미국 식품의약국^{FDA}은 다른 조직에는 영향을 주지 않고 대장암만을 치료하는 2종류의 항암제 사용을 승인했다. 이에 대해 미국 암협회 회장 랄프 반스^{Ralph Vance}는 "이 순간이 의학적 종양학에서 가장 설레는 순간이다"라고 말했다.

미생물이 일으키는 질병 일부 연구원들이 암과 싸우는 동안, 다른 이들은 미생물이 일으키는 병을 극복하기 위해 노력하고 있다. 아시아에서 나타난 조류 인플루엔자 A, 즉 H5N1이라는 질병은 조류 인플루엔자가 매우 위험한 형태로 변형된 것으로 과학자들에게 큰 난관으로 다가왔다. 비록 지금까지는 조류에서만 나타났지만, 인간에게 옮길 수 있는 잠재력 때문에 매우 위험하다. 과학자들이 두려워하는 것은 이 질병이 사람 사이에 옮길 수 있는 형태로 변형되어, 1918년의 스페인 독감과 같이 수백만 명의 목숨을 앗아가는 세계적 대역병으로 발전하는 것이다.

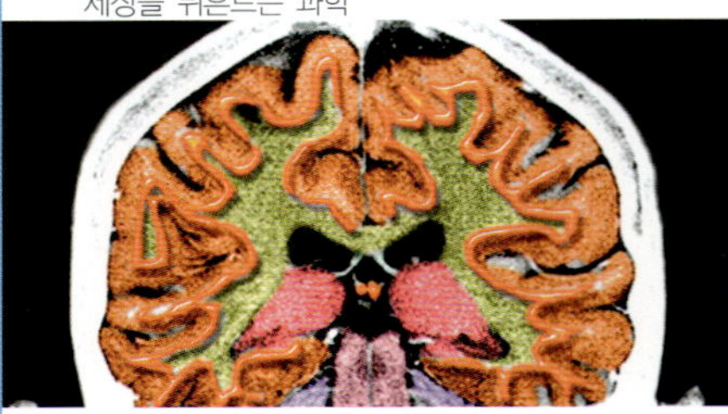

마음과 뇌

생물학적 연구가 점점 확대되고 있는 분야는 마음과 뇌에 관한 분야이다. 즉, 인간이 어떻게 사고하고 느끼는가(마음)와 이런 활동이 어떻게 세포와 조직에서 일어나는가(뇌)에 대한 연구가 늘고 있다. 미국의 조지 W. 부시 대통령이 1990-2000년을 '뇌 연구의 10년'으로 선포하면서, 뇌에 대한 다양한 혁신과 발견들이 이루어졌다. 여기에는 뇌의 혈류를 관찰하기 위한 단층 촬영 기술의 발전도 포함된다. 뇌를 촬영하여 뇌가 기능을 수행하는 방식을 볼 수 있는 창을 열어줌으로써, 다양한 활동을 할 때 뇌의 어떤 부위가 활성화되는지를 밝힐 수 있게 되었다. 마음과 뇌에 관한 새로운 발견은 21세기까지 이어지고 있다.

뇌의 지도화 정신 활동을 하는 생명체가 가진 속성 중 오랫동안 수수께끼로 남아 있던 것은 의지였다. 하지만 조금씩 의지와 대뇌 전두 피질 ACC 부위 사이의 연결 고리가 발견되었다. 2002년에 이루어진 한 연구에서 피실험자가 무언가를 선택하는 상황에서 ACC가 미리 활성화되기 시작하는 것은, 임무를 수행하기 위한 의도적인 노력을 나타낸다는 사실을 밝혔다.

뇌의 나머지 부위는 각기 다른 임무를 맡게 되는데, 고도로 분화된 양상을 띠기도 한다. 2004년에 신경학자들은 뇌의 특정한 부위가 타인의 얼굴을 인식하는 일을 전담한다는 사실을 발견했고, 집과 같은 물체를 인식하기 위한 신경 경로들도 존재한다는 사실을 밝혔다.

환자에게 도움을 주다 마음과 뇌에 대한 연구는 의학 분야에 실용적으로 쓰일 수 있다. 사람들은 중추 신경계의 손상된 세포들은 재생할 수 없다고 오랫동안 생각해왔지만, 최근 연구에서 이 생각이 뒤집혔다. 2005년 10월, 미국 신경학자 웬디 카르치 Wendy Kartje는 쥐의 손상된 신경 세포들이 다시

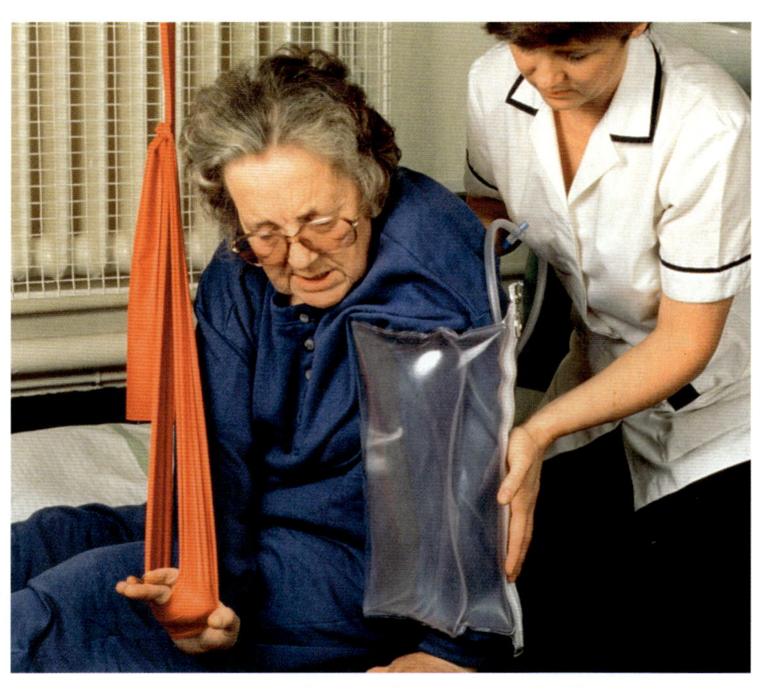

위 보통 사람의 뇌를 자기 공명 영상법(MRI)으로 촬영한 사진이다. 뇌를 촬영하는 신기술은 뇌의 혈액 흐름을 관찰하는 데에 큰 도움이 된다.
아래 뇌졸중 환자들에 대한 치료법을 찾는 의사들은 이제 이들이 언어나 운동 능력을 회복할 수 있다는 희망을 갖고 있다.

연결되면서 상실했던 다리의 기능이 회복되는 과정을 보였다. 그녀는 정상적인 뇌 단백질 노고 A^{Nogo-A}가 신경 세포와 결합하는 것을 막음으로써 실험에 성공했다. 이 기술은 미래에 말을 못하게 되었거나 잘 움직이지 못하는 뇌졸중 환자들을 치료하는 데에 쓰일 수 있다.

또 신경계의 부상으로 신체가 마비된 사람들에 대한 치료법은 뇌를 컴퓨터에 직접 연결하는 기술을 통해 얻을 수 있다. 2004년 젊은 미국인 메튜 네이글$^{Matthew Nagle}$은 사지가 마비되었는데, 컴퓨터와 거기에 연결된 텔레비전과 같은 기기들을 조종할 수 있는 뇌를 이식받았다. 그는 이식받은 뇌를 통해 인공 보철 손을 쥐었다가 펴는 방법을 배우기도 했다. 보다 많은 기술이 발전해야 하겠지만, 시간이 지남에 따라 이 기술은 심각한 마비 증세를 보이는 사람에게 큰 도움이 될 것이다.

행복의 과학 신경학자들은 뇌의 물리적 작용을 이해하기 위해 부단히 노력하지만, 심리학자들은 마음의 기능을 이해하기 위해 노력한다. 개인이 스스로의 삶의 상태를 행복으로 판단하는 방식에 대한 연구가 활발하게 이루어지고 있다. 심리학자 데이비드 리켄$^{David Lykken}$은 사람들이 행복의 정도를 증가시키기 위해 사용하는 다양한 행동들에 대해 설명했다. 여기에는 기쁨을 주는 것에 집중하고 부정적 감정을 없애는 행동을 하는 것 등이 있다. 또 다니엘 골만$^{Daniel Goleman}$이 발표한 불교 수행법에 대한 연구에서 자비가 마음의 상태를 기쁘게 만들 수 있다는 과학적 증거를 제시한다. 이는 현대의 생물학이 선조의 지혜와 소통할 수 있는 것을 나타내는 하나의 표시이다.

위 신경학자들과 심리학자들은 인간이 행복을 느끼는 데 영향을 미치는 뇌 활동을 이해하기 위해 노력하고 있다.

아래 티베트 불교승. 최근에 일어난 불교 수행법에 대한 연구는 자비가 마음을 행복하게 할 수 있다는 과학적 증거를 제시했다.

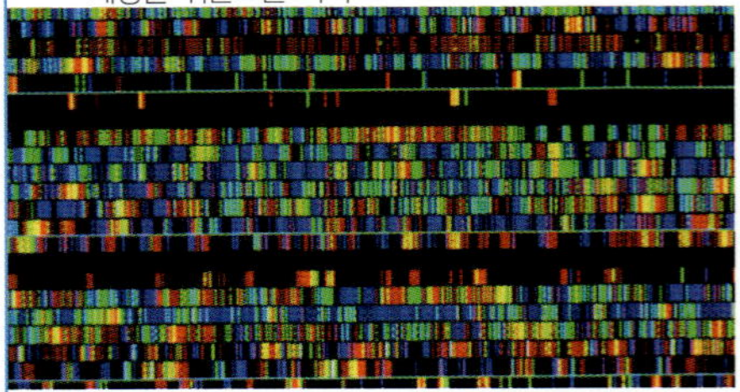

모습을 드러낸 게놈

2003년 4월 14일, 인간 게놈 프로젝트는 30억 개의 DNA 암호 서열을 분석하는 수년 간의 작업이 완성되었다고 발표했다. 그 결과 방대한 게놈 지식 데이터베이스가 구축이 되었으며, 이는 질병의 발병과 육체적, 개인적 형질의 발현에 유전자가 끼치는 영향을 이해하기 위해 사용된다. 이런 작업과 동시에 다른 생명체의 게놈 서열도 완성되었다. 이 방대한 데이터를 각 분야에서 실질적인 작업에 사용하는 일이 이제 막 시작되었다.

게놈과 의학 게놈학은 질병을 치료하기 위해 어떤 유전자가 질병과 관련 있는지를 파악하는 데 유용하게 쓰일 수 있다. 예를 들어 2003년에 과학자들은 환자의 기분이 조증과 울증을 번갈아가며 변하는 정신 질환인 쌍극성 장애가 22번 염색체에 있는 유전자와 관련이 있다는 증거를 발표했다. GRK3라는 분자의 유전 암호는 뇌에 불안 증상을 일으키는 CRF이라는 분자를 억제하는 효과가 있다. 만약 어떤 사람의 유전자가 필요한 만큼의 GRK3을 생산하지 못하면 불안 반응이 커질 수 있다. 이는 쌍극성 장애에 나타나는 증세와 부합하는 것이다.

게놈학으로 얻을 수 있는 또 하나의 이점은 인간 게놈을 기초로 하여 의약품을 개발하는 약물유전학의 발달이다. 이런 약물들은 특정한 단백질을 만드는 유전자에 이상이 있는 환자에게 그 단백질을 공급해 주는 데에 사용될 수 있다. 또 어떤 약물들은 특정한 유전형을 가진 사람에게 맞춰져서 생산될 수도 있을 것이다. 예를 들어 허셉틴 Herceptin은 제네테크 Genentech 사에서 개발한 약물로 HER2 유전자가 발현된 유방암 환자 치료제로 만들어진 것이다.

인간 본성에 대한 이해 인간 게놈은 의학 분야에서 뿐만 아니라 인간의 본성을 이해하는 데에 도움을 주기도 한다. 인체의 단백질을 생산하는 유전자는 20,000−25,000개 정도밖에 되지 않지만 육체적 특징에서 심리적 특징에 이르기까지 인간의 본성에 큰 영향을 끼친다. 예를 들어 과학자들은 인간 게놈에서 7,500만 년 전에 설치류로부터 분화

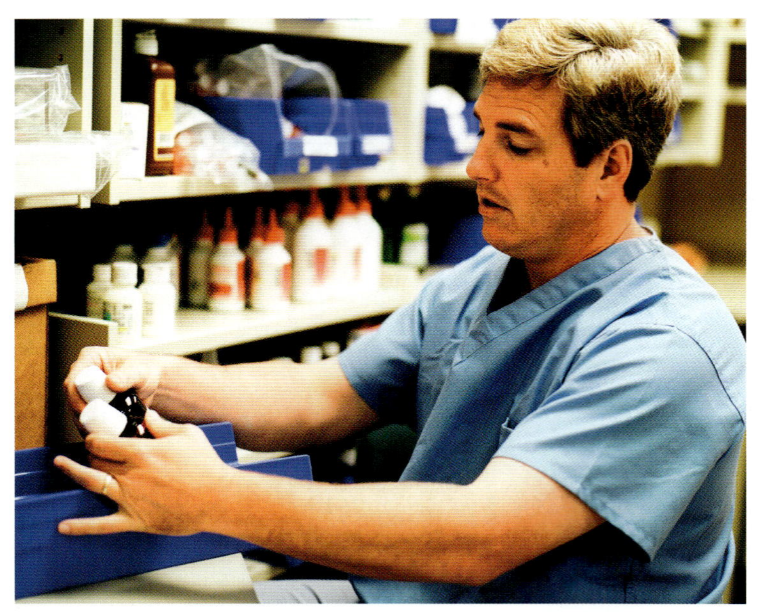

위 인간 DNA 염기 서열에 대한 컴퓨터 영상. 2003년 인간 게놈 프로젝트는 인간이 가진 30억 개의 DNA 염기 서열을 모두 분석했다고 발표했다.
아래 인간 게놈에 대한 지식이 증가하면서 이를 기초로 한 신약이 개발되고 있다.

인간의 임신 기간이 긴 것은 7,500만 년 전 인간 게놈 내에서 복제된 2개의 유전자 그룹과 관련이 있다.

인간 게놈 프로젝트는 1990년에 시작하여 2003년에 완성되었다. 그림에 나타난 프랜시스 콜린스는 인간 게놈 연구원의 총 책임자로 프로젝트의 완성을 발표하고 있다.

게놈 경쟁

인간 게놈 프로젝트는 1990년에 시작된 인간의 전체 게놈을 분석하기 위한 다국적 프로그램이다. 미국은 정부의 국립보건원 산하에 있는 국립 인간 게놈 연구원 (NHGRI)을 통해 프로그램에 참여하였으며, 이 프로그램의 최종 목적은 공공의 이익이었다. 그러나 1999년을 기점으로 셀레라 게노믹스(Celera Genomics) 등과 같은 개인 기업이 이 사업에 발을 들여 놓았다. J. 크레이그 벤터(J. Craig Venter)가 이끄는 기업도 자체적으로 인간 게놈을 분석하기 시작했다. 셀레라는 전통적인 방법보다 빠르게 게놈을 분석할 수 있는 '샷건(shotgun)' 분석법을 이용해 NHGRI보다 빠르게 프로젝트를 진행시켰다. 수익성을 고려하는 기업가가 이처럼 규모가 큰 공적인 사업에 도전한다는 사실은 많은 사람들의 신랄한 비판을 받았다.

그러나 두 단체는 비슷한 시기에 게놈 프로젝트의 첫 단계를 완성했다. 이에 대해 하버드 연구팀은 두 단체 사이에 경쟁 의식이 발생하면서 프로젝트의 질과 속도가 높아졌으며, 과학자들이 분석할 서열들이 이젠 2개밖에 남지 않았다고 보고했다.

된 후에 복제된 두 개의 유전자 그룹이 존재한다는 사실을 발견했다. 이 그룹의 유전자에는 인간의 임신 기간이 다른 동물에 비해 긴 것과 관련된 단백질들을 생산한다.

또 유전자에 의해 성격과 관련된 형질도 나타날 수 있다. 이스라엘 학자들은 인간의 탐구성과 도파민 수용체 4 DRD4 유전자 사이의 연결 고리를 발견했다. 이 유전자는 뉴런 사이에서 메신저 역할을 하는 신경 전달 물질, 즉 도파민에 대한 수용체 분자의 암호를 가지고 있다. 2005년에 과학자들은 위험을 감수하는 성향과 뉴로 D2 neuroD2 사이의 연결 고리를 발견했다. 이 유전자는 뇌에서 편도체라는 부위의 발달과 관련이 있다.

기타 게놈

인간 게놈은 과학자들이 관심을 기울이는 유전자 중 하나에 불과하다. 매년 식물, 동물 등과 같은 생명체들의 게놈의 염기 서열이 분석되고 있다. 이런 작업은 그 종을 연구하는 것뿐만 아니라, 인류가 진화해온 방식과 다른 동물과의 차이를 이해하는 데에도 큰 의미가 있다. 쥐의 게놈은 2002년에 완성되었다. 연구원들은 쥐와 인간의 유전자가 약 99 %정도 일치한다는 사실을 발견했는데, 이는 쥐가 인간의 질병 모형으로서 유용하다는 입장에 힘을 실어준다.

지금까지 게놈이 완성된 유기체에는 과일파리, 침팬지, 닭, 쥐, 인플루엔자 바이러스, 개, 물벼룩, 현화식물인 애기장대 *Arabidopsis thaliana* 그리고 다양한 세균 등이 있다.

멋진 신세계

생물학 조작을 통해 인간의 본성을 바꿀 수 있는 가능성은 오랫동안 꿈인 동시에 악몽이었다. 올더스 헉슬리Aldous Huxley의 《멋진 신세계Brave New World》 등과 같은 공상 과학 소설에서, 작가들은 인간 수명의 연장과 같은 인간 게놈 조작의 밝은 면과 더불어 어두운 면에 대해 깊은 고찰을 해왔다. 오늘날 생물학적 발전으로 이런 일들은 현실로 다가오고 있다. 그리고 이로 인해 도덕성과 실용성에 대한 논란이 다시 일고 있다.

유전공학은 생명체의 유전자를 기술적으로 조작하는 것으로, 자연적으로 발생하기 힘든 곡식과 동물을 탄생시켰다. 하지만 수평적 전달이라는 학설은 서로 다른 종까지 포함하여 모든 유전적 조합이 발생할 가능성이 있다고 주장한다. 이 기술은 또 인간의 키, 지능, 건강을 증대시키는 등 인류를 개선하는 데에 쓰일 수도 있다. 동시에 이로 인해서 심각한 결과를 초래하는 재앙의 발생 가능성과 현존하는 불평등을 더욱 심화시킬 위험성도 피할 수 없다. 이처럼 장점과 단점이 나타날 수 있는 연구 분야에는 생명 연장과 복제 인간 등이 있다.

생명 연장 불과 몇 해 전, 미국의 생화학자 스티븐 스핀들러Stephen Spindler는 늙은 생쥐 대상 실험에서 칼로리 섭취량을 제한한 쪽의 수명이 보통 쥐의 수명인 2년보다 6개월 더 길다는 사실을 발견했다. 그의 실험에서 가장 오래 살았던 생쥐는 5년 가까이 살았다. 이 생쥐 실험으로 스핀들러는 노화에 대한 연구를 장려하기 위해 만들어진 므두셀라 장수쥐 상Methuselah Mouse Rejuvenation Prize을 수상했다.

스핀들러의 연구는 21세기 초에 생명을 연장하고자 하는 여러 시도 중 하나에 불과했다. 미국의 연구원들은 적포도주와 채소에 있는 화합물을 이용하여 이스트 세포의 수명을 80 %까지 연장시키는 방법을 개발했

위 스키너 박스에 있는 쥐. 스키너 박스에서 다양한 동물들의 반응을 측정하였다.
아래 육종가가 옥수수를 점검하고 있다. 유전공학을 통해 새로운 곡물을 개발하면서, 인간에게 공급되는 식량의 생산량이 증대하였다.

다. 이 분자들은 배양된 인간의 세포에서도 나타났기 때문에, 이 방법은 인간의 생명을 연장시키는 데에 유용할 것으로 기대된다.

과학자이자 므두셀라협회의 공동 설립자인 오브리 드 그레이Aubrey de Grey는 21세기 중반까지 인간의 수명을 수백 년까지 연장시킬 수 있을 것이라고 이야기했다. 하지만 이 보다 수명이 훨씬 적게 연장되어도 노인 세대가 젊은 세대의 앞길을 막거나, 인구 밀도가 증가하거나, 나이와 관련된 건강 문제들이 증가하는 등, 사회에 심각한 문제가 나타날 것이다.

인간 복제 2005년 8월 한국 과학

자 황우석 박사는 최초로 개 복제에 성공했다고 발표했다. 그의 연구진은 아프간하운드 성견의 귀에서 채취한 체세포 핵을, 핵을 제거한 난자에 삽입하여 성견과 유전적으로 동일한 복제 개를 탄생시키는 데에 성공했다. 그는 서울대학교의 영문 표기에서 앞 글자를 따서 개의 이름을 스누피Snuppy, Seoul National University Puppy라고 지었다. 이 연구는 개의 난자가 다루기 어렵다는 점에서 포유류 복제에 큰 의미를 가지는 진전이었다.

그렇지만 황우석 박사의 업적은 배아 줄기세포 복제 등에 대한 성과를 과장했다는 주장을 포함하여, 여러 건의 고발로 인해 추문에 휩싸였다. 하지만 개 복제에 대한 연구는 면밀한 검토를 통해 진실로 밝혀졌으며, 2000년대에 일어난 동물 복제의 발전 중 하나에 포함되었다. 하지만 황우석 박사의 다른 연구들이 대부분 거짓이라는 사실로 인해 개 복제의 성공이 갖는 의미가 상당 부분 가려지게 되었다. 개 복제는 2002년에 성공한 고양이 복제의 연장이다. 당시 고양이 복제 기술을 토대로 복제 전문 회사 지네틱 세이빙스 앤 클론Genetic Savings and Clone 사가 설립되어 애완용 고양이를 5만 달러에 복제되기 시작했다.

이러한 발전은 인간 복제도 언젠가 일어날 수 있다는 가능성을 시사했다. 여기에는 여전히 기술적인 장애와 이를 금지하는 법이 길을 가로막고 있다. 하지만 인간 복제가 실제로 일어나게 되면 어느 누군가는 양쪽 부모의 유전자가 아닌, 한쪽 부모의 유전적 복제본으로 생을 시작해야 한다는 사실 등, 도덕성에 관한 논란이 일어날 것으로 보인다.

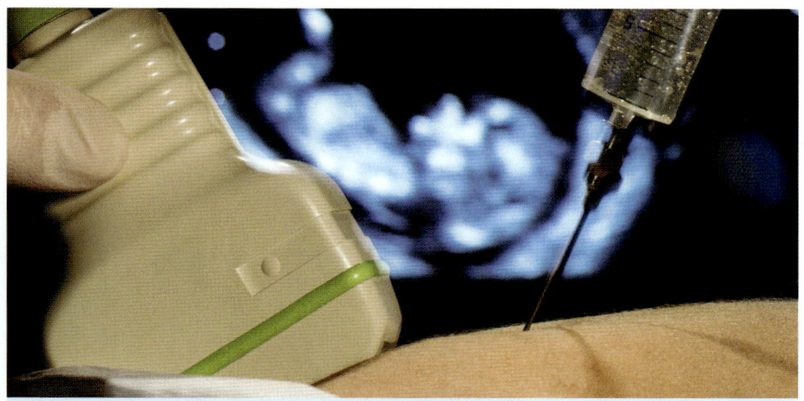

산모의 자궁에서 양수를 채취하여 양수 검사를 시행한다. 양수는 유전자 및 염색체 이상의 여부를 알아보기 위해 이용된다.

맞춤 아기

얼마 전까지만 해도 아기의 유전적 구성은 성교를 통해 부모의 유전자가 무작위로 뒤섞이면서 만들어졌다. 하지만 생물학이 발전하면서 아이의 유전적 구성을 인위적으로 보다 정밀하게 결정할 수 있는 가능성이 커지고 있다. 이런 가능성 때문에 사람들은 '맞춤 아기'를 탄생시키는 것이 도덕적으로 옳은가에 대한 의문을 품게 되었지만, 이 기술은 이미 윤곽이 잡혀가고 있다.

이런 기술 중 하나로는 양수 검사가 있다. 산모의 자궁에서 양수를 채취하여 유전자 표지 검사를 한다. 양수 검사는 흔히 태아의 유전자 이상 여부를 확인하여 산모에게 낙태할 수 있는 기회를 주게 된다. 일부 국가에서는 태아의 성별을 확인하는 데 쓰이기도 한다.

다른 기술로는 착상 전 유전자 진단이 있다. 유전자 진단을 통해 부모는 실험실에서 수정된 여러 배아들 중 하나를 고를 수 있다. 또 다른 기술은 사람에게 사용하는 것이 금지되었지만 동물 교배에서 널리 쓰이고 있다. 이 기술은 유전공학을 이용해 배아의 유전자를 조작하여 원하는 형질이 발현되도록 하는 것이다.

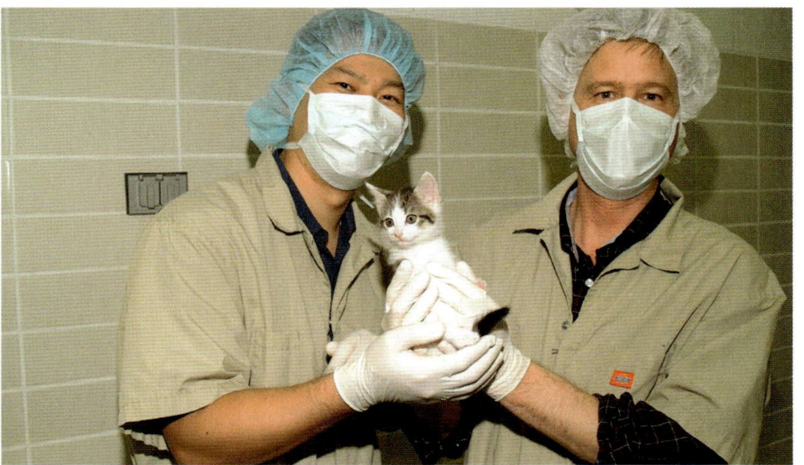

2002년 2월 8일에 텍사스 A&M 대학의 수의학부의 두 박사가 세계 최초로 복제된 고양이를 안고 있다. 과학자들은 현재 인간 배아 복제를 완성하기 위해 연구 중에 있다.

야생으로

2005년에 일본 과학자들은 세계 최초로 야생 대포오징어를 촬영한 사진들을 공개했다. 몸길이가 7.6 m에 달하는 이 두족류의 모습이 담긴 사진들은 학자들에게 미스터리에 싸여 있던 이 동물이 심해에서 헤엄치고 사냥하는 법에 대해 중요한 정보를 제공했다. 이는 야생 식물과 동물 그리고 기타 생명체들에 대해 이루어낸 큰 발견이었다.

새로운 종 생물학자들은 매년 새로운 종을 발견한다. 2004년 11월, 해양과학자들은 그 전 해에만 106개의 새로운 어종을 발견했고, 수백 종의 식물 및 동물을 발견했다고 발표했다. 여기에는 괌 바다에 사는 망둥이가 있는데, 몸은 금빛을 띠고 붉은 줄이 나 있으며, 꼬리에는 망둥이와 공생 관계에 있는 새우가 살고 있다. 또, 일본 과학자들도 최근에 바다에서 새로운 종의 긴수염고래를 발견했다. 이 고래들은 몸이 매우 길며, 여기에는 밍크고래와 흰수염고래도 포함된다.

육지에서도 새로운 종들이 발견되었다. 2005년 과학자들은 라오스에서 현지인들이 카뉴^{kha-nyou}라고 부르는 쥐와 닮은 동물을 발견했다. 야행성이며 숲에 살고 초식을 하는, 라오스바위쥐*Laonastes aenigmamus*는 설치류에 나타난 완전히 새로운 종이다. 같은 해에 연구원들은 아프리카에

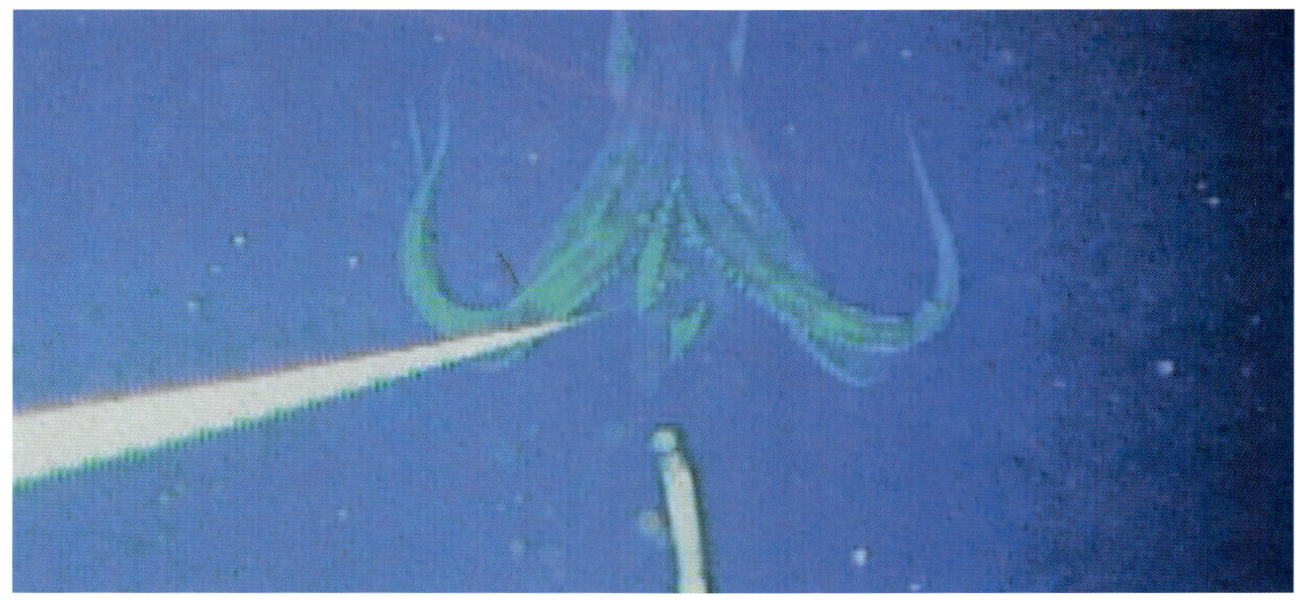

위 2005년 라오스에서 발견된 쥐를 닮은 라오스바위쥐는 설치류에 나타난 완전히 새로운 종이다.
아래 몸길이가 7.6 m에 달하는 대포오징어가 2005년 일본 보닌 제도(오사가와라 섬) 근처에서 최초로 촬영되었다. 최근 생물학자들은 지금까지 지구에 사는지 몰랐던 다수의 생명체들을 새롭게 발견하고 있다.

서 거대한 침팬지와 같은 모습을 하지만, 고릴라와 같이 땅에 서식하는 기이한 유인원 개체군을 발견하였다. 이들이 침팬지와 먼 친척인지, 아니면 새로운 아종인지는 아직 밝혀지지 않고 있다.

이미 알려진 종에 대한 새로운 사실들 생물학자들은 이미 알려진 종들의 생리학과 행동에 대한 새로운 사실들을 발견하기도 한다. 침팬지는 먹이를 얻는 일 등에 도구를 사용한다는 사실은 이미 오래전부터 밝혀졌다. 하지만 2005년의 한 연구에서는, 이들이 서로를 모방하면서 문화적 전통을 형성한다는 사실도 발견되었다. 이 현상은 침팬지를 두 집단으로 나누면, 튜브 뒤에 끼어 있는 먹이를 획득하는 방법이 두 집단에서 서로 다르게 나타나는 결과에 의해 밝혀졌다. 여기서 한 집단은 막대기를 사용하는 반면, 나머지 한 집단은 맨손으로 먹이를 찌른 것이다. 이러한 연구에서 인간이 문화를 발달시키게 된 방식을 유추할 수 있다.

　2004년 과학자들은 미생물의 세계에서 치명적인 샤가스병Chagas' disease을 일으키고 심장, 대장, 식도에 질병을 일으키는 기생성 원생동물 크루스파동편모충Trypanosoma cruzi의 특이한 번식법을 발견했다. 이 원생동물의 DNA 조각들은 감염된 사람의 DNA와 결합한다. 이는 기생성 DNA와 인간 게놈이 섞이는 현상을 보여주는 최초의 사례이다.

환경 변화 생물학자들은 또 생명체가 기후 변화에서 오염에 이르기까지 환경 변화에 반응하는 방식을 연구하기도 했다. 2002년의 한 연구는 고

암컷 고래지렁이(*Osedax frankpressi*)의 사진으로 2002년에 발견되었다. 죽은 고래 뼈를 먹이로 하여 살아간다.

해가 비치지 않는 곳

2004년 해가 비치지 않는 해저에서 전혀 새로운 속의 생명체가 발견되었다. 이 생명체는 죽은 고래의 뼈를 먹이로 하여 살아가며, 두 개의 종이 합쳐진것 같아 보인다. 이들은 다른 동물과는 달리, 몸의 형태와 먹이를 먹는 방식이 매우 독특했다. 이들은 입, 위, 눈, 다리가 없었지만, 머리에는 아가미의 역할을 하는 붉은 깃털 모양의 왕관같은 것이 있었다. 또 초록색 신체 기관을 마치 뿌리처럼 이용하여 고래 뼈에 고정되기도 했다. 이들은 이 초록색 기관을 이용하여 뼈로 침입한 후, 공생 관계에 있는 세균의 도움을 받아 그 속에 있는 지방을 흡수한다. 이 독특한 지렁이들은 '뼈를 먹는 자'라는 의미인 오세닥스(*Osedax*)라는 새로운 속에 포함되었다.

침팬지들이 도구를 사용한다는 사실은 오래전부터 알려진 사실이지만, 2005년에 시행된 한 연구에서 이들은 서로를 모방하면서 문화적 전통을 만든다고 발표했다. 이러한 발견은 인간 문화의 기원에 대한 이해의 틀을 제공하고 있다.

산지대에 사는 작은 포유류인 미국 새앙토끼의 개체수가, 기후가 따뜻해지면서 급속도로 줄어들고 있다는 사실을 발견했다. 이는 인간으로 인해 발생한 기후 변화의 여파로 종들이 겪는 고통 중 하나에 불과하다. 반면 어떤 생명체는 인간이 환경에 끼친 영향을 통해 이득을 얻기도 한다. 예를 들어 박테리아는 드라이클리닝 세제, 방사성 화합물, 원유 등과 같은 유해 물질을 영양소로 사용하며 살아갈 수 있도록 적응했다.

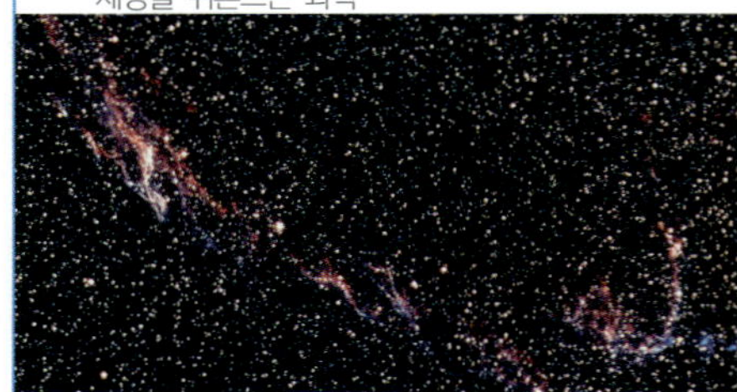

새로운 사실을 발견하는 사람들

생물학자들이 이루어낸 새로운 발견에는 분류하기 어려운 것들이 많다. 그들은 다양한 분야의 전문성을 결합하거나, 다소 생소하고 기이해 보이는 분야를 심층적으로 연구하기도 한다. 예를 들어 다른 행성에 생명이 있을 가능성을 전문적으로 탐사하는 우주생물학자들은 우리의 태양계와 멀리 떨어진 별들을 연구한다.

우주생물학자들은 다른 행성에 생명이 산다는 확실한 증거를 찾지는 못했다. 하지만 다른 분야에서, 생물학자들은 불가능해 보였던 일을 수행하여 엄청난 성과를 거두기도 했다. 이들은 새로운 생명체를 만들어 냈으며, 과거에 존재했던 바이러스를 소생시키기도 하였다. 또한 놀랍게도 가까운 지질학적 연대에서, 호모 사피엔스와 함께 지능이 발달한 '호빗hobbit'이라는 종이 살았다는 사실을 발견했다.

생명의 창조

1818년 메리 셸리Mary Shelley가 공포 소설 《프랑켄슈타인Frankenstein》을 발표한 이후, 생명을 창조할 수 있다는 생각은 사람들에게 강한 인상으로 남아 있다. 2004년에 미국 화학자 피터 슐츠Peter Schultz와 그의 연구진은 적어도 부분적으로는 인공적인 생명체를 만들어냈다고 발표했다. 이 생명체의 구성 단위는 자연적으로는 만들어질 수 없는 매우 독특한 구조를 가졌다.

위 우주에 생명체가 존재할 가능성을 탐사하는 것은 우주생물학자들의 과업이다.
아래 미국 군인들이 1918–1919년까지 유행하면서 5,000만 명의 사상자를 일으킨 스페인 독감으로부터 자신들을 보호하기 위해 마스크를 착용하고 있다.

대장균 *Escherichia coli*을 토대로 만든 이 유기체는 22종류의 아미노산을 유전 암호로 지정한다. 반면, 인간을 포함하여 지구에 사는 대부분의 생물들은 20종류의 아미노산을 이용해 단백질을 합성하는 유전 암호를 가진다. 이 새로운 세균은 2종류의 인공 아미노산을 포함하여 22종류의 아미노산을 이용해 단백질을 합성한다.

생명체의 부활

생명체를 창조하는 것만큼이나 놀라운 작업은 이를 부활시키는 것이다. 마이클 크라이튼Michael Crichton이 1990년에 발표한 소설 《쥬라기 공원Jurassic Park》과 이를 기초로 제작된 동명의 영화에서 과학자들은 모기로부터 발견한 DNA를 이용하여 공룡을 부활시키고 키워냈다. 2005년에 미국 과학자 제프리 토벤버거Jeffrey Taubenberger와 그의 동료들은 1918년 스페인 독감 대역병 당시 2,000만 명의 사망자를 발생시킨 인플루엔자 바이러스를 소생시켰다. 바이러스는 시간이 지남에 따라 사라졌지만, 과학자들은 대역병 당시 사망했던 사람의 조직에서 DNA를 채취하여 부활시키는 데 성공했다. 이렇게 소생된 바이러스를 통해 또 다른 대역병을 막을 수 있는 방법을 알아낼 수 있을 것으로 기대되지만, 바이러스가 실험실 외부로 유출되어 그 자체로 대역병을 일으킬 위험도 공존한다.

작은 사람들 고생물학자들은 과거에 멸종되었던 생물들을 발굴하지만, 이따금씩 사람들의 상상력을 자극하는 것들을 발견하기도 한다. 이와 같은 일은 2004년에 발생했는데, 과학자들은 난쟁이와 동물로 보이는 고대종의 유해를 발견한 것이다. 이들은 인도네시아 플로레스 섬에 살았던 것으로 추정되기 때문에 호모 플로레시엔시스*Homo floresiensis*라고 하며, 키가 0.9 m에 지나지 않아 '호빗'이라는 별명을 얻기도 했다. 하지만 이들은 지능이 발달하여 불을 사용하고 복잡한 도구를 만들었던 것으로 보인다.

이들이 발견되기 전까지 과학자들은 마지막 네안데르탈인이 30,000년 전에 죽은 이후로, 호모속에 해당하는 종은 호모 사피엔스가 유일하다고 생각했다. 하지만 이 난쟁이들의 유해 중 현재와 연대가 가장 가까운 것은 18,000년 전인 것으로 나타났다. 이들이 그 후로도 생존한 것으로 추정할 수 있는 자료들도 발견되었다. 현지에 전해져 오는 이야기에 따르면, 이들은 19세기까지 그 섬에 살았다고 한다. 가까운 과거에 인간과 비슷하면서도 다른 존재와 공존했다는 것은, 생물학만이 제시할 수 있는 놀라운 사실 중 하나다.

2004년 과학자들은 호모 플로레시엔시스를 발견했다고 발표했다. 오른쪽에 나타난 것이 이것의 두개골이다. 이것은 학계에서 인간의 진화에 대한 새로운 연결 고리로 받아들여지고 있다.

2004년에 조지아 주에 사는 크리스 그리핀이 사냥한 야생 멧돼지는 '호그질라'라는 별명을 얻었다. 하지만 멧돼지의 몸집은 어느 정도 과장된 것으로 나타났다.

신비동물학

생물학은 신비동물학(cryptozoology)이라는 분야에서 신화와 마주친다. 이 분야는 대부분의 사람들이 존재하지 않을 것이라고 생각하는 생물들, 이를테면 스코틀랜드 호수의 로치 호의 괴물 등을 찾아다닌다. 이 외에는 로치 호 괴물과 유사한 것으로 영국 콜롬비아의 오카노곤 호수의 오고포고 괴물, 캐나다 히말라야의 설인(예티라고도 한다), 그리고 이와 비슷한 북아메리카의 빅풋(또는 세스쿼치) 등이 있다. 신비동물학은 이런 괴물들을 찾는 데에 다양한 방법을 동원한다. 일부는 과학적이기도 하지만 대체로 세간으로부터 조롱을 받을 뿐 큰 성과를 거두지 못한다.

이따금씩 신비동물학에서 주장하는 바가 신문 머리기사를 장식할 때도 있다. 2004년에 조지아에서는 호그질라(Hogzilla)라는 괴물 멧돼지를 발견했다는 발표가 있었다. 몸길이는 3.7 m에 달했으며 무게는 454 kg이었다고 한다. 크리스 그리핀(Chris Griffin)이라는 현지인이 이 괴물을 사냥하였으며, 증거 사진도 가지고 있다고 발표되었다. 하지만 〈내셔널 지오그래픽 익스플로러〉의 전문 조사단이 호그질라의 시체를 흙에서 파내어 조사한 결과, 크기는 2.3 m이고 무게가 363 kg이라는 사실을 밝히면서 소문을 일축했다. 호그질라가 거대한 것은 사실이지만, 소문과 같이 괴물 수준은 아니었던 것이다.

논란의 장

생물학은 16세기 베살리우스가 이전까지 지배하고 있던 갈레노스의 해부학을 부정한 이래로 논란이 끊이지 않는 과학이었다. 이후 생물학자들이 발견한 사실들과 개발한 기술들은 끊임없이 사회적, 정치적 논란의 중심에 있었다. 오늘날, 논란의 장은 진화학에서 배아 줄기 세포 그리고 환경주의에 이르기까지 광범위하게 펼쳐져 있다.

교과 과정으로서의 진화학 다윈이 진화론을 발표한 후로, 이 사고의 체계는 성경에서 인간이 창조되었다고 전하는 방식에 반한다며 창조론을 주장하는 종교계의 반발을 샀다. 미국에서, 창조론자들은 공립 학교에서 진화론을 가르치지 못하게 하기 위해 오랫동안 노력해왔다. 1925년에 열렸던 스코프스 재판은 테네시의 생물 교사 존 스코프스John Scopes가 진화론의 교육을 금지하는 주의 법을 위반한 것으로 유죄 판결을 내렸다. 19세기 후반에 들어서면서 법원은 점차적으로 학교 교육에 진화론을 포함시키는 것을 허용하기 시작했다. 그들은 창조론은 종교적인 관점이므로 공립 학교의 교육 과정에 영향을 끼쳐서는 안 된다고 의견을 모았다. 하지만 창조론자의 진화론 반대 운동은 오늘날까지 이어지고 있다.

이와 같은 활동은 2004년에도 일어났는데, 당시 펜실베이니아 도버의 교육 위원회는 학생들이 진화론에 대해 회의적인 내용을 배우도록 하는 정책을 펼쳤다. 그 내용은 진화론이 '사실이 아니라고' 했으며, 복잡한 생명체들은 지적 설계자의 창조를 통해서만 발생할 수 있다는 지적 설계론에 대한 교재를 사용했다. 2005년에 연방법원은 이 정책을 금지시키면서, 판결문에서 지적 설계론이 "과학적 근거가 없으며, 종교적 관점으로 창조론의 또 다른 형태에 불과하다"고 밝혔다.

줄기 세포 연구 배아로부터 줄기 세포를 채취하는 것도 큰 논란에 휩싸였다. 많은 과학자들은 신체의 모든 조직으로 분화할 수 있는 줄기 세포를 통해 손상된 조직을 대체하거나 질병을 치료하는 데에 쓰일 수 있을 것이라고 생각한다. 하지만 배아로부터 세포를 분리하기 위해서는 배아를 파괴해야 하기 때문에, 많은 사람들에게 이러한 행위가 살인으로 비춰진 것이다. 또 종교적인 의미에서도 인간

위 2005년 5월 지적설계론을 지지하는 조나단 웰스(Jonathan Wells)는 캔자스 교육위원회 소속 코니 모리스(Connie Morris)와 만났다. 법원에서는 지적설계론이 "종교적 관점일 뿐 과학적 이론이 아니다"고 밝히며 교육 과정에 포함하는 것을 금지시켰다.
아래 1925년 중반에 벌어진 재판에서 테네시 주의 생물 교사 존 스코프스는 학생들에게 진화론을 가르친다는 사실로 인해 유죄 판결을 받았다.

배아가 생존권을 가진 사람에 해당하기 때문에, 배아 줄기 세포 연구가 중단되어야 한다고 주장한다. 하지만 이에 찬성하는 사람들은 복제 배아가 생명을 구할 수 있는 잠재력이 있기 때문에, 이러한 의료 연구가 계속되기를 바라고 있다.

2001년에 조지 W. 부시George W. Bush 미국 대통령은 두 의견을 참작하여, 배아 줄기 세포 연구에 정부 기금을 허락하는 한편, 60개의 줄기 세포에 한정했다. 하지만 과학자들은 연구에 더 많은 줄기 세포가 필요했기 때문에 타협안에 만족하지 못했으며, 줄기 세포 연구 자체에 반대하는 이들도 만족하지 못했다. 그리하여 논쟁은 오늘날까지 이어지고 있다.

환경적 갈등 생태학자들과 환경을 연구하는 다른 생물학자들은 환경을 보존하기 위해 적극적으로 활동하고 있다. 예를 들어 이들은 생명체 사이에 나타나는 생물의 다양성을 연구할 뿐만 아니라, 다양성을 잃고 있다는 사실을 사람들에게 알리고자 노력하기도 한다. 지구의 온도가 상승하고 있다는 사실을 밝히는 데에 생물학적 연구가 중요한 역할을 수행해 왔다. 예를 들어 2003년에 미국 연구원 카밀 파마잔Camille Parmesan과 게리 요헤Gary Yohe는 334개의 종을 연구할 결과, 84 %가 기온 상승에 대해, 생장기가 길어지고 이주지가 변하는 등, 영향을 받는다는 사실을 발견했다.

이 연구도 논란의 중심이 되었다. 많은 사람들은 지구 온난화라는 지배적인 이론의 정체를 폭로하고자 노력하는 것이다. 지구 온난화 이론에 반대하는 이들은, 실제로 인간에 의해 지구 온난화가 일어나고 있다고 생각하는 대부분의 과학자들과 대립해 있는 상태이다. 2001년에 덴마크 정치학자 비외른 롬보르Bjørn Lomborg는 《회의적인 환경주의자 The Skeptical Enviromentalist》를 발간하여, 환경주의자들의 주장에 대한 비판을 가했다. 과학자들도 이에 대해 다시 비판을 하고 있지만, 2004년에 〈타임 Time〉 지는 그를 세계에서 가장 영향력 있는 100인으로 선정하였다.

위 쥐 배아의 줄기 세포. 인간 배아 줄기 세포는 생명을 구할 수 있는 잠재력을 가진다. 하지만 일부 사람들은 종교적인 이유로 줄기 세포 연구에 반대한다.
아래 여러 종의 새들은 기후 변화로 인해 이주 패턴과 생활사에 위협을 받고 있다.

용어 풀이

ㄱ

감수 분열(meiosis)
세포가 4개의 딸세포로 나뉘는 세포핵 분열로, 각 딸세포의 염색체 수는 모세포의 절반 밖에 되지 않는다.

개체군(population)
특정 지역을 차지하고 살아가는 같은 종의 생명체들

겉씨식물(gymnosperm)
씨가 열매에 싸여 있지 않은 종자식물. 씨는 방울 열매 안에 있다.

게놈(genome)
생명체의 각 세포 내에 있는 모든 유전자의 총칭

공생(symbiosis)
서로 다른 종의 두 생물이 공존하면서, 적어도 둘 중 한 생물이 이득을 보는 상호 작용

광영양(phototroph)
광합성을 통해 햇빛을 영양분으로 전환시킬 수 있는 생명체. 식물, 조류와 일부 세균이 광영양에 해당한다.

광합성(photosynthesis)
햇빛을 영양분으로 전환시키는 과정

군집(community)
같은 지역에서 살며 상호 작용하는 하나의 동식물 집단

굴성(tropism)
식물에서 방향이 있는 자극을 향하거나 멀어지는 반응

근골격계(musculoskeletal system)
장소 사이의 이동이 가능하도록 연결된 근육과 뼈들

기관(organ)
2개 이상의 조직이 특정한 기능을 수행하는 생명체의 일부분

기관계(organ system)
생명체 내에서 비중이 큰 활동을 수행하는 기관들

ㄴ

남획(overexploitation)
자연 상태의 개체군을 과다하게 채취 혹은 포획하여 그 개체군을 멸종의 위험에 이르게 하는 행위

ㄴ

낫형 적혈구 빈혈증(sickle cell disease)
적혈구 세포가 낫 모양으로 얇게 휘어 모세 혈관을 통과하지 못하고 파괴되어 악성 빈혈을 유도하는 유전병

낭배(gastrula)
동물 발생 과정에서 함입에 의해 배엽층들이 만들어지는 시기

낭포성 섬유증(cystic fibrosis)
일반적으로 유아와 어린이에서 나타나는 외분비선의 장애를 유발하는 선천성 질병

내골격(endoskeleton)
척추동물에 있는 것과 같은 보호성 내부 골격

내분비계(endocrine system)
피 속으로 호르몬을 분비하면서 신진 대사를 통제하는 기관들

뉴런(neuron)
신경계의 단위. 자극과 흥분을 전달한다.

ㄷ

단백질(protein)
세포의 기초적인 구성 단위로 아미노산이라는 작은 분자들로 구성된 큰 분자

대동맥(aorta)
인체의 심장에서 조직으로 혈액을 전달하는 주요 동맥

대멸종(mass extinction)
비교적 짧은 기간(수백 만 년) 동안에 많은 종의 생명체가 사라지는 현상

돌연 변이(mutation)
유전 물질의 갑작스러운 변형. 돌연 변이는 자연적으로 일어날 확률은 낮고, 방사능이나 특정한 화학 물질을 통해 촉진될 수 있다.

동맥(artery)
혈액을 심장으로부터 나가게 전달하는 혈관

동화 작용(anabolism)
작은 분자로부터 큰 분자를 합성하는 물질 대사 과정

디옥시리보핵산(deoxyribonucleic acid, DNA)
핵산이라고 하는 분자로, 유기체의 유전자를 구성하며 염색체 내에 들어 있다.

림프계(lymphatic system)

림프관과 림프기관으로 구성된 순환계

ㅁ

먹이 그물(food web)

생태계 내의 생명체 조직망으로, 서로 먹고 먹히는 관계에 있다. 이를 단순화시킨 것이 먹이 사슬로, 태양에서 녹색 식물로, 그리고 동물 소비자로 이어지는 에너지의 흐름을 나타낸다.

면역(immunity)

외부 물질과 외부 세포, 병을 일으키는 물질들로부터 신체가 자신을 스스로 보호할 수 있는 능력

면역 체계(immune system)

침입자로부터 생명체를 보호하는 기관들

모세 혈관(capillary)

매우 미세한 혈관

무악류(agnatha)

턱이 없는 척추동물

무척추동물(invertebrate)

척추가 없는 동물

물질 대사(metabolism)

분자의 분해(이화 작용), 합성(동화 작용) 등 생명체 세포 활동 내에서 일어나는 화학 반응의 총체

미생물(microbe)

현미경을 사용하지 않으면 볼 수 없을 정도로 작은 생명체

ㅂ

배설 기관(excretory system)

유기체의 물질 대사를 통해 발생한 노폐물을 제거하는 기관들

배아, 수정란(embryo)

탄생 초기 단계에 있는 생명체

백신(vaccine)

질병을 유발하지 않고도 자동적으로 면역을 증가시킬 수 있도록 만들어진 항원

백혈구(leukocyte)

외부 물질이나 외부 생명체의 침략으로부터 신체를 보호하는 혈액 속의 세포

분류학(taxonomy)

생명체들의 자연적인 관계를 통한 분류를 연구하는 학문으로, 계통학이라고도 한다.

ㅅ

상리 공생(mutualism)

서로에게 이득이 되는 공생 관계

상실배(morula)

동물의 초기 발생 과정에서 세포 분열 후 형성되는 세포 덩어리

생리학(physiology)

생명체의 기능을 연구하는 학문

생명체(organism)

생식, 성장, 물질 대사와 같은 생물학적 활동을 수행할 수 있는 것

생물군계(biome)

특정한 기후나 우성적 생명체를 특징으로 하는 지정학적 지역

생물지리학(biogeography)

생물의 지리적 분포 양상을 연구하는 학문

생물권(biosphere)

생물이 존재하는 지표면이나 깊지 않은 지층의 총칭

생물의 다양성(biodiversity)

생명체와 환경에 존재하는 생물학적 다양성

생식계(reproductive system)

자손의 탄생, 성장, 분만과 관계되는 기관들

생태계(ecosystem)

생명체와 환경의 군집

생태적 지위(niche)

종(種)이 환경에서 생존하는 방식이나 역할

생태학(ecology)

생물과 환경 사이의 상호 작용을 연구하는 학문

섬유소(cellulose)

식물의 주성분이며, 세포벽의 주 구성 성분

세포(cell)

가장 기본적인 생물학적 단위로, 그 안에는 생식, 성장, 물질 대사를 수행하는 세포 기관들이 있다. 세포들은 자생하거나 다세포 생명체의 일부로 존재한다.

세포 소기관(organelle)

세포 내에 있는 분자 구조체로 특정한 활동을 수행한다.

소화 기관(digestive system)

생명체의 세포가 사용할 수 있는 형태로 영양분을 분해하는 기관들

소철류(cycad)

쥐라기의 대표적인 식물로 손바닥 모양의 잎과 커다란 솔방울을 가지고 있는 겉씨식물

속씨식물(angiosperm)

꽃과 열매가 있는 종자식물. 씨가 열매 안에 있다.

순환계(circulatory system)

생명체 내에서 물질을 운반하는 기관의 총칭

신경계(nervous system)

감각 기관으로부터 들어오는 정보를 수신 및 분석하고, 이를 근육이나 분비 기관으로 지시 신호를 전달하는 수용체 및 전달체의 총칭

심장(heart)

수축과 이완을 되풀이함으로써 혈액을 온몸에 공급하는 순환계의 중추 기관

ㅇ

아데노신 3인산(adenosine triphosphate, ATP)

분해될 때 세포 작용에 필요한 에너지를 방출하는 분자

아미노산(amino acid)

단백질을 주로 구성하는 유기산의 총칭

염색체(chromosome)

세포핵 내에 있는 실같이 기다란 구조로, DNA와 유기체의 유전 정보를 가지고 있다.

영구 동토대(permafrost)

토양이 영구히 얼어 있는 상태로 북극 툰드라 지대에서 볼 수 있다.

엽록소(chlorophyll)

태양 에너지를 흡수하는 초록색 색소. 식물들은 이를 통해 광합성을 하여, 햇빛을 영양분으로 전환시킨다.

외골격(exoskeleton)

단단한 외부 골격으로, 곤충과 같은 동물에서 볼 수 있다. 외골격은 곤충을 보호하고, 지탱하며, 근육의 접합점이 된다.

원생생물(protist)

세포핵을 가지는 생명체로, 주로 미생물이나 단세포 생물들이 이에 해당한다.

원핵생물(prokaryote)

유전 물질이 세포핵에 들어있지 않은 생명체. 원핵생물의 예로는 세균이 있다.

유기 화합물(organic compound)

1개 이상의 원소의 조합으로 이루어진 화합물 중 탄소를 포함하는 것

유미즙(chyme)

위에서 소장으로 이동되는 진한 반유동성 액체 상태의 음식물

유사 분열(mitosis)

하나의 세포가 유전적으로 동일한 2개의 딸 세포를 만드는 분열

유전(heredity)

유전자를 통해 부모에서 자손으로 형질이 전달되는 현상

유전공학(genetic engineering)

생명체의 유전적 구조를 기술적인 방법으로 조작하는 작업으로, 한 생명체에서 추출한 유전자를 다른 생명체의 유전 물질에 직접 투여하는 방법 등이 있다.

유전자(gene)

하나의 유전 단위로, 염색체 내의 DNA 분자의 일부를 구성한다. 유전자에는 단백질이 합성되는 방법이 저장되어 있다.

유전적 부동(genetic drift)

현재 적응 상태를 더 이상 개선하려는 성향이 없는 유전자들의 빈도가 우연히 변화되는 것

이화 작용(catabolism)

큰 분자를 작은 분자로 분해하는 물질 대사 과정

ㅈ

자연 선택설(natural selection)

생명체의 적응도를 높이는 유전자가 주로 유전되면서 종이 변형되는 진화 과정

자웅동체(hermaphrodite)

암수 생식 기관을 한 몸에 모두 갖는 동물

적응(adaptation)

생명체의 성질이 주변 환경에 더 적합하도록 변화하는 것

접합(conjugation)

정맥(vein) 몸의 각 부분에서 혈액을 모아 심장으로 보내는 혈관 하나의 세포에서 다른 세포로의 유전 물질이 운반되는 현상

조직(tissue)

같은 기능을 수행하기 위해 모인 비슷한 종류의 세포들

종(species)

생물 분류의 기본 단위. 서로 다른 종끼리는 대체로 교배하지 않는다.

종속 영양(heterotroph)

자체적으로 영양분을 생산할 수 없어 다른 생명체에서 영양분을 얻는

방식. 모든 동물들은 종속 영양을 한다.

진핵생물(eukaryote)

단세포 및 다세포 생명체들 중, 세포의 유전물질을 특수화된 세포막이 둘러싸고 있는 생명체들

진화(evolution)

공통 조상으로부터 나온 자손 생명체들이 시간이 흐름에 따라 겪게 되는 유전적, 형질적 변화로, 생명체들은 주위 환경에 좀더 적합하게 적응된다.

ㅊ

척추동물(vertebrate)

척추가 있는 동물

체강(coelom)

동물의 체벽과 내장 사이에 있는 빈 공간. 보통 중배엽성 벽으로 둘러싸여 있다.

ㅋ

클론(clone)

다른 생명체와 동일한 유전자를 가진 생명체

ㅍ

펩신(pepsin)

위선에서 분비되는 효소로 단백질을 펩티드로 소화시킨다.

편리 공생(commensalism)

한쪽의 종은 공생을 통하여 이득을 얻지만 다른 쪽의 종에게는 이득도 해도 없는 공생 관계

ㅎ

항상성(homostasis)

생명체가 스스로를 통제하고 내부적 안정을 유지하려는 특성

해부학(anatomy)

생명체 구조를 연구하는 학문으로, 주로 유기체 내부 구조를 다룬다.

핵(nucleus)

진핵 세포 내에서 세포막으로 둘러싸인 공간으로, 여기에 유전 물질이 들어 있다.

혈액(blood)

심장을 통해서 폐쇄 혈관계를 순환하는 체액

호흡계(respiratory system)

생명체에게 환경으로부터 산소를 공급하고, 이산화 탄소와 같은 노폐물을 배출하는 기관들

효소(enzyme)

스스로는 변하지 않으면서 생물체 내의 화학 반응을 촉진시키는 분자

휴면(dormancy)

식물에서 생장에 적절한 조건 하에서 생장이 정지한 상태

더 읽을거리

도서

Asimov, Isaac. *Asimov's Chronology of Science & Discovery*, rev. ed. New York: Collins, 1994.

A Dictionary of Biology, 5th ed. Oxford: Oxford University Press, 2004.

Campbell, Neil A., and Jane B. Reece. *Biology, 7th ed*. San Francisco: Benjamin Cummings, 2004.

Dawkins, Richard. *The Blind Watchmaker: Why the Evidence of Evolution Reveals a Universe without Design*. New York: W. W. Norton & Co., 1986.

Edwards, Gabrielle I. *Biology the Easy Way, 3rd ed*. Hauppage, N. Y.: Barron's Educational Series, 2000.

Garber, Steven Daniel. *Biology: A Self-Teaching Guide, 2nd ed*. New York: Wiley, 2002.

Goldsmith, Timothy H., and William F. Zimmerman. *Biology, Evolution, and Human Nature*. New York: John Wiley & Sons, 2001.

Gould, Stephen Jay. *Wonderful Life: The Burgess Shale and the Nature of History*. New York: W. W. Norton & Co., 1989.

Hine, Robert, ed. *The Facts on File Dictionary of Biology, 3rd ed*. New York: Facts on File, 1999.

Janovy, Jr., John. *On Becoming a Biologist*. New York: Harper & Row, 1985.

Keller, Rebecca. *Real Science-4-Kids Biology, Level I*. Albuquerque, N. M.: Gravitas Publications, 2005.

Layman, Dale. *Biology Demystified: A Self-Teaching Guide*. New York: McGraw-Hill, 2003.

Mader, Sylvia S. *Inquiry into Life, 11th ed*. New York: McGraw-Hill, 2004.

Margulis, Lynn, and Karlene V. Schwarz. *Five Kingdoms: An Illustrated Guide to the Phyla of Life on Earth, 3rd ed*. New York: W. H. Freeman and Co., 1999.

Mayr, Ernst. *This Is Biology: The Science of the Living World*. Cambridge, Mass.: Belknap Press, 1997.

McGrath, Kimberley A., ed. *World of Biology*. Farmington Hills, Mich.: Gale Group, 1999.

Raven, Peter H., et al. *Biology*, 7th ed. New York: MacGraw-Hill, 2004.

Ridley, Matt. *Genome: The Autobiography of a Species in 23 Chapters*. New York: Harper Perennial, 2000.

Serafini, Anthony. *The Epic History of Biology*. New York: Plenum Press, 1993.

Siegfried, Donna Rae. *Biology for Dummies*. New York: Hungry Minds, 2001.

Southwood, Richard. *The Story of Life*. Oxford: Oxford University Press, 2003.

VanCleave, Janice. *Janice VanCleave's Biology for Every Kid: 101 Easy Experiments That Really Work*. San Francisco: Jossey-Bass, 1990.

웹 사이트

Action Bioscience | www.actionbioscience.org

Biology Century | mywebpages.comcast.net/biologycentury

Biology-Online | www.biology-online.org

The Biology Project | www.biology.arizona.edu

Cracking the Code of Life | www.pbs.org/wgbh/nova/genome/program.html

Ecology.com | www.ecology.com

Human Anatomy Online | www.innerbody.com/htm/body.gtml

Human Genome Project Information │ www.ornl.gov/sci/techresources/Human_Genome/home.shtml

Kimball's Biology Pages │ users.rcn.com/jkimball.ma.ultranet/BiologyPages

Living Things │ www.fi.edu/tfi/units/life

Microbes.info: The Microbiology Information Portal │ www.microbes.info

Online Biology Book Palaeos: The Trace of Life on Earth │ www.palaeos.com

Understanding Evolution │ evolution.berkeley.edu

Marine Biological Laboratory (Woods Hole, Massachusetts) │ www.mbl.edu

National Academy of Sciences │ www.nasonline.org

National Museum of Natural History, Smithsonian Institution │ www.mnh.si.edu

Natural History Museum (London) │ www.nhm.ac.uk

Sierra Club │ www.sierraclub.org

Society for Conservation Biology │ www.conbio.org

Society for In Vitro Biology │ www.sivb.org

WWF International (formerly known as the World Wildlife Fund) │ www.panda.org

잡지

Discover │ www.discover.com

National Geographic │ www.nationalgeographic.com

Natural History │ www.naturalhistorymag.com

New Scientist │ www.newscientist.com

ScienceDaily │ www.sciencedaily.com

Science Magazine │ www.sciencemag.org

Scientific American │ www.sciam.com

Smithsonian │ www.smithsonianmagazine.com

기관

American Association for the Advancement of Sciences │ www.aaas.org

American Institute of Biological Sciences │ www.aibs.org

American Museum of Natural History │ www.amnh.org

Federation of American Societies for Experimental Biology │ www.faseb.org

Field Museum of Natural History │ www.fieldmuseum.org

Linnaean Society of London │ www.linnean.org

스미스소니언에서

생물학은 스미스소니언 협회에서 중요한 위치를 차지한다. 스미스소니언 협회의 두 부서, 국립 자연사 박물관과 국립 동물원에서는 생물체의 구성, 기능, 상호 작용 등에 관심을 가진 사람들에게 풍부한 자료를 제공하고 있다.

국립 자연사 박물관은 화석을 비롯하여 박제된 전시물을 통해, 사람들이 생명체의 세부적인 해부학적 사항들을 가까이서 볼 수 있는 기회를 제공한다. 국립 동물원에서는 살아 있는 생물들을 직접 볼 수도 있다.

국립 자연사 박물관

10th Street and Constitution Ave., NW

Washington, D.C. 20560

202 – 633 – 1000

info@si.edu

http://www.mnh.si.edu

국립 자연사 박물관에는 생명의 여러 방면에 대해, 글자 그대로 A anthropology, 인류학에서 Z zoology, 동물학까지, 다양한 영구 전시물과 가변 전시물들을 확보하고 있다. 식물 식물학이나 화석 고생물학 또는 곤충 곤충학 등의 대한 연구에 대해 알고 싶은가? 그렇다면 이 박물관이 적격이다. 박물관의 전시물 중 이책과 특히 관련이 많은 것들은 다음과 같다.

공룡관 살아 숨쉬는 진화의 역사를 체험하고 싶다면 제8장, 박물관의 폭넓은 화석 전시실 중 특히 공룡에 대한 전시실을 돌아볼 수 있다. 공룡은 비록 멸종되었지만 여전히 많은 사람들의 이목을 끌고 있어서 공룡관은 절대 실망시키지 않을 것이다. 최근에 트리케라톱스 Triceratops 전시물이 추가되어 트리케라톱스 골격을 복원한 전시물과 이 거대한 짐승이 움직이는 모습을 디지털 기술을 이용하여 실제 움직이는 것처럼 모형으로 만들어 놓았다.

포유류관 케니스 E. 베링 Kenneth E. Behring 가家의 포유류관에서는 이 책에서 논의한 여러 분야를 더 심층적으로 볼 수 있다. 여기에는 포유류의 진화 제8장, 현존하는 포유류 제10장, 그리고 생태계 속의 포유류 제7장 등이 있다. 이 관에는 또 북극에서 사막지역까지, 다양한 자연 환경 속에서 사는 박제된 동물들이 전시되어 있다. 그중 다수는 환경과 상호 작용하는 모습으로 볼 수 있다. 포식자–먹이 관계에 대해 궁금한가? 머리 위에서 나무에 누워 있는 표범이 나중에 먹으려고 남겨둔

왼쪽 국립 자연사 박물관 정문
오른쪽 국립 자연사 박물관에 전시된 트리케라톱스는 6,500만 년 전 백악기에 살았던 초식 공룡이다. 트리케라톱스의 뼈는 1905년에 최초로 전시되었는데, 당시 적어도 10개 이상 다른 동물들의 뼈가 섞여 있었다. 최근 기술이 발전하면서 박물관은 수지, 석고, 섬유 유리를 통해 골격을 해부학적으로 정정한 전시물을 선보일 수 있게 되었다. 하지만 세계 어디에서도 완벽한 트리케라톱스의 골격은 발견된 적이 없다.

공중에 매달려 있는 바다소는 스미소니언 포유류관이 보유한 274개의 박제 전시물 중 하나이다. 이 동물은 어째서 포유류로 분류되는가? 5,000종 이상으로 구성된 이 엘리트층에 들어오기 위해 동물들은 머리카락과 모유, 그리고 3개의 뼈로 구성된 청소골과 같은 특징을 가져야 한다.

임팔라 고기를 보면, 먹고 먹히는 삶의 방식을 뚜렷하게 볼 수 있다.

국립 동물원

3001 Connecticut Ave., NW

Washington, D.C. 20008

202－633－4800

nationalzoo@si.edu

http://nationalzoo.si.edu

650 km²에 달하는 부지를 확보한 국립 동물원에는 400개 이상의 종에 해당하는, 2,400마리 이상의 동물들이 살고 있다. 아마 동물원에서 가장 인기가 있는 자이언트팬더 이외에 이 책에서 다룬 여러 동물들도 이곳에서 살아 숨쉬고 있다.

치타 및 기타 척추동물 치타가 무서운 속도를 낼 수 있도록 나타난 적응 형태제6장는 국립 동물원에서 볼 수 있다. 동물원에서 직접 태어난 것들을 비롯하여, 여러 치타들은 줄에 깃발을 매단 미끼를 우리 안에서 쫓으면서 자신의 속도를 자랑한다.

치타는 아프리카 사바나 생태계제7장에 사는 동물 중 하나에 불과하다. 치타와 같은 생물권에 사는 동물들도 이곳에서 만날 수 있다. 동물원에 있는 아프리카 척추동물에는 사자, 하마, 기린, 고릴라, 얼룩말, 가젤 등이 있다. 또 이곳에는 아시아, 오스트레일리아, 북아메리카, 아마존제10장 등지에서 온 동물들도 살고 있다.

무척추동물과 식물 야생에서 척추동물들보다 무척추동물들제10장의 수가 더 많다. 동물원의 무척추동물 전시장에서는 다양한 동물들을 볼 수 있다. 여기에는 거대한 아프리카 지네에서 몸이 뾰족한 바다가재, 말미잘, 가위개미, 오징어까지 다양한 동물들이 있다. 다른 생물들과 마찬가지로, 이들의 삶은 다른 생명체와 복잡하게 얽혀있다. 이는 무척추동물 전시장과 인접한 수분 체험장에서 더 자세히 볼 수 있다.

수분 체험장은 곤충들이 먹이를 채취하는 과정에서 식물이 수분되는제7, 10장 과정을 부각시킨 온실이다. 수분 체험장 방문객들은 나비와 벌이 헬리코니아나 샐비어에 앉았다 오는 모습을 볼 수 있다. 또 투명한 벽 속에는 무리를 이루는 벌들이 전시되어 있어, 벌집 속의 일상을 쉽고 안전하게 관찰할 수 있다.

감사의 글 및 사진 출처

저자는 이 책의 7, 9장을 만드는 데 도움을 주신 Alison Fromme과 10, 11장을 만드는 데 도움을 주신 Melinda Corey께 감사드린다. 그리고 Martha Corey-Ochoa께도 역시 감사드린다.

출판사 또한 이 책을 만드는 데 도움을 주신 아래와 같은 여러 기관과 관계자 여러분께 감사드린다. 스미스소니언 국립 자연사 박물관의 Don E. Wilson, 스미스소니언 국립 동물원의 J'Nie Woosley와 Ann Batdorf, 스미스소니언 비즈니스 벤처스(Smithsonian Business Ventures)의 Katie Mann과 수석 브랜드 매니저 Ellen Nanney, 자문위원 Brian Hoyle, 콜린스 레퍼런스(Collins Reference)의 편집 주간 Donna Sanzone과 편집자 Lisa Hacken, 편집 보조 Stephanie Meyers께 감사드린다. 그리고 히드라 출판사(Hydra Publishing)의 대표 Sean Moore와 출판 디렉터 Karen Prince, 아트 디렉터 Edwin Kuo, 디자이너 Rachel Maloney, Mariel Morris, Gus Yoo, Greg Lum, La Trica Watford, Erika Lubowicki, 편집 디렉터 Aaron Murray, 기획 편집자 Lisa Purcell, 편집자 Marcel Brousseau, Mollly Morrison, Suzanne Lander, Gail Greiner, Ward Calhoun, Emily Beekman, Liz Mechem, Roger Ochoa, 교정 교열 담당 Glenn Novak과 Eileen Chetti, 그림 자료 검색 담당 Ben DeWalt, 제작 담당 Sarah Reilly, 제작 디렉터 Wayne Ellis, 색인 담당 Jessie Shiers, 크리시 매킨타이어 리서치(Chrissy McIntyre Research, LLC)의 Chrissy McIntyre, 내셔널 지오그래픽 협회의 Wendy Glassmire, 포토 리서처스(Photo Researchers, Inc.)의 Harriet Mendlowitz, 국립 의학 도서관(National Library of Medicine)의 Crystal Smith께 감사드린다.

사진 출처

사진을 제공한 기관의 약자와 원래 이름은 다음과 같다.

PR—Photo Researchers, Inc.; SPL—Science Photo Library; JI—ⓒ 2006 Jupiterimages Corporation; SS—ShutterStock; IO—Index Open; iSP—ⓒ iStockphoto.com; BS—Big Stock Photos; ARS/USDA—Agricultural Research Service/U. S. Department of Agriculture; NOAA—National Oceanic and Atmospheric Association; OAR—Oceanic and Atmospheric Research; NURP—National Undersea Research Program; USFWS—U. S. Fish and Wildlife Service; CDC—Centers for Disease Control and Prevention; NLM—Courtesy of the National Library of Medicine; SI/NZP—Smithsonian Institution/National Zoological Park; SIL—Smithsonian Institute Library; DL—Dibner Library Portrait Collection; SPS—Smithsonian Photographic Services; AP—Associated Press; LoC—Library of Congress; NGIC—National Geographic Image Collection

(t=맨 위, b=맨 아래, l=왼쪽, r=오른쪽, c=중간)

도입부

ivb James L. Amos/PR **vtr** USFWS **vbr** Mary Evans/PR **vi** JI **viii** Eye of Science/PR **1t** JI **1b** JI **2bl** JI **3l** JI **3r** SPL/Pasca Goetgheluck

Chapter 1 생명의 신비

4 IO/LLC, FogStock **5t** IO/Keith Levit Photography **5b** IO/Hot Ideas **6t** Petit Format/PR **6bl** G. Murti/PR **6br** JI **7tl** IO **7tr** NOAA/Frank and Joyce Borek **8** Biophoto Associates/PR **9** Illustration by Rachel Maloney **10tl** David T. Roberts/PR **10r** iSP/Andrew Robinson **11bl** ARS/USDA/Peggy Greb **11tr** Eye of Science/PR **12tl** NOAA/OAR/NURP/Texas A & M University **12bl** USFWS **13t** NOAA/Carol Baldwin **13b** JI **14tl** JI **14b** Jessie Cohen/SI/NZP **15tl** Dr. Jeremy Burgess/PR **15tr** iSP/Julie de Leseleuc **15br** JI

Chapter 2 현미경에서 CAT까지

16 Jessica Bethke/SS **17t** JI **17b** JI **18tl** ARS/USDA/Scott Bauer **18r** ARS/USDA/Scott Bauer **19t** ARS/USDA/Scott Baure **19b** ARS/USDA/Reith Weller **20tl** ARS/USDA/Jack Dykinga **20b** CDC/James Gathany **21tl** Sheila Terry/PR **21tr** ARS/USDA/Keith Weller **21b** SPL/TEK Images **22tl** ARS/USDA/Peggy Greb **22tr** iSP/Jibby Chapman **22bl** iSP/Hallgimur Arnarson **22br** CDC/James Gathany **23** ARS/USDA/Eric Erbe **24tl** NOAA/OAR/NURP **24bl** NOAA/OAR/NURP/R. Wicklund **24r** ARS/USDA/Keith Weller **25l** ARS/USDA/Jack Dykinga **25r** AP/San Diego Union Tribune/John Gibbons **26tl** ARS/USDA/Sandra Silvers **26bl** JI **26br** ARS/USDA/Sandra Silvers **27** ARS/USDA/Keith Weller **28tl** Mauro Fermariello/PR **28b** Sheila Terry/PR **29bl** ARS/USDA/Keith Weller **29tr** Mauro Fermariello/PR

Chapter 3 생물학의 발전

30 Explorer/PR **31t** NLM **31b** NOAA **32tl** Courtesy of the New York Academy of Medicine Library **32bl** JM Labat/PR **33bl** NLM **33tl** NLM **33tr** NLM **34tl** NLM **34br** NLM **35tl** Mary Evans/PR **35bl** NLM **36tl** NLM **36bl** SIL **37tr** LoC **37br** J. L. Charment/PR **38tl** NOAA **38bl** Jaime Abecasis/PR **38r** SIL **39** NOAA **40tl** iSP/Konstantinos Kokkinis **40b** NLM **41tl** SPL/PR **41br** LoC **42tl** iSP/cre8tive studios **42bl** Darwin Dale/PR **42r** NLM **43** A. Barrington Brown/PR **44tl** iSP/Tim Pleasant **44bl** NLM **45t** iSP/Stephen Sweet **45b** Gusto/PR

Chapter 4 생명의 구성 단위

46 Asa Thoresen/SPL **47t** iSP/Monika Wisniewska **47b** Steve Gschineissner/SPL **48tl** Omikron/PR **48b** iSP/Alex Dykes **49cl** Charles D. Winters/SPL **49bl** iSP/Milan Radulovic **49tr** Travis Klein/SS **50tl** Biology Media/PR **50b** Biophoto Associates/PR **51tl** JI **51r** Christopher Poliquin/SS **52tl** Biophoto Associates/PR **52b** Russell Kightley/PR **53bl** BS/Joss **53tr** iSP/Craig Neltri **54tl** Torunn Berge/PR **54bl** Steve Gschmeissner/SPL **54tr** Eye of Science/PR **55** Steve Gschmeissner/PR **56tl** CNRI/PR **56bl** Jennifer Waters and Adrian Salic/PR **56br** Jennifer Waters/PR **57tr** T. W./SS **57bl** Jennifer Waters and Adrian Salic/PR **57br** Jennifer Waters and Adrian Salic/PR

Chapter 5 복잡한 구조

58 Mehaukulyls/PR **59t** JI **59b** Caroline K. Smith, MD/SS **60tl** Steve Gschmeissner/PR **60bl** Caroline K. Smith, MD/SS **60br** Mauro Fermariello/PR **61tr** A. Pasieka/PR **61bl** Mike Tolstoy/photobank.kiev.ua/SS **62tl** JI **62bl** JI **62br** JI **63tl** JI **63tr** Dave Roberts/SPL **63bl** JI **64tl** iSP/Matthew Cole **64b** M. I. Walker/PR **65t** ⓒ SJ Elmhurst BA Hons 2005/www.livingart.org.uk **65b** JI **66tl** BS/Carolina Smith **66tr** BS/Jyothi N.Joshi **66b** iSP **67l** BS/Lleha **67r** Neil Borden/PR **68tl** Eric Grave/SPL **68cl** JI **68cr** Anatomical Travelogue/SPL **69l** Parviz M. Pour/SPL **69r** ⓒ 2006 Getty Images **70tl** JI **70r** IO/photos.com select **71t** Scott Camazino/SPL **71b** Rey Rojo/SS **72tl** iSP/Vera Bogaerts **72bl** Eye of Science/SPL **72br** Professor Miodrag Stojkovic/SPL **73bl** iSP/Simon Webber **73tr** Francoise Sauze/SPL

Chapter 6 호흡과 섭취

74 iSP/Robert Deal **75t** iSP/Daniel Halvorson **75b** Eye of Science/SPL **76tl** Pete Madison/SS **76b** Dr. Kari Lounatmaa/SPL **77bl** JI **77tr** iSP/Yorgos Arvanitis **78tl** IO **78b** Susumu Nishinaga/SPL **79t** Tan Kian Khoon/SS **79b** Susumu Nishinaga/SPL **80tl** JI **80b** David M. Martin, MD/SPL **81t** Gordana Sermek/SS **81b** Steve Gschmeissner/SPL **82tl** Steve Gschmeissner/SPL **82tr** Morris Huberland/PR **82b** Joan Ramon Mendo Escoda/SS **83b** Big Zen Dragon/SS **83r** Alfred Pasieka/SPL **84tl** iSP **84bl** Eric Florentin/SS **85t** Des and

Jen Bartlett/NGIC **85**b iSP/Simon Mitchell **86**tl Chris Harvey/SS **86**c CAMR/A. B. Dowsett/SPL **87**tr Jaimie Duplass/SS **87**c ⓒ Dattatreya/Alamy **87**bl ⓒ Thinkstock/Alamy **88**tl iSP/Alexandre Azevedo **88**bl ⓒ MELBA PHOTO AGENCY/Alamy **88**br ⓒ 2006 Getty Images **89**tr JI **89**br Dmitry/SS **90**tl Sherrianne Talon/SS **90**bl Matt Antonino/SS **91**t iSP/Steffen Foerster **91**bl Paige Falk/SS **91**br Arthur Ng Heng Kui/SS

읽을거리

92t (1–r) SPL; SIL/DL; SIL/DL; Shaw House/www.shawprize.org; A. Barrington Brown/PR **92**c (1–r) George Bernard/PR; LoC; SPL; SPL; SIL/DL **92**b (1–r) SIL/DL; Adam Hart–Davis/SPL; SPL; SPL; SIL/DL **93**t (1–r) John Reader/PR; SIL/DL; SIL/DL; NLM/SPL; SPL **93**c (1–r) SIL/DL; NLM; SIL/DL; SPL; SIL/DL **93**b (1–r) George Bernard/PR; SIL/DL; A. Barrington Brown/PR; Gusto/PR; SPL **94**l John Said/SS **94**cl SIL/DL **94**tr Wikimedia **94**br NLM **95**tl Wikimedia **95**bl SPL **95**t SIL/DL **95**br NLM **96**tl NLM **96**bl SIL **96**c NLM **97**bl John M. Daugherty/PR **97**tc Des Bartlett/SPL **97**bc SPL **97**tr iSP/Magnus Ehinger **97**br National Human Genome Research Institute/The Broad Institute of MIT and Harvard **98**l Jason T. Ware/PR **98**tr John Kirinic/SS **98**br iSP/Nicola Stratford **99**tr Richard Ellis/PR **99**cr Richard Ellis/PR **99**br Richard Ellis/PR **100** Illustration by Rachel Maloney/Data source; ⓒ 2006 Discovery Communications Inc. **101**l (t–b) PR; phdpsx/SS; Yan Ke/SS; lPichugin Dmitry/SS, **c**Gordon Snell/SS, **r**iSP/George Hafner; CJ Photography/SS; Michael Almond/SS; lMichael Thompson/SS, rUlrike Hammerich/SS; photobar/SS; Steven Bourelle/SS **102**tl James Cavallini/PR **102**tc M. I. Walker/PR **102**tr William Attard McCarthy/SS **102**c M. I. Walker/PR **102**bl SciMAT/PR **102**bc Eye of Science/PR **102**br AJPhoto/PR **103**tl Menna/SS **103**tc Kerry L. Werry/SS **103**tr Peter Guess/SS **103**cl Anson Hung/SS **103**c Joe Gough/SS **103**cr Keir Davis/SS **103**bl Elena Elisseeva/SS **103**bc Christa DeRidder/SS **103**br Julie Fine/SS **104** Carlyn Iverson/PR **105**l Roger Harris/PR **105**tr Jennifer Waters/PR **105**br Brian Evans/PR

Chapter 7 생명의 군집
106 JI **107**t JI **107**b JI **108**tl zastavkin/SS **108**r IO **109**t Jan Erasmus/SS **109**b JI **110**tl IO **110**bl zasatvkin/SS **111**tl IO/Keith Levit Photography **111**bl JI **111**r JI **112**tl M. I. Walker/PR **112**bl Dwight Lyman/SS **112**r Yuriy Maksymenko/SS **113**tl Melissa Dockstader/SS **113**tr JI **114**tl JI **114**br Gary Hincks/SPL **115**t Paul Marcus/SS **115**bl Chin Kit Sen/SS **116**tl Vilmos Varga/SS **116**bl iSP/Kenneth C. Zirkel **117**bl Steve

McWilliam/SS **117**br Andrija Kova/SS **117**tr D. H. Snover/SS **118**tl Gregory Dimijian/PR **118**bl John M. Coffman/PR **119**t Russel Swain/SS **119**b David Scharf/SPL **120**tl JI **120**tr JI **120**bl JI **121**bl George Bernard/SPL **121**tr JI

Chapter 8 진화의 역사
122 Bob Ainsworth/SS **123**t JI **123**b JI **124**tl Linda Bucklin/SS **124**bl Vaide/SS **124**br JI **125** Scott Bowlin/SS **126**tl JI **126**bl Piotri Bieniecki/SS **127**bl JI **127**tr JI **128**tl Ng Yin Chem/SS **128**tr SPL/PR **128**b JI **129**t Richard Ellis/SPL **129**b JI **130**tl JI **130**b Jan Martin Will/SS **131**tl Ritu Manoj Jethani/SS **131**cl Mornee Sherry/SS **131**bl iSP/Tamara Bauer **132**tl JI **132**b NOAA/P. Rona **133**t Chase Studio/PR **133**b Lynsey Allan/SS **134**tl JI **134**tr JI **134**bl James L. Amos/PR **135** Tom McHugh/PR **136**tl Chris Butler/SPL **136**tr DK Pugh/SS **136**bl Jacon/PR **137**tr Joe Tucciarone/PR **137**b Lawrence Lawry/PR **138**tl Chase Strudio/PR **138**r David R. Frasier/PR **139**tr John Reader/PR **139**bl Publiphoto/PR **139**br Pascal Goetgheluck/PR

Chapter 9 학명의 구성
140 JI **141**t JI **141**b JI **142**tl JI **142**bl George Bernard/PR **142**r Xtreme Safari, Inc./SS **143**tr iSP/Romko_chuk **143**br Tyler Olson/SS **144**tl Denis Pepin/SS **144**bl LoC **144**br Uwe Ohse/SS **145** JI **146**tl JI **146**bl JI **147** tl Newton Page/SS **147**tr JI **147**bl JI **147**br Joao Estevao A. Freitas/SS **148**tl JI **148**c GeoM/SS **149**tl Eye of Science/PR **149**tr JI **149**c Biophoto Associates/PR **150**tl Eric Grave/SPL **150**tr Andrew Svred/PR **150**b Ulrike Hammerich/SS **151**t Gregory Ochocki/PR **151**b Laurin Rinder/SS **152**tl JI **152**br Clara Natoli/SS **153**bl Astrid and Hanns-Frieder Michler/PR **153**tc Mikhail Lavrenov/SS **153**bc JI **153**tr JI

Chapter 10 동물과 식물
154 JI **155**t JI **155**b JI **156**tl IO/Mark Windom **156**b David Roberts/Nature's Images/SPL **157**t IO/LLC, Fogstock **157**b JI **158**tl Chris Harvey/SS **158**b JI **159**tl Tracy/SS **159**r JI **160**tl Brooke Barber/SS **160**r JI **161**t Semen Lixodeev/SS **161**c JI **161**b Asther Lau Choon Siew/SS **162**tl JI **162**bl Susumu Nishinage/PR **162**br Richard Marpole/SPL **163**tl JI **163**tr JI **164**tl JI **164**b JI **165**tl JI **165**tr Linda Bucklin/SS **166**tl JI **166**tr JI **166**b JI **167**tr JI **167**cl JI **167**cr JI **168**tl Patrick J. Lynch/PR **168**tr Dante Fenolio/PR **168**bl JI **169**l JI **169**r JI **170**tl JI **170**br IO/Mark Windom **171**tl LoC/Donald Hossack Bain **171**tr Andrew F. Kazmierski/SS

Chapter 11 동물로서의 인간
172 JI **173**t IO/FogStock, LLC **173**b JI **174**tl JI

174b JI **175**t JI **175**b JI **176**tl JI **176**b JI **176**br JI **177**l JI **177**r Volker Steger/PR **178**tl JI **178**c Sheila Terry/SPL **178**tr Mehau Kulyk/SPL **179**t JI **179**b JI **180**tl JI **180**bl JI **180**r JI **181**t BSIP, Gems Europe/SPL **181**b JI **182**tl IO/Fogstock, LLC **182**b JI **183**tl JI **183**tr IO/Fogstock, LLC **184**tl JI **184**tr Graca Victoria/SS **184**bl NLM/SPL **185**bl JI **185**r Jackie Lewin, Royal Free Hospital/SPL **186**tl JI **186**bl JI **187**tl Conor Caffrey/SPL **187**r Mikhail Levit/SS

Chapter 12 세상을 뒤흔드는 과학
188 Hardas/PR **189**t JI **189**b JI **190**tl Francois Mori/AP **190**tr Illustration by Mariel Morris/Data Source: AP/Dr. Maria Siemionow, the Cleveland Clinic **190**br Amy Sancetta/AP **191** Robin Laurance/PR **192**tl Neil Borden/SPL **192**b Simon Fraser, Hexham General/SPL **193**t JI **193**b JI **194**tl James King–Holmes/SPL **194**b JI **195**tl JI **195**tr Evan Vucci/AP **196**tl Walter Dawn/PR **196**b IO/Fogstock, LLC **197**tr Saturn Stills/SPL **197**b Texas A & M University/AP **198**tl Wildlife Conservation Society/AP **198**b National Science Museum/AP **199**bl Kelly Shipp/SS **199**tr ⓒ 2003 Greg Rouse **200**tl JI **200**r SPL **201**bl Richard/Lewis/AP **201**tr River Oak Plantation/AP **202**tl Topeka Capital Journal/AP **202**b AP **203**tr Andrew Paul Leonard/PR **203**bl Jason Cheever/SS **203**br David Day/SS

스미스소니언에서
210 James DiLoreto/SPS [2003–8959] **210**r D. E. Hurlburt, James DiLoreto/SPS [2001–4563.07] **211** James DiLoreto/SPS [2003–39147]

사이언스 101 생물학

지은이 • George Ochoa
옮긴이 • 백승용
펴낸이 • 조승식
펴낸곳 • 도서출판 이치 Ichi SCIENCE
등록 • 제9-128호
주소 • 142-877 서울시 강북구 수유2동 240-225
www.bookshill.com
E-mail • bookswin@unitel.co.kr
전화 • 02-994-0583
팩스 • 02-994-0073

2010년 5월 5일 1판 1쇄 인쇄
2013년 4월 10일 1판 3쇄 발행

값 14,000원
ISBN 978-89-91215-17-7
978-89-91215-14-6 (세트)

＊잘못된 책은 구입하신 서점에서 바꿔드립니다.
＊이 도서는 (주)도서출판 북스힐에서 기획하여 도서출판 이치사이언스에서
출판된 책으로 (주)도서출판 북스힐에서 공급합니다.
142-877 서울시 강북구 수유2동 258-20
전화 • 02-994-0071 팩스 • 02-994-0073